Christoph Engl

Destination Branding

von der Geografie zur Bedeutung

UVK Verlagsgesellschaft Konstanz · München

Christoph Engl ist von Haus aus Rechtswissenschaftler mit ungewöhnlicher Laufbahn: zunächst Mitarbeiter bei mehreren Arbeitgeberverbänden Südtirols, dann Direktor des 5.000 Mitglieder starken Hoteliers- und Gastwirteverbandes der Region und schließlich im Jahr 2001 der Wechsel ins Marketing als Direktor der Südtirol Marketing AG. Hier war Engl federführend an der Einführung der Dachmarke Südtirol mit dem Ziel, das Image und die Begehrlichkeit der Destination Südtirol auf eine neue Ebene zu bringen, verantwortlich. Seit September 2013 ist Christoph Engl Managing Director bei der Brand Trust GmbH, der führenden Managementberatung für wirksame Marken.

Bibliografische Informationen der Deutschen Bibliothek
Die Deutsche Bibliothek verzeichnet diese Publikation in der Deutschen Nationalbibliographie; detaillierte bibliographische Daten sind im Internet über <http://dnb.ddb.de> abrufbar.

ISBN 978-3-86764-725-0

Lektorat: Rainer Berger
Gestaltung: Claudia Rupp, Stuttgart
Illustrationen und Umschlagsmotiv: Carolin Eitel, Hamburg
Einbandgestaltung: Susanne Fuellhaas, Konstanz
Druck und Bindung: Pustet, Regensburg

UVK Verlagsgesellschaft mbH
Schützenstr. 24 · 78462 Konstanz
Tel. 07531-9053-0 · Fax 07531-9053-98
www.uvk.de

Warum dieses Buch entstand

„Die Relevanz von Geografie?
Sie wird überschätzt.
Erst eine Marke verleiht Bedeutung."

Zu den häufigsten Fragen, die mir Destinationsmanager in meinem Berufsleben gestellt haben, gehören diese zwei: Wann ist eine Destination, ein Ort, eine Stadt, eine Region oder ein Gebiet eine Marke? Und woran kann man das erkennen?

Die gleichen Fragen stellen sich ebenso für Produkte, Unternehmen und Dienstleistungen: Wann erreichen sie den Status einer Marke? Und worin besteht der Unterschied zwischen Produkt- und Markenstatus?

Sehr oft habe ich mir selbst diese Fragen gestellt – und das Ringen um die richtigen Antworten ist einer der Gründe für dieses Buch. Zuverlässig tauchten in den Projekten für Destinationsmarketing und Destinationsbranding, in denen ich tätig war, diese Fragen auf:

- Welche Destination ist bereits eine Marke?
- Welche Destination hat das Potenzial dazu?
- Wie lauten die Gesetzmäßigkeiten, um aus geografischen Namen starke Marken zu bilden?

Eine der Antworten lautet: Destinationen, Orte und Regionen werden erst dann zu einer Marke, wenn ihre geografische Bezeichnung eine emotionale Bedeutung für die Konsumenten bekommt.

Auf Landkarten und in Navigationssystemen gibt es unendlich viele geografische Bezeichnungen von Orten, Landschaften, Städten, Regionen und Staaten. Diese entstanden aus der Notwendigkeit heraus, mittels Namen eine klare Orientierung zu gewährleisten. Man brauchte Bezeichnungen, um sich an Orten zu verabreden oder sich zu Tauschgeschäften zu treffen. Die Bezeichnungen wurden aus landschaftsprägenden Objekten abgeleitet (zum Beispiel Salz-Burg, als Kombination des Bodenschatzes und eines Gebäudes) oder aus Analogien zu anderen bekannten Dingen (New York hieß zuerst Nieuw Amsterdam, nach den ersten Besiedlern, und erst nach der Eroberung durch die Briten New York City). Das Wichtige war stets: Die Namen mussten gewährleisten, dass man den Ort sicher findet.

Destinationsmarken erzeugen eine emotionale Erwartung

Eine völlig andere Dimension ist jedoch die Bedeutungsebene eines Ortes. Wenn der Name eine Vorstellung auslöst, weil er mit einem attraktiven Wert aufgeladen ist. Wenn ein Mensch einen solchen Namen hört oder sieht, entsteht in seinem Kopf eine emotionale Erwartung. Die geografische Bezeichnung hingegen wird in solchen Momenten beinahe irrelevant. Der Konsument weiß womöglich nicht genau, wo der Ort liegt oder welchem Staat oder welcher Region er angehört. Er weiß jedoch genau, warum dieser Name für ihn Relevanz hat. Das ist der **Markenmoment**.

Dann ist London kein geografischer Ort, sondern eine Weltstadt, Zentrum des britischen Commonwealth und Sitz des britischen Königshauses. Bergfreunde wollen nach Zermatt, weil die tragischen Geschichten über die Erstbesteigung des Matterhorns diesem Ort im schweizerischen Wallis eine historische Bedeutung gaben. Kulturell Interessierte wollen nach Rom, weil ein großer Teil der abendländischen Geschichte dort geschrieben wurde und der Stadtstaat Vatikan dieser Stadt eine weltweit einzigartige Konstellation gibt.

Ein Beispiel aus einem völlig anderen Kontext macht die Kraft der Bedeutung deutlich: Wie wird aus einem der 365 Tage im Jahr ein bedeutender? Das Weihnachtsfest ist ein sinnbildliches Beispiel für alle großen Feste dieser Welt. Oder auch der Geburtstag einer Person erhebt einen einzigen Tag im Jahr auf die Bedeutungsebene. Ein x-beliebiger Tag im Jahr wird also allein durch eine einprägsame und große Geschichte zu einer „Marke".

Diese Beispiele zeigen: Eine Marke ist der verdichtete Ausdruck vorhandener und künftiger Spitzenleistungen – und das gilt auch für Destinationen. Eine Marke verleiht einem Ort eine überdurchschnittliche Begehrlichkeit und Bekanntheit, im Vergleich zur Konkurrenz. Die Grundvoraussetzungen für einen Markenstatus sind immer die Leistungen, weder Logos noch Kampagnen können darüber hinwegtäuschen. Tourismus ist Leistung, nicht Werbung.

Die Wissenschaft der **Semiotik** eröffnet eine weitere interessante Erklärung, wie aus Orten Marken werden können. Die Semiotik lehrt, dass Produkte nicht nur semantische Bezeichnungen haben, sondern dass Menschen den Produkten, über seine Zeichen, auch Bedeutung zumessen können. Dr. Helene Karmasin, die Grande Dame der Semiotik im deutschsprachigen Raum, wies in ihren zahlreichen Analysen von Produkten und Unternehmen nach, dass „Produkte Marken tragen, aber Marken Produkten ihren Wert geben" (Produkte als Botschaften, Redline-Verlag, 2013).

Menschen spüren die „Energie", die von Produkten ausgeht. Diese „codiert" das Verhalten und stellt eine Passung oder eine Ablehnung zu den Produkten her. Deshalb fühlen sich die einen von einem Produkt stark angesprochen, andere hingegen finden überhaupt keinen Zugang dazu. Sie reagieren nicht auf seine „Codierung" – und können ihm damit keinen entsprechenden Wert zuerkennen. Die semiotischen Codes werden über verschiedene Ebenen der Wahrnehmung aufgenommen. Name, Farbe, Beschreibung, Verpackung, Stilistik – all diese Komponenten haben für den Konsumenten Bedeutung und führen zu Reaktionen. „In einer Kommunikationsgesellschaft werden wir andere Produkte attraktiv finden und andere Vorstellungen von Nützlichkeit entwickeln – was für uns zählen wird, ist nicht so sehr der materielle Gebrauchswert, den wir einfach als exzellent voraussetzen, sondern die Bedeutung" (Helene Karmasin, „Fassaden und Zeichen", in „Verborgene Potenziale", Hanser München, 2000).

Werbekampagnen bringen höchstens mehr Bekanntheit

Aufwändige Werbekampagnen können die Bekanntheit von Destinationen erhöhen. Mitunter sind es auch tragische Ereignisse, die aus bis dahin unbekannten Orten Destinationen machen, die jeder nennen kann. Jedoch: Bedeutung – und damit die Ursache für den Markenstatus – wird dadurch nicht aufgebaut. Ein solcher entsteht nur dann, wenn geografische Gegebenheiten durch Spitzenleistungen Bedeutung bekommen.

Die Abgrenzung als Naturpark hebt eine Landschaft in den Bedeutungsstatus – und damit in den potenziellen Markenstatus. Genauso kann ein Skigebiet, eine Hotelanlage, eine Architektur oder eine Veranstaltung dazu beitragen. Bedeutung verlangt nach Leistung, die einen Ort attraktiv macht. Bedeutung entsteht nie durch Geografie alleine.

Die höchsten Berge der Welt wären lediglich geografisch bemerkenswert – wenn sie nicht von Menschen als heilige Berge oder alpinistische Leistungsziele in eine neue Bedeutungsdimension erhoben worden wären. Erst damit entstand ihre Attraktivität und Anziehungskraft. Zuvor waren sie lediglich unzugängliche geografische Erhebungen der Erdoberfläche.

Fakt: Der Aufbau einer Destinationsmarke bedeutet, der Geografie eine neue Bedeutung zu geben. Das ist die Leistung einer Marke: Sie macht eine Destination für Konsumenten entscheidungsrelevant, mit eindeutig zuordenbaren und attraktiven Spitzenleistungen. Die entscheidende Frage ist, welche Bedeutung einem Ort im Konzert der Kundenwünsche zugestanden werden kann.

Gäste, Bewohner, Fachkräfte und Unternehmen ziehen in der Unendlichkeit der Möglichkeiten manche Städte und Regionen vor, als Urlaubs-, Wohn-, Stand- und Arbeitsorte –, sofern diese neben dem Nutzen auch noch Bedeutung haben. Der „klingende Name" rührt nicht von der geografischen Bekanntheit her. Der „klingende Name" findet seinen Ursprung in den Spitzenleistungen, die einen Ort zu einer Marke gemacht haben.

Alta Badia ist auf keiner Landkarte zu finden

Manche erfolgreiche Destinationsmarken sind deshalb auch keine geografischen Bezeichnungen. Das hocherfolgreiche „Alta Badia" im ladinischsprachigen Südtirol wäre geografisch das Gadertal, das Skikarussell „Dolomiti Superski" wäre geografisch ein Zusammenschluss aus drei Regionen und zwölf verschiedenen Talschaften.

Der Ort „Bagno Vignoni" in der Toscana-Provinz Siena war lediglich eine Ortschaft unter vielen. Vom ehemaligen Ruhm, ein öffentliches Thermalbad gewesen zu sein, konnte der Ort keinen Nutzen mehr ziehen. Erst die neue Fünf-Sterne-Hotelanlage im Ressortstil „Adler Thermae Bagno Vignoni" erbrachte die Leistung und verlieh diesem Ort eine neue Bedeutung.

Einprägsame Geschichten erschaffen Markenwert

Solche Bedeutungen entstehen also über Spitzenleistungen vor Ort. Ein schönes Beispiel dafür findet sich in meiner Heimat Südtirol. Das Grödner- und das Villnösstal verlaufen parallel zueinander geradezu auf das UNESCO-Weltnaturerbe der Dolomiten zu. In Letzterem wurde der Extrembergsteiger und Grenzgänger Reinhold Messner geboren, der sich bereits als Kind an den Kalkgesteinwänden der Geislerspitzen versuchte und seine Leidenschaft für das Überwinden von gedanklichen Grenzen entwickelte. Im anderen Tal kam Luis Trenker zur Welt, der seine Bergkompetenz in Filmen verpackte und damit international Karriere machte.

Immer noch ist das am häufigsten veröffentlichte Bild der Dolomiten jenes aus dem Villnösstal: das idyllische Dorf St. Magdalena vor den mächtigen Dolomitenwänden der Geislergruppe. Doch weil diesem Tal eine adäquate Infrastruktur an Hotels fehlt und sich das Tal der wintertechnischen Erschließung weitgehend entzogen hat, wurde das touristisch fast übermäßig erschlossene Grödnertal zum Markennamen. Das Villnösstal hingegen blieb, trotz seiner spektakulären Naturkulisse, ein vergleichsweise blasser geografischer Begriff. Touristisch erlangte Gröden internationale Bedeutung als Marke. Das Villnösstal hat diesen Weg noch vor sich und kann es auch nur schaffen, wenn unternehmerische Leistungen diesem Tal eine differenzierende Bedeutung zu Gröden geben. Leider diskutiert man eher über das Gegenteil: Wie man so werden könnte wie Gröden (etwa indem man einen Anschluss zum Skigebiet herstellt). Fakt ist, dass es für eine erfolgreiche Positionierung Spitzenleistungen braucht, die der geografisch einmaligen Kulisse eine „kaufbare" Bedeutung geben.

Was für jemanden bedeutsam geworden ist, begleitet ihn als Wert – oft ein Leben lang. Marken verleihen Produkten ihren Wert, und dieser Wert entsteht durch Spitzenleistungen, die für Konsumenten wichtig sind. Schon aus dieser Gesetzmäßigkeit heraus wird deutlich, dass eine Marke nicht für jeden Interessenten die gleiche Anziehungskraft ausstrahlen kann. Wenn zum Beispiel Geschwindigkeit, Kraft und Prestige als Spitzenleistungen für eine Person keine Wichtigkeit haben, wird die italienische Kultmarke Ferrari keine Option für sie sein; wenn Spiritualität und das Suchen nach Sinn nicht in meine Wertewelt gehören, werden Buthan oder Tibet auf mich keine Faszination ausüben.

Wissen: Bedeutsamkeit geht mit Abgrenzung Hand in Hand. Gerade deshalb tun sich so viele Destinationen schwer, sich auf Weniges zu konzentrieren. Die Angst, Zielgruppen und Potenziale zu verlieren, regiert immer mit. Vielfalt und Breite wird lieber das Wort gegeben als Konzentration und Verknappung.

Dieses Buch will dazu einen Kontrapunkt setzen.

Bozen, Nürnberg, im Sommer 2016 Christoph Engl

Inhaltsverzeichnis

Über dieses Buch

Eine Gebrauchsanleitung in 12 Sätzen

Dieses Buch ähnelt einem Kochbuch. Was haben die beiden gemeinsam?

[1] Niemand muss sie von vorne bis hinten durchlesen, um den Inhalt zu verstehen.
[2] Sie eignen sich zum selektiven Suchen, aber ebenso zum Stöbern, zur Inspiration und zum Querlesen.
[3] Manchmal beschränken sich die vorgeschlagenen Rezepte nur auf eine knappe Seite. Dennoch kann damit ein exzellentes Ergebnis entstehen.
[4] Damit ein solcher Erfolg gelingt, muss man andere Teile des gleichen Buches nicht gelesen haben.
[5] Vielleicht sind die Grundrezepte, die für das einzelne Rezept vorausgesetzt werden, schon bekannt. Oder es reicht, ein einzelnes davon nachzulesen, nicht aber alle anderen.

So ist dieses Buch aufgebaut:

[6] Der erste Teil besteht aus **zehn Grundrezepten** für das Markenmanagement von Destinationen.
[7] Diese zehn Grundrezepte können Sie vollständig lesen – oder einzeln.
[8] Alle Kapitel sind in sich abgeschlossen und jeweils am Ende in drei Kernerkenntnissen für den Schnellleser zusammengefasst.
[9] Die Kapitel 2, 3 und 4 enthalten **Rezepte für das Markenmanagement.** Jedes davon ist einzeln lesbar.
[10] Der zweite Teil des Buchs befasst sich mit **Methoden des Markenmanagements**, die erfolgreiche Destinationen und Regionen einsetzen.
[11] Der dritte Teil stellt jene Rezepte vor, die für eine exzellente **Wahrnehmungssteuerung** der Destinationsmarke entscheidend sind.
[12] Der vierte Teil beschreibt Rezepte, die für das Managen der **Markenkontaktpunkte** wichtig sind.

Das „perfekte Menü" für Ihre Destinationsmarke:

Das Bequeme an einem Menü ist, dass man die Speisefolge nicht selbst zusammenstellen muss, sondern diese von einem Fachmann vorgeschlagen wird. Auf den folgenden Seiten finden Sie fünf verschiedene **„Lesemenüs"**. Je nach **Problemstellung** können Sie das jeweils Passende auswählen. So finden Sie in den Kapiteln des Buches schnell die gesuchten Antworten und Hilfe.

Lesemenü 1
Problemstellung: Reorganisation der Destination

Teil 1

Teil 2

Teil 3

Lesemenü 2
Problemstellung: Heterogenität der Destination

Teil 1

Lesemenü 3
Problemstellung: Mangelnde Bekanntheit der Destination

Teil 1

Teil 2

Lesemenü 5
Problemstellung: Mittelmaß in einer Destination

Teil 1

Teil 2

Wert: Dauerhaftigkeit, Klarheit, Verdichtung

Teil I

Warum touristisches Marketing allein kein Wachstum garantiert

Zehn Grundrezepte für erfolgreiches Markenmanagement

Als ich Chef der Marketingorganisation Südtirol war, wurde ich fast täglich mit diesen Fragen konfrontiert: Warum genügt es nicht, gutes Marketing zu betreiben? Warum reicht es nicht, in Kommunikation und Vertrieb exzellente Leistungen zu erbringen? Wann brauchen auch Destinationen die Marke als Managementdisziplin?

Die Fragen kamen zum einen in mir selbst auf, aber sie wurden auch von Hoteliers und Privatzimmervermietern, von Verantwortungsträgern aus Politik und Touristik gestellt. Gaststättenbetreiber bemerkten, dass sich ihre Tische immer schwieriger füllen ließen und dass sie einfallsreicher sein müssen, als jeden Tag unzählige Stunden hinter dem Tresen zu stehen. Hoteliers mussten erfahren, dass ihre Stammgäste die steigenden Preise nicht mehr akzeptieren wollten und die teure Wellnessanlage sich kaum auf höhere Preise umlegen ließ. In vielen Tourismusversammlungen wurde – zu Recht – über die ständig wachsenden gesetzlichen Auflagen diskutiert und über die unberechenbar gewordenen Gäste. Dies alles geschah schon vor über 15 Jahren. Es waren erste deutliche Anzeichen großer Veränderungen.

Der Grund für die Unruhe der Branche liegt tiefer. Es reicht nicht, nur die sichtbaren Wirkungen zu analysieren. Was nicht nur den Tourismus, sondern alle Branchen zu Veränderungen zwingt, ist die Tatsache gesättigter Märkte. Denn das, was bisher an Wirtschaftswachstum und Geschäftsmodellen erreicht wurde, fußte auf weitgehend ungesättigten Märkten. Dort gibt es wenig Wettbewerb und wenig Marktsättigung – und davon war Europa in den Nachkriegsjahren über Jahrzehnte geprägt. In dieser Zeit genügte es, in den **Marketingdisziplinen** Vertrieb, Kommunikation und Produktentwicklung exzellente Leistungen zu erbringen. Wenn sich jedoch eine hohe Wettbewerbsintensität und Marktsättigung einstellen, versagen diese Instrumente zusehends.

Die folgenden zehn Kapitel stellen deshalb die Disziplin **Markenmanagement** in den Mittelpunkt, weil dieses als Führungs- und Denkmodell für Destinationen zukunftsentscheidend sein kann. Die Kapitel beschreiben die wichtigsten Erfolgsfaktoren und beleuchten, warum Bekanntheit und Preis allein nicht mehr genügen und warum stattdessen Bedeutung und Wert einer Destination in den Mittelpunkt gerückt werden sollten.

Die Disziplin Markenmanagement:

Es ist nur ein paar Jahre her, als noch viele Manager meinten, eine Marke sei nichts anderes als Logo und Erscheinungsbild. In der Destinationsbranche war dies öfter als in anderen zu beobachten. Man ordnete die Marke im Marketing ein und in der Kommunikationsabteilung. Inzwischen hat sich die Erkenntnis geändert: Heute wissen die Destinationsmanager um die strategische Dimension der Marke. Heute ist markenkonformes Handeln Chefsache und gehört als Thema in den Strategiebereich. In der nächsten Stufe der Entwicklung wird die Marke dann zum System der Unternehmensführung.

Kein Inseldasein

Kapitel 1
„Es ist wunderbar hier. Bis auf die Mücken."
Destinationen sind eine Gesamterfahrung

In einem Punkt unterscheiden sich Destinationen deutlich von Unternehmen: Sie haben bei Weitem nicht alles in der Hand, was für den Kunden wichtig ist. Zu viel Unplanbares, zu viele Beteiligte, zu viele Puzzleteile beeinflussen den Gesamteindruck, den eine Destination als Ganzes bei den Besuchern hinterlässt. Sein Management muss für diese Unplanbarkeiten ein Gespür entwickeln, damit es während des Markenaufbaus an den richtigen Stellschrauben dreht.

„Es ist wunderbar hier. Bis auf die Mücken", liest die Familie in der SMS der Tochter, die sich mit ihrem Gatten auf Hochzeitsreise befindet. Es ist nur ein Detail, aber es schwingt sich zum bestimmenden Faktor auf. Mücken auf der Hochzeitsreise? Wie furchtbar! „Dabei hatten sich die beiden so auf diese Reise gefreut", sorgt sich Mama und recherchiert auf der Website des Clubs, der nach langem Hin und Her für diesen besonderen Lebensmoment ausgesucht worden war. „Von Mücken ist da keine Rede", stellt sie fest. Resümee des Familienrats: „Man kann sich auf nichts mehr verlassen."

Die Episode macht deutlich, wie sehr Wunsch und Wirklichkeit manchmal auseinanderliegen und wie übertriebene Erwartungen zu Enttäuschungen führen. Im Urlaubsgeschäft gehört dies zu den Hauptrisiken. Denn Destinationen, Städte, Urlaubsregionen und thematische Routen bilden eine Gesamterfahrung – und zu dieser gehören eben auch lästige Mücken, selbst an den schönsten Orten der Welt. Niemand kann sie beeinflussen oder steuern, niemand ist daran schuld. Und trotzdem prägen ausgerechnet diese die unmittelbare Erfahrung eines Hochzeitspaares auf einer zentralafrikanischen Insel.

Wären es nur die Mücken, man könnte es verkraften. Aber weil es in einer jeden Destination Unmengen an Faktoren gibt, für die keiner zentral verantwortlich ist und die dennoch die Erfahrung der Kunden entscheidend prägen, müssen wir uns diesem Thema stellen.

Beginnen wir damit, dass Destinationen (und ich verwende diesen Begriff von nun an als Sammelbegriff für Länder, Städte, Regionen, Gebiete und Orte) es grundsätzlich unterschätzen, für welche **detaillierte Gesamterfahrung** sie zuständig sind. Der Glaube, erstklassige Hotels und Restaurants sowie eine große Veranstaltungsvielfalt wären für die Kunden als „touristisches Angebot" erkennbar, irrt. Spätestens seitdem sich die Besucher in Echtzeit zu ihren Urlaubserlebnissen und Gemütszuständen im Web für alle lesbar äußern, ist offensichtlich: Es geht meist um alltäglichere Dinge. Nimmt man Wetter und Mückenplagen einmal aus, füllen sich die Kommentarspalten und Handyfotos mit Beobachtungen eines Urlaubstages. Kunden bemerken, ob es einer Stadt mit Beschilderung und Straßenreinigung ernst ist. Sie äußern sich über den Zustand der Hausfassaden und zählen Leerstände in den Einkaufsstraßen.

Besucher nehmen gnadenlos wahr, was Realität ist

Die Besucher beschreiben, wie sich die lokale Bevölkerung ihnen gegenüber verhält und welches Willkommens- oder Misstrauensgefühl dabei entsteht. Sie bemerken, ob das Servierpersonal die landesübliche Sprache spricht oder nicht. Gäste nehmen wahr, was Bauern auf ihren Feldern tun. Gäste lesen die lokalen Medien und machen sich ein Bild über die Themen, die in ihrem Urlaubsdomizil eine Rolle spielen.

Fakt: Was ein „touristisches Angebot" ist und was nicht, entscheidet einzig und allein sein Konsument. Ob seine Erfahrungen auf Dingen basieren, die zum „geplanten Angebot" gehören, ist für ihn nicht relevant. Für einen touristischen Kunden gehört das Gesamtbild zum Angebot – unabhängig von Kategorie oder Absicht, ob für ihn geschaffen oder nicht. Er vermischt seine Eindrücke zu einem großen Ganzen, welches das finale Bild in der Erinnerung prägt. Gegen Fehleinschätzungen und für eine klare Erkenntnis, wie Besucher eine Destination erleben, hilft oft ein Blick in die Onlinebewertungsportale.

Alles an der Reise war anders als gedacht

Beispiele dazu gäbe es zuhauf. Wem ist es nicht schon passiert, dass er eine Destination völlig anders wahrgenommen hat, als er sie sich vorgestellt hatte? Hätte der Eiffelturm nicht größer und imposanter sein müssen? Und hätte der Schiefe Turm von Pisa nicht schiefer sein müssen? Hätte die einsame Insel auf den Bahamas nicht einsamer sein sollen? Hätte man den besonderen Geruch Venedigs vorausahnen können oder die Lautstärke der überfüllten Motorbusse (die „Vaporetti"), nachdem man nur Gondeln und Palazzi erwartete? Hätte das Wasser am Roten Meer nicht klarer sein sollen und die Fische bunter?

Wer hätte gedacht, dass deutsche Naturlandschaften jenen in Frankreich um nichts nachstehen? Wer hätte Bergstraßen auf Mallorca vermutet und klirrende Kälte im zentralen Afrika? Wer hätte gedacht, dass man über das Unvermutete die wirklich interessanten Geschichten einer Reise erzählen kann.

Niemand kann sich all diese Kontaktpunkte, die auf einer Reise die Erfahrung prägen, merken. Das Destinationsmanagement hingegen muss sehr wohl eine hohe Aufmerksamkeit für diese Tatsache entwickeln.

Dazu sind Grundkenntnisse zum Thema „Marke als Managementsystem" nützlich. Seitdem Hans Domizlaff, der Begründer der Markentechnik, in seinem Buch „Die Gewinnung des öffentlichen Vertrauens"[1] die Marke als „Monopolstellung in der Psyche eines Verbrauchers" beschrieb, weiß man um die Komplexität des Themas. Es ist nie das Ding allein, das als Marke wahrgenommen wird. Es ist immer ein Konglomerat aus verschiedenen Elementen, welche diese Wahrnehmung entstehen lassen. Was sich in psychologischen Prozessen zu einem Ganzen zusammenfügen muss, um zu einem **Monopol** zu werden, bedient alle Sinne und alle Verknüpfungen.

Nehmen wir zum Beispiel eine wertvolle Flasche Wein. Man könnte mit Fug und Recht sagen: Lass uns den Inhalt bewerten und bezahlen. Und jeder, selbst der Kenner und Sammler weiß, wie anders solche Prozesse ablaufen. Flasche, Etikett, die sich darum rankenden Geschichten, die Verortung in einem Land oder einer Region, Sorte und Verschnitt: Dies alles ist dann der „Wein". In welches Glas ausgeschenkt wird und zu welchem Anlass, in welcher Gruppe und Gesellschaft dieser Wein getrunken wird oder auch nur verkostet, und was vor diesem Moment das Leben bestimmt hat und was danach: Das alles ist dann der „Wein". An diesem Beispiel wird deutlich, dass selbst bei einem Produkt, das sich als Marke etablieren will, nicht alles vom Produzenten gemanagt werden kann. Einiges ja – und darauf den Fokus zu legen, zahlt sich immer aus. Einiges nein – und daran zu verzweifeln wäre unangemessen. Und trotzdem lohnt es sich zu wissen, welche beeinflussbaren und unbeeinflussbaren Faktoren das Markenerlebnis prägen können. Wer dafür ein Bewusstsein entwickelt, ist anderen um Längen voraus und vor der Fehleinschätzung geschützt, es gehe nur um die eine isolierte Spitzenleistung des Produktes an und für sich.

Destinationserfahrungen haben ein einheitliches Muster

Die Manager von Destinationsmarken brauchen ein gutes Bewusstsein dafür, was ihre Marke ausmacht. So wie bei der Flasche Wein ist deren Wahrnehmung mehr als heterogen. Allein die Tatsache, dass unterschiedlichste Menschen aus verschiedenen Kulturen mit unzähligen Erwartungshaltungen eine Destination besuchen, macht es alles andere als einfach, für ein konsistentes Markenerlebnis zu sorgen.

In einem Supermarkt ist es noch möglich, Kundenbewegungen und Verhaltensweisen zu beobachten und zu messen – doch für Destinationen sind diese Möglichkeiten beschränkt. Es gibt einfach zu viele unterschiedliche Programme, als dass man diese in ein Muster pressen könnte. Auch die vielen (zu vielen) Studien, die Zufriedenheit und Bedürfnislagen der Gäste beleuchten, helfen wenig, wenn man dem Geheimnis näherkommen will: Was ist die **ultimative Kundenerfahrung** in einer Destination? Welche Bilder werden sich in den Köpfen der Besucher – als Monopol – festsetzen? Das ist schwer zu ergründen, Grundmuster gibt es trotzdem. Und genau diese bilden das Fundament, um eine Destination mit konsistenter Markenarbeit und Produktentwicklung in den Markenhimmel aufsteigen zu lassen.

1. Konzentration auf ein Thema – das zahlt sich aus.

In weit größerem Ausmaß, als es bei Produkten der Fall ist, spielt in Destinationen das Umfeld eine entscheidende Rolle. Das Vier-Sterne-Hotel – sofern es sich nicht als Ressort mit allumfassendem Service aufgestellt hat – endet für den Kunden nicht am Hotelausgang. Wenn sich nach dem Verlassen des Hotels in der Stadt oder in der Umgebung nicht ebenfalls eine Vier-Sterne-Qualität abbildet, wird der Kunde das eine vom anderen schwer trennen können. Sein Erlebnis wird nicht konsistent sein und sich damit durchschnittlich abbilden. Als ich unlängst aus einem Designhotel in Ljubljana buchstäblich in die Gosse dieser Stadt trat, in eine unaufgeräumte, müllbefleckte Straße und von betrunkenen Menschen umringt, war meine Erinnerung grausam davon belastet. Ohne Zweifel färben solche Erlebnisse auf die Spitzenleistung des Hotels ab. Der Kopf sagt uns natürlich, dass das Hotel für die Geschehnisse des öffentlichen Raums nichts kann – das Gefühl entscheidet aber anders.

Ähnliches kann man von Reisen berichten, die durch viele Ortswechsel geprägt sind. Wer sich nach einer Rundreise nur an Vielfalt und Unterschiedlichkeit erinnert, aber an nichts Verbindendes oder Homogenes, ist weit von jenem Status entfernt, den Hans Domizlaff das zu erreichende „Monopol in der Psyche des Verbrauchers" genannt hat.

Fakt: „Die Gleichförmigkeit in Verpackung oder Aufmachung bedeutet eine augenscheinliche Sicherheit bezüglich der unbedingt verlangten Gleichförmigkeit der Warenbeschaffenheit." Grundgesetz Nr. 8, Die Gewinnung des öffentlichen Vertrauens. Lehrbuch der Markentechnik, 1939 von Hans Domizlaff

Es kommt also auf das Umfeld an. Aus diesem Grund kann Tourismuspolitik in Destinationen, die einen Markenanspruch haben, niemals als Aufgabe gesehen werden, die von allen anderen Gestaltungs- und Verantwortungsfeldern isoliert wäre. Die wenigsten Tourismusländer und -regionen sind sich dessen bewusst. Allzu gerne delegiert man die politische Verantwortung ins „Veranstaltungsmanagement" oder in die „Förderung", anstatt sich die so entscheidende Gesamtgestaltung vor Augen zu führen. So schadet es dem kulturbegnadeten Tourismusland Italien unermesslich, wenn es ihm nicht gelingt, die kulturhistorischen Stätten von Müll freizuhalten. Damit zum Beispiel nicht der vom Wind zusammengetragene Plastikmüll das Sichtfeld der Tourismushorden in den Ausgrabungsstätten Roms bestimmt. Auch wenn die U-Bahn in München nicht den höchsten technischen Erwartungen entspricht, leidet der Markenstatus Deutschlands, in der Technik Weltmarktführer zu sein.

Markenarbeit für Destinationen beginnt immer mit dem Wissen, dass es dem Besucher egal ist, was von wem und was durch wen verantwortet wird. Strukturen sind unerheblich, Kompetenzen auch. Für die Kundenerfahrung zählt das große Ganze. Glücksspiel in Las Vegas, Liebe in Paris, Karneval in Rio, Tauchen auf den Malediven, Windsurfen auf Fuerteventura, Mittelalter in Rothenburg ob der Tauber, Ayurveda in Sri Lanka, Mozart in Salzburg, Gaudístadt Barcelona, Kulturstadt Weimar: An solchen Beispielen wird sichtbar, welcher **Mehrwert** geschaffen wird, wenn sich Destinationen eine thematische Spitze zutrauen. Wenn diese nicht in Vielfalt zerfällt, sondern eine kulturelle Konzentration anbietet, kann sich eine Destination in Domizlaffs Monopol der Psyche vorarbeiten.

2. Die Kraft der Vorurteile: Wehren Sie sich nicht gegen Klischees

„Das negative Vorurteil ist mit dem positiven eins. Sie sind zwei Seiten einer Sache"[2], schreibt Max Horkheimer in seinem Aufsatz „Über das Vorurteil". Im täglichen Gebrauch werden Vorurteile meist mit ihrer negativen Seite eingesetzt und sind damit als abwertend klassifiziert. Allerdings wäre ein Leben ohne Vorurteile kaum möglich: Man schützt sich davor, überfahren zu werden, weil man vermutet, dass nicht jedes Automobil anhält. Oder man isst seinen Risotto beim Italiener mit Genuss, weil man nicht vermutet, er wäre vergiftet.

Im positiven Sinne hingegen wirkt das Vorurteil wie ein **Verstärker auf die Begehrtheit**:

- Weil man ein deutsches Auto als zuverlässig empfindet, wächst die Sympathie dafür. Bereitwillig zahlt man Preisaufschläge, ohne nach Beweisen zu fragen.
- Dass bei Lidl billiger eingekauft werden kann als anderswo, wird durch das positive Vorurteil geglaubt – und nicht durch einen Preisvergleich erhärtet.
- Alfa Romeo muss als italienisches Fahrzeug mehr Emotion auslösen als es ein chinesischer Hersteller je könnte – also kauft man diese Fahrzeuge trotz nachweislicher Langzeitmängel und der damit verbundenen Wertverlustrisiken.

Den Chinesen sagt man nach, dass sie klein sind und Tee trinken, den Südeuropäern, dass sie in der Liebe alles Nordische an Gefühlswallung übertreffen, den Deutschen, dass sie das Leben auf den letzten Cent berechnen, den Amerikanern, dass sie keine Esskultur haben, den Schweizern, dass sie pünktlich sind. Italienern unterstellt man, gute Köche zu sein. Ohne Zweifel: Vorurteile entstehen, weil sie oft über Jahrhunderte und Jahrzehnte als Handlungsmuster beobachtet wurden. Sie verankern sich als soziales Muster einer Region, werden von Generation zu Generation weitergegeben und sedimentieren als repetitive Leistungen zu Werten.

Albert Einstein brachte die daraus abzuleitende **Resilienz** gegenüber einer gefestigten Meinung mit seiner überlieferten Einschätzung, ein Vorurteil sei schwerer zu spalten als ein Atom, auf den Punkt. Im Negativen wie im Positiven gehören Vorurteile zu den gewaltigsten Kräften, die sich in unserer Psyche abspielen.

Destinationen, die es schaffen, ihre positiven Vorurteile zu pflegen und mit Leistungsbeweisen zu hinterlegen, gewinnen im Spiel um das Monopol. In meiner Beratungspraxis beobachte ich immer wieder, dass genau das Gegenteil angestrebt wird: Destinationen wehren sich gegen Klischees und tun alles, um diesen zu entgehen. Das mag in vielen Fällen notwendig sein – in den meisten ist es das nicht.

Ein Vorurteil ist nur ein Teil der Wahrheit, aber ein kraftvoller

Die Marke Mallorca hat ihre Bekanntheit und Begehrtheit nicht mit einsamen Fincas und regionalem Olivenöl erreicht, sondern mit einem Stück Strand, das mit „Kübelsaufen" und deutscher Schunkelkultur ein negatives Vorurteil geprägt hat. Wenn die spanische Insel nun gegen das Vorurteil kämpft, nur „deutscher Ballermann" zu sein, dann kann dies – angesichts der vielen traumhaft gelegenen kleineren Luxushotels und Restaurants auf der gesamten Insel – einen Korrekturversuch wert sein. Wer einmal mit dem Rad durch die Tramontana gefahren ist oder in einem der luxuriösen Finca-Hotels ausspannen konnte, wird ein völlig anderes Bild von Mallorca mit nach Hause nehmen.

Der Zeitgeist kommt dem Wunsch nach Imagewandel zu Hilfe: Was in den 1980er Jahren in bestimmten gesellschaftlichen Kreisen zum guten Ton gehörte – sich mit Ibiza- und Mallorca-Erlebnissen zu brüsten – verkommt in heutigen Zeiten gesellschaftlicher Veränderungen hin zu mehr Genuss und Auswahl zur Jugendsünde. Es gehört mittlerweile zum Mainstream, das Klischee der billigen Vermassung ablegen zu wollen.

Das Vorurteil ist immer nur ein ganz kleiner Teil der Wahrheit, aber trotzdem so kraftvoll. Menschen lieben es, in Kategorien und Teilwahrheiten zu leben, weil das Gehirn sich vor jeder Komplexität schützen will.

München muss sein Oktoberfest lieben

Gut zu wissen: Vorurteile sind für Destinationsmarken die stärksten Waffen im Kampf um die eigene Relevanz. Sie nutzen geschickt, was bereits im Kopf der Konsumenten verankert ist und nutzen es als Nährboden für eigene Absichten. Sich gegen Vorurteile wehren zu wollen, lohnt in den wenigsten Fällen. Der Energieaufwand dafür wäre gigantisch groß.

Die Stadt München kann sich kaum gegen das weltweit etablierte Vorurteil wehren, die bierselige Stadt des „Oktoberfestes" zu sein. Immerhin hat es München mit dieser traditionellen Veranstaltung geschafft, sich eine klare Positionierung zu erarbeiten, die weltweit wahrgenommen und geglaubt wird.

Auf etwas reduziert zu werden – wie München auf das Oktoberfest – tut immer weh. Das wissen wir als Menschen genau, auch wir möchten, dass man uns in unserer ganzen Dimension wahrnimmt; nur ganz wenigen Menschen – meist sind es die Partner und ganz wenige Freunde – ist das vergönnt. Die Masse speichert von einer Person nur Teilwahrheiten ab, weil die Wahrnehmung (und nicht die Wahrheit) ein Vorurteil bestimmt.

Nun könnten die Tourismusmanager in München damit hadern, weltweit „nur" die Oktoberfest-Stadt zu sein und nicht Kulturstadt oder Architekturstadt oder gar Alpenstadt. Sie können aber auch das Oktoberfest als **Wahrnehmungsspitze** nutzen, um München weltweit als jene Stadt zu etablieren, welche die Kultur der Geselligkeit besser und einzigartiger abbildet als jede andere Stadt auf dieser Welt. Das Oktoberfest auf der 24 Hektar großen Theresienwiese vermittelt im Zentrum der Großstadt dörfliches Flair und eine hohe Konzentration dieser Teilhabekultur. Für diesen Ansatz gibt es eine Reihe von Beweisen, welche dieses Vorurteil zu einem Alleinstellungsmerkmal entwickeln können.

Allein die Tatsache, dass sich die Münchner und Bayern selbst zum Oktoberfest einfinden und das Fest als das ihre sehen, bevor nochmals sechs Millionen Besucher aus dem Ausland auf die „Wiesn" eingelassen werden, adelt diese Veranstaltung zu einer regional stark verankerten Kultur. Die Münchner machen es nicht für andere, sondern in erster Linie für sich selbst. Genau darin liegt der gigantische Wert dieses Festes, das nur deshalb zu einer Weltattraktion avancieren konnte.

Wenn sich selbst italienische Gäste zur Wiesn in bayrische Trachten und Dirndln werfen, dann tun sie das, weil das von den Einheimischen vorgelebt wird. Nach dem Vorbild der „Münchner Wiesn" entstanden weltweit ähnliche Volksfeste. „Zu den größten zählen das Oktoberfest in Qingdao (China) mit rund 3 Millionen Besuchern jährlich, das Oktoberfest in Kitchener in Kanada mit rund 700.000 Besuchern pro Jahr und das Oktoberfest Blumenau in Brasilien mit rund 600.000 Besuchern jedes Jahr. Auch in den USA, Australien, Russland und Japan wird nach deutschem Vorbild gefeiert. Beim „Zinzinnati Oktoberfest" gedenken die Einwohner von Cincinnati seit 1976 alljährlich ihrer deutschen Vorfahren und nannten das Fest in Anlehnung an die deutsche Aussprache so. Es ist das größte Oktoberfest in den USA."[3]

Positive Vorurteile werden geglaubt

Wäre das Oktoberfest jedoch der einzige Anlass im Jahr, zu dem Münchens Besucher die Kultur aus Geselligkeit und Teilhabe erleben könnten, dann hätte München ein „Mallorca-Problem". Dann würde durch eine Teilwahrheit ein Vorurteil entstehen, das dem Gesamtgefühl der Destination in keiner Weise entsprechen würde. In München ist dies jedoch völlig anders: Jeder Biergarten, jedes Restaurant im Zentrum, jeder Stand auf dem Viktualienmarkt, jeder Park weist sich als kontinuierliche Mischung zwischen Einheimischen und Gästen aus. Eine Mischung, die das Vorurteil, in München sei die Geselligkeit geboren worden, täglich und überall verstärkt.

Fakt: In vielen Destinationen wird das Gesetz, dass man für den Aufbau einer Marke positive Vorurteile verstärken muss, von der Angst überlagert, dem Klischee zu verfallen – und wird deshalb kontinuierlich missachtet. Klischees sind aber nur dann problematisch, wenn sie sich nicht auf die Gesamterfahrung in einer Destination beziehen.

Problematisch wäre es, wenn Paris zur „Stadt des Eiffelturms" reduziert und nicht gleichzeitig als „Stadt der Liebe" wahrgenommen würde. Ist es jedoch umgekehrt und der Eiffelturm ein willkommenes Hintergrundbild, um die Anwesenheit in der Stadt der Liebe visuell zu untermauern, läuft es perfekt für Paris. Nicht zu vergessen der Louvre, eines der gefragtesten Museen der Welt. Daraus nun eine Museumsstadt machen zu wollen, wäre sträflich, obwohl Paris mit 160 Museen, rund 200 Kunstgalerien, 100 Theatern und über 650 Kinos durchaus das Potenzial dafür hätte. Aber der Spaziergang Hand in Hand an der ins UNESCO-Weltkulturerbe aufgenommenen Seine-Promenade, gefolgt von einem romantischen Dinner in einem der vielen kleinen Restaurants in Paris: Es ist der wahre Traum, weshalb Paris auf der Sehnsuchtsliste der Europa-Urlauber weltweit ganz oben steht.

Wenn eine Destination dieses Potenzial erkennt, baut sie darum herum jede Menge von „Beweisen" oder Spitzenleistungen. Sie bemüht sich, das positive Vorurteil immer stärker zu sichern und als **Abgrenzungselement gegen Konkurrenten** einzusetzen. Damit wird eine Destinationsmarke gefestigt, sie mutiert zum Glauben. Hat eine Destination erst einmal einen solchen Zustand erreicht, fängt sie in der nächsten Entwicklungsstufe an, sich zu einem allumfassenden Gefühl zu entwickeln. Man erkennt es dann als „mediteran", „spirituell", „kultiviert", „rasant". New York – die Stadt, die niemals schläft – ist das gedankliche Produkt aus wahrgenommener Geschäftigkeit und dem sichtbaren Pioniergeist Manhattans, aus Wolkenkratzern ein unverwechselbares Stadtbild mit dem Namen Skyline zu erschaffen.

3. Es reichen 35 Prozent, um den Rest zu vereinnahmen

Wechseln wir kurz in die Physik, genauer: die Effizienzmessung von Energieumwandlungen und Energieübertragungen anhand ihres Wirkungsgrads. Das Verhältnis von Nutzleistung zur zugeführten Leistung wird dort in Prozenten ausgedrückt. So hat zum Beispiel ein Otto-Verbrennungsmotor einen Wirkungsgrad von 37 Prozent. Eine Glühlampe hat jedoch nur fünf Prozent, das heißt: Aus 100 Prozent eingespeister Energie werden nur 5 Prozent zur eigentlichen Lichtleistung, während die restlichen 95 Prozent als Wärmeleistung abfallen. Das Glühwürmchen ist da weit effizienter mit 95 Prozent Leuchtreaktion.

Dieser Ausflug in die Physik dient dem Ziel, sich einem der großen Geheimnisse erfolgreicher Destinationsmarken zu nähern. Die interessante und gleichzeitig so spannende Frage ist: Welche Faktoren sind es, welche die Gesamterfahrung prägen und in welchem Ausmaß?

Wer eine schlüssige Antwort findet,

- kann an den richtigen Stellschrauben drehen und damit die Gesamterfahrung als Marke steuern,
- erkennt, dass nicht alle Leistungen innerhalb einer Region in Perfektion gelingen müssen, um eine positive Gesamterfahrung zu erreichen.

Die Erfahrung zeigt: Erfolgreiche Destinationsmarken beschränken sich darauf, einen bestimmten Prozentsatz an **Schlüsselerfahrungen** zu optimieren. Denn gefühlt sind es immer die legendären 35 Prozent, die dafür sorgen, dass sich bei Menschen eine positive Grundhaltung zum Gesamtprodukt entwickelt. Wer die epidemische Grenze der 35 Prozent an wahrgenommenen Spitzenleistungen schafft, dem werden vom Kunden die verbleibenden 65 Produkt an erwarteten Spitzenleistungen „erlassen".

An Destinationen lässt sich das deutlicher erkennen als in anderen Fällen der Markenlehre. Eine Panoramastraße, die natürlich nicht durchgehend das beste Panorama zeigen kann, wird dann als eine solche eingestuft, wenn ein Drittel der Strecke der Erwartungshaltung genügt, phantastische Aussichtspunkte für Panoramen zu bieten. New York wird als weltweit berühmteste Skyline eingestuft, obwohl mehr als zwei Drittel New Yorks nicht aus Hochhäusern bestehen. Eine Region mit einem Drittel Berganteil kann sich als Bergregion einen Namen machen, selbst wenn viele Orte und Landschaften nicht unmittelbar in den Bergen liegen.

Gesamterfahrung braucht keine 100-Prozent-Quote

Keine Destination der Welt könnte ein positives Vorurteil über sich selbst aufbauen, wenn dafür eine Durchdringungsquote von 100 Prozent notwendig wäre. Eine Region mit einer Gourmetpositionierung zum Beispiel kann natürlich niemals garantieren, dass jede Hinterhofpizzeria einen Michelin-Stern trägt und jede Fastfoodkette sich um Gault&Millau-Hauben bemüht. Schon gar nicht könnte sie garantieren, dass jedes Essen zu jeder Zeit an jedem Ort die gewünschte Exzellenz hat. Wenn es eine Region aber schafft, dass sich diese Ausrichtung an überdurchschnittlich vielen Gaststätten ablesen lässt – und zwar in jeder Kategorie –, dann greift die 35-Prozent-Regel, welche die gesamte Region als Gourmetplatz erkennbar macht.

Diese Gesetzmäßigkeit hat schon vielen Regionen zu einer klaren Profilierung verholfen. Baiersbronn im deutschen Schwarzwald gilt mit acht Michelin-Sternen auf engstem Raum als Gourmetregion par excellence. Die portugiesische Algarve gilt als Golfplatzregion Europas, obwohl die Golfplätze nicht die Überhand über andere Flächennutzungsarten haben. Südtirol gilt als eine der besten Weinregionen Italiens, obwohl Weinbau gerade einmal auf 5300 Hektar der 7500 km² Gesamtfläche stattfindet. Aber dort, wo Weinbau betrieben wird, prägen die Reblandschaften das Gesamtbild mit einem Anteil von über 35 Prozent –

und schon ist es da, das positive Vorurteil. Natürlich muss beachtet werden, dass Südtiroler Weine mit 25 Erstplatzierungen unter den 250 ausgezeichneten Weinen Italiens Jahr für Jahr einen überaus großen Anteil an Spitzenqualität nachweisen. Die Schweiz gilt im internationalen Landschaftsvergleich als das Europa der Berge, obwohl der größere Teil der Schweiz nicht Bergland ist. Trotzdem sind es über ein Drittel und entscheidend für das Image ist, dass die Bergagglomeration beeindruckend ist: 3400 Gipfel sind über 2000 Meter hoch. Mit dem Matterhorn besitzt die Schweiz einen der markantesten und geschichtsträchtigsten Gipfel weltweit. Das Matterhorn alleine würde nicht genügen, um ein positives Vorurteil zu begründen.

Fakt: Damit aus herausragenden Einzelelementen ein kollektiver Gesamteindruck entsteht, muss die „35-Prozent-Daumenregel" beachtet werden. Erst dann hat man in den Köpfen der Konsumenten die Chance auf Monopolbildung.

Dieser Wahrheit stellen sich die wenigsten Destinationen. Wie oft glaubt man dort, dass aus einem herausragenden Element, ohne dass es an weiteren Stellen kompetent abgebildet würde, eine Marke entstehen könnte. Ob Hotels oder Städte, ob Regionen oder Länder: Viele Attraktionen und Angebote werden viel zu isoliert gemanagt und nicht zu einem Ganzen verdichtet.

- Eine Stadt glaubt mit dem Festival XY allein in der Liga der Kulturstädte mitspielen zu dürfen.
- Hotels investieren zu den 50 durchschnittlich klassifizierten Zimmern in zwei grandiose Suiten und glauben, damit steigen sie in die gehobene Hotellerie auf.
- Eine Region bündelt die gesamte Investitions- und Umsetzungsstrategie in einen einzigen Radweg, um sich vom Kuchen der Radtouristen ein Stück abschneiden zu können.
- Ein Ort baut einen Golfplatz mit neun Löchern, um den Anschluss an den boomenden Golftourismus nicht zu verlieren.

Gäbe es – wie in einem Fußballturnier – für solche meist kostspieligen Investitionen eine Vorausscheidung, dann kämen die wenigsten in die zweite Runde. Es würde sehr schnell klar, dass sich isolierte Strategien nicht lohnen und diese sehr oft nur dem Ego der Initiatoren geschuldet sind. Wenn man als Marke – und erst recht als Destinationsmarke – Erfolg haben will, dann kommt man an der 35-Prozent-Daumenregel nicht vorbei.

„Eine Schwalbe macht noch keinen Sommer", wusste schon der griechische Fabelschreiber Äsop so wunderbar zu beschreiben: Ein Mann verkaufte seinen Mantel, weil er eine einzelnen Schwalbe gesichtet hatte und davon ausging, dass der Sommer naht. Fortan musste er frieren, denn es blieb kalt und die zu früh zurückgekehrte Schwalbe erfror. Mit nicht wenigen Destinationsbeispielen könnte man die tiefe Wahrheit dieser altgriechischen Fabel belegen.

Tokio gehört plötzlich zur touristischen Weltspitze

„Wie in einem Roman von Salman Rushdie vermischt sich die Vorstellung von hoch und tief, Ost und West, alt und neu zu einem hochmodernen Vergnügungspark, der von wilder Frische zeugt und neuartig von seiner besten, sowie irrsinnig verrückt von seiner schlechtesten Seite ist", beschreibt der Reiseautor Pico Iyer die japanische Hauptstadt Tokio im britischen Guardian. Jedes Jahr kürt diese renommierte Zeitung die besten Tourismusdestinationen und stellte 2010 die japanische Großstadt an die Spitze, noch vor Berlin und Sydney. Als Sensation konnte gelten, dass diese Stadt in den Wertungen der Vorjahre nicht einmal erschien, geschweige denn Relevanz für einen Platz an der Spitze gehabt hätte. Doch 2010 wurden erstmals die **Bewertungen** der Guardian-Leser als Grundlage mit hinzugezogen. Demnach waren 97,5 Prozent der Guardian-Leser in Japan zufrieden mit ihrer Reise. Die Malediven hatten gar einen Wert von 97,8 Prozent erhalten. Beim Städteranking verhielt es sich ähnlich. Tokio hatte den Spitzenwert von 97,4 Prozent. Berlin folgte mit 96,9 und Sydney mit 95,4 Prozent.[4]

Vier Jahre später legte die Touristikwebsite *TripAdvisor* nach und kürte Tokio 2014 zur beliebtesten Metropole. Die Stadt biete die „beste Gesamterfahrung für Reisende", noch vor New York und Barcelona. Für das Ranking wertete TripAdvisor die Antworten von 54.000 Nutzern aus, 37 Metropolen wurden unter die Lupe genommen. Gleich in 13 von 16 bewerteten Kategorien belegte die japanische Hauptstadt einen Top-10-Rang.[5] Besonders für die Dienstleistungskultur und den Transport wurde die Stadt gelobt. So belegt Tokio in den Kategorien „Hilfe von Einheimischen", „sauberste Straßen", „Taxiservice" und „bester öffentlicher Verkehr" jeweils den ersten Rang. Für die nettesten Taxifahrer, den Komfort für Individualreisende, die Restaurants und das Nachtleben gab es ebenfalls Spitzenbewertungen.

Das große Ganze – wichtiger als einzelne Ikonen

Das Gewinnerwort heißt **Gesamterfahrung**. In Beratungsprojekten hören wir von Markenverantwortlichen der Destinationen sehr oft, sie hätten auch gern einen Eiffelturm, ein Matterhorn, einen Grand Canyon oder ein Burj Al Arab. An solchen „Leuchttürmen der Wahrnehmung" orientiert man sich allzu gerne und sie werden in unzähligen Präsentationen als Ikonen der Wiedererkennung gezeigt. So sehr diese Beispiele geeignet sind, um zu zeigen, wie lohnend es für Destinationen sein kann, sich in der Kommunikation auf wenige eindrückliche Bilder zu konzentrieren – so wenig eignen sie sich dafür, die Begehrtheit von Destinationen auszudrücken.

Das Beispiel Tokio und die nachfolgenden Ränge für Berlin und Sydney zeigen, dass man auch ohne Eiffelturm und Gondeln sehr weit nach vorne kommen kann. Alle drei Sieger punkten nicht mit einzelnen Ikonen, sondern mit einem Zusammenspiel unterschiedlicher **Spitzen-**

leistungen, die sich in der Kundenwahrnehmung zu einem Markenerlebnis zusammenbauen. Dabei erntete die 35-Millionen-Stadt Tokio nicht nur Zustimmung von den Kunden: Immerhin ist sie eines der teuersten Pflaster der Welt, was von europäischen Kunden als großes Hindernis empfunden wurde. Und im Bereich Kultur, insbesondere bei der Zugänglichkeit von Sehenswürdigkeiten, schnitt Tokyo sehr schlecht ab. Trotzdem reichte es zu Rang eins. In der positiven Gesamterfahrung einer Reisedestination vergisst man schnell die einzelnen negativen Erfahrungen und, wie es scheint, sogar das nicht so stimmige Preis-Leistungs-Verhältnis. Wer hätte das gedacht.

Resümee für Schnellleser

- Wer als Markendestination unterschätzt, welche Rolle die Leistungen der unterschiedlichen Leistungsträger für das Gesamterlebnis der Kunden spielen, unterschätzt Potenziale und Risiken gleichermaßen.
- Klischees sind gut! Sie sind die besten Nährböden für den Aufbau langlebiger Destinationsmarken. Was man schon immer einer Marke geglaubt hat, traut man ihr auch in Zukunft zu.
- Die klassischen Leuchttürme – ob Architekturen oder Landschaften –, mit denen man eine Destination visuell in Verbindung bringt, werden regelmäßig in ihrer Bedeutung für das Gesamterlebnis überschätzt.

Entscheidungsnotstand

Kapitel 2
Hauptsache, man redet über uns
Das überschätzte Spiel mit der Bekanntheit

Nicht wenige Destinationsmanager glauben, dies wäre das Erfolgsgeheimnis etablierter Marken: Hauptsache, man kennt uns. Mit aller Kraft bemühen sie sich, bekannter zu werden – vertauschen dabei Ursache und Wirkung: Man kennt Destinationen vor allem deshalb, weil sie durch besondere Leistungen eine hohe Attraktivität aufgebaut haben. Den Kausalzusammenhang zwischen Attraktivität und Bekanntheit kann man mit einem System sichtbar machen und damit Fehleinschätzungen verhindern.

Auf dem Plakat, das wegen seiner Größe nicht zu übersehen war, stand: „Geheimtipp!" Das Plakat und seine wohl ungewollte Ironie, etwas Geheimes mit einem Werbemittel öffentlich zugänglich zu machen (und ihm damit seinen Wert zu nehmen), ähnelt der Logik, die im Marketing vieler Destinationen vorherrscht.

Es gehört zu den größten Missverständnissen des Tourismusmarketings, dass Erfolg immer und ausschließlich an die höchste Bekanntheit gekoppelt ist. Wer als Tourismusgebiet den großen Durchbruch noch nicht geschafft hat, macht gerne das zu geringe Wissen um seine Existenz dafür verantwortlich. Hätte man nur die notwendigen Werbegelder …, hätte man nur mehr Präsentationsmöglichkeiten …, so die häufigen Klagen.

Der Ruf nach größeren Werbebudgets ist deshalb immer lauter als alles andere. Ansonsten fehle nichts, um aus einem Geheimtipp einen Tourismusrenner zu machen, so die Meinung landauf landab. In unzähligen Versammlungen, Besprechungen und Sitzungen touristischer Destinationen wird das ewige Mantra bemüht: „Wüsste man, dass es uns gibt, dann wäre unser Erfolg sicher."

Diese Vermutung könnte in einem **ungesättigten Markt** durchaus stimmen. Wenn die Nachfrage das Angebot übersteigt, ist die Information über die Existenz eines Angebotes essentiell. Wenn niemand weiß, dass es mich gibt, dann kann mich auch niemand kaufen – diese Gesetzmäßigkeit ist einfach und richtig. Lange Zeit war es deshalb entscheidend, für eine exzellente Bekanntheit zu sorgen. Wer lauter trommeln konnte, wurde von Kaufwilligen eher gehört als jener, der die Werbetrommel weniger laut schlug. Es war die Zeit, als nur ein Werbespot im staatlichen Fernsehen die Verkaufszahlen in unglaubliche Höhen treiben konnte. Diese Gesetzmäßigkeit gibt es heute noch – aber nur in ungesättigten Märkten, wenn sich also Nachfrage und Angebot in Schieflage befinden. Die europäische Automobilindustrie entdeckte in asiatischen Märkten solche Situationen, die Lebensmittelindustrie in vielen Teilen des afrikanischen Kontinents, die Technologiebranche, als sie Telefonie mobilfähig machte. In Verkäufermärkten dominiert das Angebot den Markt und damit auch die Bekanntheit von Produkten und Dienstleistungen.

Gesättigte Märkte gehorchen anderen Regeln

In Märkten, auf denen es anders ist, wird die Annahme, der wirtschaftliche Erfolg liege in der großen Bekanntheit, Lügen gestraft. Sobald das Angebot die Nachfrage dauerhaft übersteigt, sobald der Überfluss den Mangel abgelöst hat, gelten andere Marktgesetze. Dann spielt Bekanntheit eine immer geringere Rolle. Wer neu in den Markt einsteigt, wird schnell als „**Auch-Produkt**" („MeToo-Produkt") eingeordnet, der große Aha-Effekt bleibt aus. Um einen solchen zu erreichen, braucht es entweder bahnbrechende Innovationskraft oder eine magnetische Anziehungskraft.

Zur Innovationskraft braucht es ein wenig Erklärung: Wer eine Innovation in einen gesättigten Markt einführt, so dass sich dieser zu einem ungesättigten wandelt, darf ruhig auf das Prinzip der „Bekanntheit gleich Absatz" vertrauen.

Wenn es jedoch keine Neuerungen sind, die das Leben verändern oder deutlich erleichtern, dann verhilft Bekanntheit nur bedingt zum Erfolg. Von der Existenz eines Produkts zu wissen, ist noch lange kein Kaufgrund. Viel entscheidender ist es dann, sich um die Attraktivität zu kümmern. Die alles bestimmenden Fragen wären demnach: „Würde ein Konsument mein Angebot wollen, sobald er es kennenlernt? Aus welchen Gründen?"

Von dieser Antwort hängt in **gesättigten Märkten** der Erfolg von Marken ab. Überraschenderweise kommt es bei vielen bedeutenden Marken vor, dass eine hohe Anziehungskraft trotz geringerer Bekanntheit ihr Erfolgsgeheimnis ist. Der „Geheimtipp" feiert damit seine glorreiche Auferstehung als Erfolgsmuster.

Gerade für touristische Destinationen, die ausnahmslos in gesättigten Märkten agieren, ist das Arbeiten an der eigenen Begehrlichkeit die eigentliche Erfolgsformel. Dafür brauchen sie größere Budgets und Anstrengungen in der Entwicklung von Angeboten, die von erfahrenen Kunden als attraktiver eingestuft werden als jene der Konkurrenz.

Fakt: Keine Destination der Welt wird wegen ihrer perfekten Werbekampagne von Konsumenten empfohlen.

In den Bewertungsportalen werden Hotels nicht wegen ihrer Prospekte oder Internetseiten weiter oben oder unten positioniert. Und Städte verzeichnen keine steigende Nachfrage, weil sie in den Nachrichten häufig erwähnt werden, sondern allein wegen ihrer besuchenswerten Angebote und Sehenswürdigkeiten.

Große Nachfrage entsteht aus Wiederkaufsabsicht

Eine Destination kann ihren Markenwert nicht aus ihrer Bekanntheit ablesen. Schon eher wäre die **Weiterempfehlungsrate** ein Maßstab. Gleiches gilt für Hotels oder andere touristische Einrichtungen wie Museen, Skigebiete, Freizeitparks oder Veranstaltungen. Wer mit seinen Angeboten nicht punktet und seine Attraktivität nicht aus deren Qualität nähren kann, verliert in Käufermärkten schnell das Spiel um die Nachfrage. Ab und zu hilft es noch – aber das nur kurzfristig –, mit den Preisen nach unten zu gehen, denn Schnäppchenjäger gibt es immer. Aber spätestens dann, wenn sich die mangelnde Angebotsqualität als Grund für die Preissenkung herumgesprochen hat, ist das Spiel zu Ende.

Jeder von uns kennt Orte, die er trotz ihrer hohen Bekanntheit als unattraktiv empfindet:

- Hat die Costa del Sol etwa ein Bekanntheitsproblem?
- Leiden die Orte an der italienischen Adria unter zu wenig Bekanntheit?
- Sind die Namen der großen deutschen Kur- und Heilbäder geläufig?
- Wer kann die französischen Skiorte der Westalpen richtig buchstabieren?
- Sind die österreichischen Wanderorte bekannt genug?
- Wer hat von den All-inclusive-Angeboten der Dominikanischen Republik noch nie etwas gehört?
- Sind die deutschen Mittelgebirge ein Besuchermagnet?
- Gibt es deutsche Urlauber, die nicht wissen, wo der Bayerische Wald liegt?
- Ist es bekannt, dass Sharm el Sheikh nicht in Asien liegt?
- Wer kennt Neapel oder Athen nicht? Und wer hat keine Vorstellung zu Düsseldorf, Linz, Turin oder Sarajevo?

Die Beispiele dieser Liste sind völlig willkürlich gewählt. Dass solche Orte weniger attraktiv sind, hat sicherlich mit Vorurteilen zu tun – aber auch mit dem mangelhaften Nachweis dieser Destinationen, dass sie **eine Reise wert** sind.

Keine dieser Destinationen muss an ihrer Bekanntheit arbeiten. Das Paradoxon wäre, wenn eine Destination viel Geld in ihre Bekanntheit investieren würde, obwohl die Attraktivität ihrer Angebote deutlich zu wünschen übrig lässt. Bekanntheit kann man immer kaufen und die werbeabhängigen Medien freuen sich natürlich über derartige Investitionen. Doch ein Hotel oder ein Restaurant, das regelmäßig in der Gunst seiner Kunden durchfällt, erreicht durch massive Werbung das Gegenteil: Die mangelhafte Leistung wird erst richtig bekannt. Der Werbende schösse sich damit selbst ins Aus.

Werben für die eigene Durchschnittlichkeit?

Es ist einfach festzustellen, ob man in Restaurants ein Problem mit der Bekanntheit oder mit der Attraktivität hat. Ein gestandener Wirt verriet mir einmal seine ganz eigene Erfolgskontrolle: „Es müssen die Gäste ins Lokal zurückkommen – und nicht die halbvollen Teller in die Küche." Für Hotels und Destinationen ist diese Frage viel schwieriger zu beantworten. In der Regel – das ist bei vielen Markenunternehmen nicht anders – wird das eigentliche Problem darin vermutet, dass man im Vergleich zur Konkurrenz weniger bekannt ist, und nicht in der zu schwachen Anziehungskraft der Marke gesucht. Die Erfahrung in vielen Projekten, die ich beratend begleitet habe, zeigt: zu Unrecht.

Wie attraktiv ist meine Marke? Der Brand-Performance-Monitor

Um einen Überblick zu bekommen, wie es um Bekanntheit und Attraktivität der eigenen Marke bestellt ist, empfiehlt es sich, den „Brand-Performance-Monitor" zu verwenden, der im Folgenden vorgestellt wird. Diese von BrandTrust entwickelte Methode gibt eine gute Einschätzung davon, ob eine Marke eher attraktiv oder bekannt ist.

Dazu wird ein kombiniertes Achsen- und Quadrantensystem eingesetzt: Auf der horizontalen Achse wird der Bekanntheitswert einer Marke festgehalten, auf der vertikalen Achse der Attraktivitätswert. Auch alle Konkurrenten erhalten einen solchen Wert. Das Ergebnis ist eine Übersicht, die zum Beispiel zeigt, wer im Markt als der Bekannteste gelten kann, wer als der Unbekannteste, oder wer sich irgendwo dazwischen befindet. Ebenso ist zu erkennen, welche der konkurrierenden Marken im Vergleich zur eigenen Marke als attraktiver oder unattraktiver gelten.

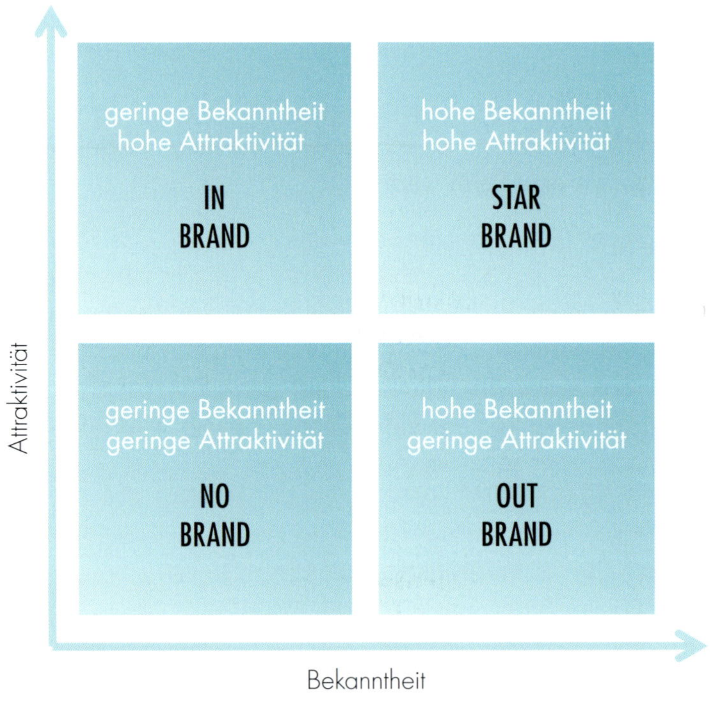

Ausgehend vom Durchschnittswert aller Marken bekommt jede Marke eine Position in einem der vier Quadranten zugewiesen. Man erkennt so auf einen Blick, wer in punkto Attraktivität anführt und wer bei Bekanntheit – und wie sich diese beiden Attribute zueinander verhalten.

Die vier Quadranten werden nun im Detail vorgestellt.

1. Der „No Brand"-Status

Ist eine Marke unterdurchschnittlich bekannt und unterdurchschnittlich begehrt, liegt sie im Quadranten „No Brand" links unten. Marken in diesem Feld haben den Kombinationsstatus: Niemand kennt mich und niemand will mich. Das Gute an einer solchen Verortung besteht im Potenzial, das eine und das andere noch zum Wachsen bringen zu können. Jede Marke dieser Welt hat in diesem Quadranten ihre Karriere begonnen. Wer zur Marke werden will, muss für seinen Erfolg in eine herausragende Produktentwicklung investieren. Tut er es mit exzellenten Produkten und außergewöhnlichen Dienstleistungen, wird er sehr bald der zu geringen Attraktivität entwachsen sein. Als Geheimtipp gehandelt, schaffen es solche Marken, sich auf der Attraktivitätsskala nach oben zu hangeln. Schnelles Wachsen ist dafür untypisch. Der Aufstieg braucht vor allem Zeit.

Schnelle Bekanntheit gefährdet jede Marke

Kräftige Investitionen in Bekanntheit (Werbung, Vertrieb, Kommunikation) führen schnell zu Preiskämpfen, wenn nicht gleichzeitig ausreichend Attraktivität aufgebaut wird. Der Kunde nimmt ein neues Produkt, das in Bekanntheit investiert, sehr schnell wahr – ist es jedoch nicht eindeutig attraktiver als die Konkurrenzprodukte, wird der **Preis zum einzigen Differenziator**. Dann wechselt er nur wegen des günstigeren Preises oder seiner Neuheit wegen zum Neuen – und dann bleibt es beim ersten Versuch. Dieser Gesetzmäßigkeit kann sich kein neues Produkt entziehen.

Destinationen in diesem Quadranten könnten Staaten sein wie Montenegro, Usbekistan oder Malawi, oder Regionen wie das Wangerland an der Nordsee, Pahang in Malaysia, Kappadokien in der Türkei, Sulawesi in Indonesien, Nauru in Mikronesien. Eine Destinationsmarke, die im „No Brand"-Quadranten angesiedelt ist – und im Verhältnis zu den unmittelbaren Konkurrenten können das viele Destinationen sein – besitzt viele Entwicklungsmöglichkeiten. Der einzige, aber gravierende Fehler wäre, ausschließlich an der Bekanntheit zu arbeiten und alle Investitionen darauf auszurichten.

Marken in diesem Quadranten brauchen vor allem ein Investment in die Produktgestaltung: Mit welchen Produkten, Paketen, Dienstleistungen, Angeboten und Infrastrukturen kann ich mich von meinen Konkurrenten so absetzen, dass ich von den Konsumenten als begehrenswerter empfunden werde als alle anderen?

2. Der „In Brand"-Status

Ist eine Marke attraktiver als der Durchschnitt, landet sie im Sektor „In Brand" links oben. Darin finden sich Marken, die sich eine hohe Attraktivität bei ihren Kunden erarbeitet haben, jedoch nur bei dieser Zielgruppe bekannt sind. Die breite Bekanntheit hingegen ist unterdurchschnittlich. Solche Marken haben eine überdurchschnittlich hohe Anziehungskraft, sind aber in der Massenbekanntheit noch nicht angekommen. Eine fantastische Position! Marken dieses Quadranten haben es geschafft, dem Geheimtippstatus zu entwachsen und sich eine **eigene Fangemeinde** zu bauen. Solchen Marken ist es wichtiger, in der von ihnen gewählten Ziel- oder Fangruppe anerkannt zu sein, als sich der Masse an die Brust zu werfen. Wer diese hochattraktiven Marken außerhalb des Mainstreams kennt, darf sich als Insider und Kenner bezeichnen. Marken in diesem Feld zeichnen sich vor allem durch eines aus: eine **hohe Marge**.

Fans zahlen Premiumpreise: Beispiel „Panerai"

Je höher eine Marke auf der Attraktivitätsachse nach oben klettert, umso höher kann ihre Profitabilität eingeschätzt werden. Wer innerhalb einer Kennerschaft eine hohe Anziehungskraft erlangt hat, wird in der Regel mit einer überdurchschnittlich hohen Preisbereitschaft belohnt. Kenner lassen sich ihre Marken etwas kosten, weil sie sich von der Masse abgrenzen können.

So wird zum Beispiel die Uhrenmarke der italienischen Manufaktur „Panerai" aus Florenz dem durchschnittlich an Uhrenmarken Interessierten nichts bedeuten. Für jene Zielgruppe hingegen, die sich bei Luxusuhren besser auskennt, ist dieses seltene Zeichen italienischer Handwerkskunst sehr begehrenswert. Oder das Biosiegel „Demeter": Für den Durchschnittsverbraucher fühlt sich diese Marke entbehrlich an, während der gesundheitsbewusste Biokäufer darin die Ikone der gesicherten Zertifizierung erkennt. Uhren- wie Bioexperten zahlen für solche Marken Höchstpreise. Bei Destinationen könnte man Regionen oder Staaten anführen wie Alaska, Grönland, Island, Botswana oder Bhutan, Myanmar, Sri Lanka, Madagaskar – ebenso Gebiete der Kennerkategorie wie Umbrien, Bretagne, Lappland, Palawan oder die Mecklenburgische Seenplatte.

Für Destinationen des „In Brand"-Quadranten ergeben sich drei Optionen:

[1] **Margenstrategie**: sich in der Attraktivitätsskala so weit nach oben zu arbeiten, dass man in der Folge mit Verknappung des Angebots die höchsten Preise erzielen kann.

[2] **Fanstrategie:** sich bewusst auf das Halten der hohen Attraktivität zu konzentrieren und sämtliche Investitionen dafür zu verwenden.

[3] **Marktstrategie:** sich mit der überdurchschnittlich hohen Attraktivität zunehmende Bekanntheit zu verschaffen und in der Folge die Fangemeinde deutlich auszuweiten.

Wer sich für die **Margenstrategie** entscheidet, setzt seine hohe Attraktivität über das Anbieten neuer Angebote für seine Fangemeinde. Er will sich innerhalb seiner eigenen „Schublade" ausdehnen und wird nichts dafür tun, diese zu verlassen. Das ist bei renommierten Veranstaltungen wie dem Wiener Opernball zu beobachten oder dem Münchner Oktoberfest, die ihre Attraktivität aus ihrer zeitlichen wie kapazitätsmäßigen Beschränkung erzielen. Was es nur für eine begrenzte Zeit in beschränktem Ausmaß gibt, dem ist eine dauerhaft hohe Anziehungskraft sicher.

An der Preisschraube kann nahezu bedenkenlos gedreht werden, sofern man es nicht übertreibt. Der Fehler in dieser Option wäre, sich trotz der selbstverordneten Beschränkungen dennoch in Richtung höherer Bekanntheit zu bewegen und damit die Nachfrage weit über das Machbare hinaus zu steigern. Oft ist es schwierig, mit den Folgen gesteigerter Bekanntheit fertig zu werden: Langjährige Fans und Stammgäste bleiben dann ihrer Lieblingsveranstaltung plötzlich fern, weil es ihnen im angezogenen Massenansturm zu eng und ungemütlich wird.

Der traditionelle Karneval in Venedig kann als schillerndes Beispiel dafür gelten, welche Fehler man als „In Brand" machen kann. Anstatt sich um gesicherte Kostümattraktionen in der brückenverspielten historischen Lagunenstadt zu kümmern und der Stadt für die wenigen Tage einen Numerus Clausus zu verpassen, setzte das Citymanagement auf das breite Bewerben einer Tradition, die sich immer rarer machte, um der Masse zu entgehen. Heute ist die ehemalige „In Brand"-Veranstaltung mit dem Potenzial einer hohen Preisbereitschaft einer kleinen Zielgruppe zu einem Event verkommen, auf dem ein paar kommerziell agierende Maskenträger die Kulisse einer ehemaligen Tradition künstlich aufrechterhalten. Wie töricht und schade.

Zwei Gourmetrestaurants werden zum Kult

Wer sich für die **Fanstrategie** entscheidet, strebt den **Kultstatus** an. Etwa Gourmetrestaurants, die ihre Wartelisten auf Jahre ausdehnen konnten und gleichzeitig in der Konsumöffentlichkeit nicht einmal dem Namen nach bekannt sind. René Redzepi, der es mit seinem Restaurant „Noma" über Jahre in vielen Rankings der Welt zum begehrtesten Restaurant auf Platz Nr. 1 geschafft hat, muss sich nicht darum kümmern, ob mittags und abends die Tische vollbesetzt sind. Sein Problem ist, wie er mit den Tausenden Reservierungsanfragen umgeht, die seine Organisationszentrale täglich aus aller Welt erreichen.

Vor dem gleichen Problem stand Jahre zuvor das „El Bulli" in der unscheinbaren Bucht Cala Montjoi an der spanischen Küste nahe Girona. Für 5.000 Plätze (50 Plätze für 100 Öffnungstage) erreichten den Starkoch und Begründer der Molekularküche, Ferran Adrià, am Ende zwei Millionen Reservierungsanfragen, bevor er sein Restaurant in eine Stiftung umwandelte und für das Gourmetpublikum zusperrte. Beide Köche hatten sich dafür entschieden, weder ihre Kapazitäten auszuweiten noch in ihre Bekanntheit zu investieren. Sie wollten so bleiben, wie es ihrer Vorstellung von Kochkunst entsprach: klein, hochbegehrt bei Kennern – und ansonsten unbekannt. Die Belohnung hierfür ist eine hohe Marge, weil man viel höhere Preise bezahlt bekommt als die Konkurrenz. Zudem bewarben sich 1.500 Köche für einen der 35 unbezahlten (!) Praktikumsplätze. Auch das ist ein Wert.

Langsam ein Star werden

Entscheidet sich jemand für die dritte Option, **die Marktstrategie**, dann schlägt er aus der erarbeiteten Anziehungskraft durch Sortiments- oder Kapazitätsausweitung Kapital. Es ist der Weg, den viele erfolgreiche Destinationen und Hotels einschlagen. Zufriedene Gäste haben neue angezogen; in der Folge wurden Betriebe vergrößert, Urlaubsangebote vervielfacht, Skigebiete erweitert. So wuchsen aus ehemaligen Familienpensionen stattliche Resorthotels in den Alpen. Die Insel Mauritius entwickelte sich aus seinem Mauerblümchendasein zu einer hochbegehrten Urlaubsdestination. Aus den in vielen Dolomitentälern pionierhaft aufgebauten Skiliften entstand das weltweit größte Skikarussell „Dolomiti Superski", mit einer einzigen Karte, die 1.200 beschneite Pistenkilometer garantiert.

Der einzige Fehler in dieser Option wäre, eine größere Bekanntheit anzupeilen, wenn die Attraktivität noch nicht groß genug ist. Wer recht nah am Durchschnitt der Attraktivität liegt, muss vor der Expansion erst für größere Bekanntheit sorgen. Versäumt man dies, bringt man sich selbst um die beste Startposition und beginnt das Rennen aus der letzten Startreihe. Dann braucht es viel Kraft und in den wenigsten Fällen endet man als Sieger.

Erstaunlicherweise gibt es im touristischen Bereich kaum Marken, die sich im Zentrum dieses Quadranten des Brand-Performance-Monitors aufhalten wollen. Die meisten treibt es sehr schnell in Richtung größere Bekanntheit. Wachstum wird vor allem mit größerem Volumen gleichgesetzt, viel weniger mit einer stabilen und hohen Marge. Kaum ein Hotel, das nicht größer werden will, kaum eine Destination ohne Ansprüche auf mehr Gäste, kaum ein Skigebiet, das nicht auf Quantität setzt – anstatt sich mit einer **Hochpreisstrategie** gegen zu viel Zuspruch der Masse zu wehren.

3. Der „Star Brand"-Status

Betrachtet man im Brand-Performance-Monitor den Quadranten rechts oben, finden sich dort alle Marken, die für sich sowohl einen überdurchschnittlich hohen Attraktivitätsstatus als auch einen überdurchschnittlich hohen Bekanntheitsstatus beanspruchen können. Kurz auf den Punkt gebracht: Alle kennen sie und alle wollen sie. Im Verhältnis zu den Konkurrenten sind diese Marken in beiden Achsen über dem Durchschnitt positioniert und setzen sich damit von der Konkurrenz ab. Wer sich dort einordnen kann, ist ein Star seiner Branche. Das sind

Marken, die allen einfallen, wenn sie nach etablierten Brands gefragt werden: Coca-Cola, Nike, Mercedes, Apple, Nespresso oder Tempo. Im touristischen Bereich würden vermutlich die italienische Genussregion Toskana, die Weltstadt New York, die Disney-Freizeitparks, die Superlative von Dubai oder das Safariparadies Südafrika genannt werden, und natürlich – je nach Reiseerfahrung und Nationalität – noch viele andere mehr. Anders als im Quadranten der „In Brands", besitzen diese Marken einen sehr hohen oder überdurchschnittlich relevanten Bekanntheitsgrad. Es ist der Quadrant der Massen. Diese braucht es, um in diesem Feld erfolgreich zu sein. Wer hier hohe Profitabilität erreichen will, muss seine Kapazitäten auf hohe Frequenzen, intensive Distribution und große Stückzahlen auslegen. Es geht um **Volumen**. Star-Brands ziehen ihre Erfolge aus dem balancierten Verhältnis aus großer Nachfrage und hoher Preisbereitschaft. Hätten sie nur eine große Bekanntheit, ohne gleichzeitig eine hohe Nachfrage durch Attraktivität auszulösen, bliebe ihnen der Star-Status verwehrt. Dazu etwas später mehr.

Im Star-Segment wird die Luft dünn

Man könnte sagen: Marken mit hoher Anziehungskraft und großer Bekanntheit haben es geschafft. Wer möchte das nicht von sich behaupten können? Trotzdem gibt es, wie immer, auch die **Kehrseite der Medaille**. Als Persönlichkeit und Weltstar zu leben ist zwar der Wunschtraum vieler, die Folgen eines solchen Status bleiben jedoch oftmals unbedacht. Der große Komiker Fred Allen, durch seine legendäre „The Fred Allen Show" beim US-Sender NBC in den 1950ern zum Star geworden, beschrieb seine Zunft folgendermaßen: „Ein Promi ist eine Person, die ihr gesamtes Leben hart dafür arbeitet, bekannt zu werden, und dann dunkle Sonnenbrillen trägt, um nicht erkannt zu werden."[6] Die öffentliche Aufmerksamkeit ohne ausreichend organisierten Schutz auf sich zu ziehen, bedeutet, seine Privatsphäre zu verlieren. Immer und überall sind Prominente öffentliche Personen. Einmal als Star identifiziert, brechen alle Barrieren guten Benehmens der Bewunderer und Neider ein wie dünnes Eis. Stars stehen im Mittelpunkt des Interesses, werden für Autogramme belagert und müssen in Boulevardzeitschriften über ihr Leben Lügen lesen, die sich einige Schreiberlinge als Massenfutter für die neugiergetriebene Meute ausgedacht haben. Personen werden in diesem Status schnell zur Sache, schutzlos angreifbar durch jeden, der sich dafür berechtigt hält.

Star-Brands werden angegriffen, kopiert und imitiert

Star-Brands ergeht es ähnlich. Weil sie im Fokus stehen und als Richtschnur (Benchmark) für den Erfolg in ihrer Branche angesehen werden, ist ihnen der Angriff von allen Seiten gewiss. Ohne Skrupel werden sie imitiert, kopiert und gefälscht. Sie werden ausspioniert, auseinandergenommen und angefeindet. Konkurrenten und Neulinge im Sektor versuchen, die Erfolgsgeheimnisse der Star-Brands zu identifizieren und damit den eigenen Erfolg zu organisieren. Star-Brands werden Skandale angedichtet oder bei diesen aufgedeckt, während sich niemand für den durchschnittlichen Konkurrenten interessiert. Die mediale Aufmerksamkeit stürzt sich auf jedes kleine Erfolgs- und vor allem Misserfolgsdetail. Die **Erwartungshaltung** an seine Innovationskraft ist gigantisch groß.

In Hotels, die es in diese Kategorie geschafft haben, fragen Stammgäste vor jedem ihrer Aufenthalte nach den neuen Investitionen. Bei Destinationen berichten Reisemagazine nur über die großen Neuheiten. Alles andere, heißt es aus den erfahrenen Redaktionen, sei ja schon bekannt. Im Destinationsmanagement erfolgreicher Star-Brands kann man sich der Unterstellung aus dem Munde der Konkurrenten sicher sein, der Erfolg sei ausschließlich den großen Werbebudgets geschuldet. Stabile Leistung wird als Rückschritt gewertet, eine stabile Gästenachfrage als Anfang vom Ende. Es ist ungemütlich im Himmel der Stars. Und die Luft wird umso dünner, je länger der Erfolg andauert.

Nokia wurde sein Star-Brand-Status zum Verhängnis

Die Herausforderung der Star-Brands beschreibt sich einfach: sich selbst immer wieder neu zu erfinden und dem dauerhaften Erfolgsdruck standhalten. Was bei Prominenten als Absturz in die Selbstzerstörung bekannt wird, heißt bei Marken **Ablöse**. Die Liste aus Marken, die einmal in der Galaxie der Stars die Rolle des alles überstrahlenden Sonnengottes oder der unendlich erfolgreichen Kriegsgöttin spielten und dann in der Bedeutungslosigkeit verschwanden, ist lang.

Eklatant und in lebhafter Erinnerung ist wohl der Fall Nokia. Zur Hochblüte dieser Marke hielt jeder zweite Mobiltelefonierer ein Gerät der finnländischen Marke in der Hand. Nokia war der Inbegriff der neuen mobilen Lebensart. Die Untersuchungen an Universitäten über diese **Erfolgsmarke** füllten gigantische Seitenmengen an Diplom- und Masterarbeiten. Niemand hätte jemals angenommen, es würde diese Marke im Bereich der Mobiltelefonie irgendwann nicht mehr geben. Trotzdem kam es so. Nokia unterschätzte die Bedeutung der App-Technologie sowie des Touchscreens und vertraute weiterhin auf seine etablierten Erfolgsmodelle.

Jahrzehnte zuvor war es dem damaligen Marktführer für Kopiergeräte Rank Xerox ähnlich ergangen. Das amerikanische Technologieunternehmen hatte 1949 den ersten Fotokopierer auf den Markt gebracht, das LAN-System Ethernet erfunden und den ersten Laserdrucker hergestellt. Im Jahr 2000 sank die Aktie dieses Weltmarktführers innerhalb nur eines Jahres auf zehn Prozent ihres Ursprungswertes. Nur dramatische Rettungsaktionen bewahrten das Unternehmen vor dem Verschwinden. Man hatte unterschätzt, dass Kopiergeräte Marktpreise erreichen könnten, die den Kauf eines solchen Produkts günstiger machten als das Mieten, was das Geschäftsmodell von Xerox war: dem Kunden die erstellten Kopien auf dem Mietgerät in Rechnung zu stellen (Bulk-Rental-System). Die Konkurrenz aus Fernost namens Minolta, Sharp und Canon setzten auf die kleinen Tischgeräte und fegten den Goliath der Drucktechnologie vom Markt.

Oder erinnert sich noch jemand an die Marken am Star-Himmel namens Hewlett Packard und Texas Instruments (Taschenrechner), Hoechst (Farbwerke), SABA (Elektronik), Fokker (Flugzeuge)? Sie alle waren einmal ganz oben im Ranking der Markt- und Markenführer.

Der Erfolgsdruck auf Star-Brands ist enorm

Welcher Erfolgsdruck auf Star-Brands lastet, zeigt das Beispiel Apple. Nach wie vor ist dies die einzige Marke, die es mit ihren Produktinnovationen bis in die Nachrichtensendungen großer TV-Sender schafft. Steve Jobs hat vorgelebt, wie man sich so inszeniert, dass die Weltöffentlichkeit Notiz davon nimmt. Seitdem muss jede Neuentwicklung aus dem Hause Apple, jedes neue Betriebssystem, jede neue Formgebung, jeder neue Nutzen der wirklich große Wurf sein. Die Erwartungshaltung an Apple ist riesig. Diesem Druck standzuhalten und mit immer neuen Spitzenleistungen zu entsprechen, grenzt an Unmögliches und lässt die Konkurrenten und Imitatoren des Marktführers auf den Moment warten, an dem dies nicht gelingen wird. Ist dieser Punkt einmal erreicht und der große Star zeigt Schwächen in seinem Glanz, beißen die Hyänen schnell zu. Die öffentliche Meinung kennt bei Star-Brands wenig Gnade. Sofern die Fangemeinschaft nicht groß genug ist, um solche unvermeidlichen **Durststrecken** mit Loyalität zu überbrücken, sinkt die Marke auf der Attraktivitätsskala dramatisch schnell nach unten.

Im Quadranten der Star-Brands wirkt eine fast unsichtbare Schwerkraft, welche stets die Attraktivität nach unten ziehen will. Übrig bleibt die Bekanntheit. Man erinnert sich auch dann noch an die verblichenen Marken-Stars, wenn Kaufbereitschaft und Markentreue längst im Keller sind. Es gibt dann nur noch die Erinnerung an die Zeiten, als alle in die Karibik und in die Dominikanische Republik wollten, um sich zum **All-inclusive-Preis** einen sorglosen Urlaubsaufenthalt zu leisten. Oder sich mit einer Flugreise an die Strände der griechischen Inseln und Kroatiens noch Bewunderung abgeholt haben, anstatt nur ein „Aja, schön" zu ernten.

Der Aufstieg ist einfacher als das Halten der Position

Das Gegenrezept: sich dauerhaft bewusst sein, dass jeder Star in die Jahre kommt. Erfolg ist im Star-Brand-Quadranten nicht gepachtet. „Das ist das Unglück der Könige, dass sie die Wahrheit nicht hören." Diese Worte von 1848 sagte der Politiker Johann Jacoby, Mitglied einer Delegation der preußischen Nationalversammlung, zu König Friedrich Wilhelm IV. Sich auf den Lorbeeren auszuruhen, kann fatale Folgen haben – ganz plötzlich befindet man sich mit seiner Marke im Quadranten unten rechts.

4. Der „Out Brand"-Status

In diesem Sektor befinden sich Marken, denen es an Bekanntheit nicht mangelt. Jeder kennt sie. Schließlich waren sie einmal im Star-Brand-Quadranten darüber. Was diesen Marken fehlt und zwar in einem Ausmaß, der sich kaum reparieren lässt: von den Kunden gewollt zu sein. Die ehemaligen Star-Brands haben an Attraktivität eingebüßt.

Die Duftwassermarke 4711 mit ihrer so fantastischen Entstehungsgeschichte gehört dazu. Die seit 1875 geschützte Marke und der Duft unserer Groß- und Urgroßmütter hat seine Fangemeinschaft weitgehend verloren. Wer in den 1960er Jahren geboren wurde, wird diese Marke noch kennen und ihren Duft ausmachen können. Damals gab es wenige, die sich die Edeldüfte Burberry, Chanel und Guerlain leisten konnten, sofern diese überhaupt verfügbar waren. Der Duft des gemeinen Volkes kam aus der Alchimistenküche des Hauses mit der Konskriptionsnummer 4711 (während der französischen Besatzung so an die Gebäude verteilt) in Köln. Ohne den Opelfahrern zu nahe treten zu wollen: Auch diese nicht mehr rein deutsche Automarke könnte man im Quadranten rechts unten vermuten.

30 Euro Aufschlag für einen 3er BMW

Als ich kürzlich am Nürnberger Flughafen auf meinen Leihwagen wartete, bot die charmante Dame von Sixt den beiden Herren, die vor mir in der Reihe standen, einen Opel Omega Kombi an und fügte hinzu: „Für 30 Euro Aufschlag hätte ich auch noch einen 3er BMW." Ich war derjenige, der dann für die kurze Fahrt an diesem Abend in den Opel stieg, während die Herren vor mir sich den Markenumschwung jeweils 30 Euro kosten ließen. Damit ist viel über die Attraktivität dieser Automarke gesagt, die es trotz intensivster Werbebemühungen nicht mehr schafft, einen überdurchschnittlichen Attraktivitätswert zu erreichen.

Wer einmal im Out-Brand-Bereich gelandet ist, hat es schwer. Weniger bekannt zu werden geht nicht; neue Attraktivitätserfolge brauchen Zeit und lassen sich vor allem nicht mit werblichen Bemühungen erzielen. Die große Werbekampagne „Umparken im Kopf" der neuen Werbechefin Tina Müller – übrigens eine exzellente Marketingfrau – hat ersten Studien zufolge die **Werbeerinnerung** des Opel Mokka bei den unter 30-Jährigen stark nach oben getrieben. Allerdings sank gleichzeitig der Sympathiewert von Opel im Vergleich zur Konkurrenz von 9 auf 7 Prozent.[7] In 14 Vergleichstests durch automotor&sport seit 2014 gewann die Marke nur ein einziges Mal (mit dem Modell Astra Sports Tourer). Die Opel-Modelle lagen in den Tests zwischen 7 und 74 Punkten hinter den Erstplatzierten. Die Kampagne „Umparken im Kopf" hat Reichweite gebracht, aber keine Attraktivität aufgebaut, zieht der Redakteur sein Fazit.

Zu den Out-Brands bei Destinationen gehören die Sandals (All-inclusive-Clubs), die ehemals so erfolgreichen Tennishotels, viele Thermen- und Bäderorte, Gletscherskigebiete im Sommer, einige durchschnittlich attraktive Erlebnisparks, viele museale und ausstellungsorientierte Infrastrukturen, die Club Méditerranée und die Bettenburgen an vielen Stränden dieser Welt. All das kennt man – und findet es schrecklich alt. Marken in dieser Position leben von ihrer Substanz, schreiben Verluste, und das nicht zu knapp.

Lacoste und Jägermeister schafften es wieder nach oben

Aber es gibt auch Beispiele, die jenen Out-Brands Hoffnung machen. 1996 gelangte die ehemals renommierte Tennissportmarke Lacoste an den Tiefpunkt ihrer Geschichte. Die Tennislegende René Lacoste hatte die Firma in den 1930er Jahren gegründet. Drei Jahre vorher hatte der Davis-Cup-Sieg ihm den Spitznamen „Das Krokodil" eingebracht: Der Chef des französischen Teams soll Lacoste einen Koffer aus Krokodilleder versprochen haben, wenn er sein Einzel gewinnt. Bis ins Jahr 1986 hatten es die Leibchen mit dem Krokodil zur Lifestyle-Bekleidung der feinen Gesellschaft geschafft. Als jedoch Nike, Ralph Lauren und Tommy Hilfiger mit ihren hippen Teilen auf den Plan traten, verkam das T-Shirt mit dem Krokodil zum Oldie. Erst ein totaler Neubeginn sollte die Marke wieder auferstehen lassen. Lacoste setzte nun auf eigene Shops, auf neues Design und auf eine widerspruchslose Qualität seiner **Lizenzprodukte**, von Parfum bis Taschen. „Entscheidend für den Erfolg war auch die Erweiterung der Damenkollektion", sagt Geschäftsführer Möller-Herrmann 2004.[8]

Kennen Sie Jägermeister? Der passionierte Jäger Curt Mast wählte 1934 den Hubertushirsch mit dem Kreuz im Geweih als Markenzeichen, um seiner bis heute unveränderten, unverwechselbaren Rezeptur für seinen Kräuterlikör ein klares Erkennungszeichen zu geben. Dieses Zeichen symbolisiert, gemeinsam mit der eigenwilligen kleinen Flasche, die Unantastbarkeit der Qualität und Tradition des größten deutschen Spirituosenunternehmens. Kaum eine andere Spirituosesmarke vereint so heterogene Zielgruppen wie Digestif-Genießer und partyaffine junge Erwachsene unter einem Dach wie Jägermeister, sind sich die Fachleute einig.[9] Dabei hatte der Kräutertrunk in seinem Heimatland erhebliche Probleme, sich auch bei Jugendlichen als angesagtes Partygetränk durchzusetzen. Während die Älteren mit Jägermeister großgeworden waren, zogen die Jüngeren Energydrinks und alkoholische Mixgetränke vor. Den Relaunch schaffte Jägermeister im Ausland: In den USA, in Großbritannien und in Frankreich wuchs die Fangemeinschaft für Jägermeister, der sich als eigene Alkoholkategorie fernab von Likör und Kräutern etablieren konnte. Damit schaffte Jägermeister wieder den Anschluss an die Spitze: Neben Coca-Cola und dem Parfüm Chanel N° 5 gilt Jägermeister heute als Lehrbeispiel für die Stildichte einer Marke.[10]

Wer seinen Prinzipien und seiner Ursprungsidee treu bleibt und sich nicht von Innovation und Veränderung treiben lässt, gewinnt am Ende das Spiel. Jägermeister musste sich dafür allerdings auf das internationale Parkett wagen und in schwierigen Umfeldern mit seiner Tradition neue Akzente setzen.

Gardasee: Bekanntheit ist die Folge eines spezifischen Angebotes

Täglich wird in Abendnachrichten, auf Onlineportalen und in Newsrooms über Orte berichtet, die trotz aller Bekanntheit als Urlaubsgebiete nicht infrage kommen. Die Städte Tschernobyl und Fukushima hat die Welt erst durch Atomkraftwerksunfälle kennengelernt. Die Länder Afghanistan und Irak rückten erst durch die kriegerischen Auseinandersetzungen in den Mittelpunkt des Interesses. Die Küsten Thailands und Indonesiens hat die Tsunamikatastrophe prominent gemacht. Die Beispiele sind weit hergeholt – und trotzdem sind sie dazu geeignet, um mit dem Missverständnis auszuräumen, Bekanntheit allein würde dem bayerischen Ort XY und der italienischen Region YZ Erfolg bringen. Wahr ist hingegen, dass erst die Verknüpfung mit einer attraktiven Urlaubsgestaltung aus einem Ort ein begehrtes touristisches Produkt macht. Der Gardasee im nördlichen Italien verdankt seine Attraktivität nicht allein der Tatsache, ein See in schöner Lage zu sein. Riva im Norden des Sees wurde zum Hotspot für Surfer und Mountainbiker. Dazu haben die örtlichen Voraussetzungen beigetragen – ausschlaggebend waren sie dafür aber nicht. Jemand musste ein Angebot für diese wachsenden jungen Zielgruppen entwickeln, jemand musste die Trails für die Bergräder ausweisen, jemand musste den stabilen Morgenwind als ideal für den Surfsport erkennen.

Fakt: Die Anziehungskraft wird von Produkt und Angebot bestimmt, nicht von der Bekanntheit. Im Falle von Destinationen ist diese eher eine Folge als eine Voraussetzung.

Berge und wanderbare Landschaften nützen wenig, wenn es keine Wanderwege gibt, keine Hütten zum Einkehren, keine Gipfeltouren und keine Bergführer. Südtirol mag mit seinen 17.000 km markierten und fast ausschließlich ungeteerten Wanderwegen ein Beispiel dafür sein, was es braucht, um als Wanderparadies wahrgenommen zu werden. Wenn man dann noch auf den vielen Berghütten und Almen etwas auf die Teller bekommt, das der italienischen Genusskultur entspricht, dann läuft das Ding. Dabei gibt es in Slowenien, in der Hohen Tatra, in British Columbia oder in den deutschen Mittelgebirgen ebenso ein Wanderangebot, teilweise sogar ein ursprünglicheres, als es in Südtirol vorzufinden ist. Wenn es um Bewegung plus Genuss geht, dann gibt es derzeit wenig Angesagteres als die Provinz gleich hinter dem Brennerpass. Wer hingegen das einsame Abenteuer sucht, ist in den unendlichen Weiten des nördlichen Amerikas besser aufgehoben.

Für Destinationen, die als Marke wahrgenommen werden wollen, führt an einer **strategisch geplanten Produktentwicklung** nichts vorbei. An dieser entscheidet sich die Attraktivität. Mit Naturschönheiten gesegnet zu sein oder Angebote für Kunden bereitzuhalten, welche die Konkurrenz ebenfalls haben, reicht nicht für den Sprung vom Produkt zur Marke.

Resümee für Schnellleser

- An seiner Bekanntheit zu arbeiten, lohnt sich erst dann, wenn man die Hausaufgaben einer strategisch geplanten Produktentwicklung hinter sich gebracht hat.
- Bekannt zu werden und so für Kunden als Reiseziel infrage zu kommen, ist vielmehr eine Konsequenz klarer Positionierung als eine dafür notwendige Voraussetzung.
- Viele einst attraktive Urlaubsdestinationen haben ihre Anziehungskraft aufgrund fehlender Produktentwicklung und einer fehlenden klaren Positionierung verloren, es blieb ihre Bekanntheit. Sie gehören zu den „Out Brands".

Kür gegen Pflicht

Kapitel 3
Klare Unterschiede sind das Leben, das ewig Gleiche ist der Tod
Die Königsdisziplin der Differenzierung

In gesättigten Märkten wie dem Tourismus ist es nicht effizient, einfach das Gleiche wie die Konkurrenz anzubieten – nur ein wenig besser. Stattdessen müssen sich die Marktteilnehmer auf ihre Markenwerte konzentrieren und kraftvoll betonen, was sie besonders macht. Ein Vorgehen, das starke Parallelen hat zu „Pflicht und Kür" im Sport.

Bestimmt kennen Sie einige davon: In etlichen Sportarten sind Pflichtprogramme für die Teilnehmer Voraussetzung, um die zweite Wertungsstufe zu erreichen: Im Wasserspringen zum Beispiel sind es vier gleiche Sprünge, welche die Sportler zuerst absolvieren müssen, um sich für die Kür zu qualifizieren. Bei Wettkämpfen im Segelfliegen müssen alle Piloten zunächst dieselben Muster fliegen, deren Bewertung in die Endpunktzahl mit einfließt. Bis 1991 mussten Eiskunstläufer bei internationalen Wettbewerben 41 verschiedene Figuren tanzen. Die Wettbewerbe wurden in „Pflichtprogramm" und „Kür" unterschieden und für beide Disziplinen gab es ein ausgeklügeltes Punktesystem. Das Pflichtprogramm war bei den Spitzenläufern verhasst. Um darin gut zu sein, mussten sie doppelt so lange trainieren wie für die Kür. Sie mussten bestimmte Figuren mit den Kufen möglichst genau ins Eis ritzen, damit die millimetergenau gefahrenen Achter und Schlingen von den Richtern streng bewertet werden konnten. Heute aber werden nur noch Kurzkür und Kür bewertet.

Die Anleihen aus dem Sport helfen uns, den Unterschied zwischen „besser sein" und „anders sein" zu verdeutlichen, der für den Markenerfolg essentiell ist. Ständig liest man von Destinationen, sie würden etwas besser können oder hätten etwas Besseres vorzuweisen als alle anderen. Die einen glauben, die besseren touristischen Angebote entwickelt zu haben. Andere wiederum sind der Ansicht, sie hätten die besseren Fußgängerzonen. Die meisten glauben, ihre Landschaften wären grandioser und beeindruckender als alle anderen auf der Welt. Einige setzen alles daran, die freundlicheren, besseren Gastgeber zu sein.

Man muss die Regeln kennen, um sie brechen zu können

Wer sich durch die Websites von Hotels oder Regionen klickt, stößt immer wieder auf die gleichen Produkte und Angebote. Offenbar glauben alle, sie könnten das Gleiche als kaufbares Gut anpreisen – nur mit dem Unterschied, dass sie dieses angeblich besser beherrschen als der Rest. Und sie sind der Ansicht, dass dies allein mit großem Fleiß zu schaffen wäre, gemäß dem Sprichwort „Ohne Fleiß kein Preis". Zweifellos hat das beharrliche Arbeiten und Üben an einer Sache großen Wert. Kein Musiker der Welt, kein Künstler und kein Autor kommt ohne das stundenlange Wiederholen seiner Grundfertigkeiten aus. Die Großen der Zunft haben ihr Handwerk, ohne Ausnahme, von Grund auf gelernt. Die Gesetzmäßigkeiten zu beherrschen, ist immer die Grundlage für jede Meisterschaft. Man muss zuerst die Regeln kennen und blind beherrschen – bevor man sie brechen darf. Aber dazu kommen wir später.

Dieser Ehrgeiz, mit jeder Menge Fleiß „besser sein" zu wollen als die Konkurrenz, zeigt deutliche Parallelen zum Eiskunstlauf: Die meisten Destinationen erfüllen mit großer Energie die Pflicht – aber keine Kür. Die Eiszeichnungen, die mit den Kufen nachzuzeichnen waren, haben in der Tourismusbranche nur andere Namen. Sie umfassen zum Beispiel die gesamte Palette der sportlichen Freizeitaktivitäten: von Wandern bis Mountainbiken, von Schwimmen bis Tauchen, von Golfen bis Kitesurfen. Wer eine touristische Destination sein will, braucht auch ein kulturelles Angebot, seine Heimatmuseen und Kunstsammlungen ringen um Bedeutung, Musik- und Tanzfestivals lassen vom großen internationalen Durchbruch träumen. Städte mit ihren Fußgängerzonen und historischen Innenstädten setzen auf „Street- und Aktionskunst". Trimm-Dich-Pfade und Minigolfplätze sind ebenso wenig Mangelware wie Shoppingmeilen und Spaßbäder. Thermen gibt es im Überfluss, Kirchen und architektonische Zeugen vergangener Zeiten ebenso.

In keiner wirtschaftlichen Branche gibt es ein größeres Mehr vom Gleichen als im Tourismus. Hotels, Innenstädte, Angebote: Weltweit mehren sich die Ähnlichkeiten besorgniserregend – und damit einhergehend der Preisverfall. Denn das Gleiche und Ähnliche ist vergleichbar, dadurch setzt unweigerlich ein Preiskampf ein. Das Unvergleichliche hingegen definiert sich über seinen Wert – und lässt keinen Preisvergleich zu.

Kundenzufriedenheit ermitteln: Frische Fragen helfen weiter

Wer im Sport oder in der Musik besser werden will, muss Trainingsumfang und Trainingsintensität erhöhen. Daran führt kein Weg vorbei. Für Destinationen bedeutet dies sinngemäß, dass sie mehr Mittel in die Produktentwicklung stecken müssen. Die dazu nötigen Attraktivitätskriterien werden gerne Gästeumfragen und Expertisen entnommen. Oder es gilt als verheißungsvoll, was das Topmanagement als attraktiv empfindet oder von anderen gesagt bekommt.

Fakt ist, dass sehr viele teure Investitionen in Destinationen damit begründet werden, dass eine „höhere Zufriedenheit der Gäste" erreicht werden soll. Um diese zu ermitteln, werden unterschiedliche Methoden eingesetzt: von der Gästebefragung vor Ort bis zur Analyse von Onlinebewertungen – Dienstleister bieten eine große Auswahl an erprobten Instrumenten. So hat die Österreich-Werbung mit einer landesweit periodisch durchgeführten Gästeanalyse (T-MONA – Tourismus Monitor Austria[11]) das europaweit größte Erhebungsinstrument aus der

Taufe gehoben und von 2004 bis 2014 in den einzelnen Bundesländern über 135.000 Einzelinterviews mit Gästen aus 15 Nationen durchgeführt. Die Ergebnisse geben Aufschluss über die Zufriedenheit und die Absicht eines erneuten Besuchs. Sie liefern ein präzises Bild über das jeweilige Nationenprofil ihrer Besucher.

Seit es im Netz viele verschiedene **Bewertungsportale** gibt, können auch daraus valide Schlüsse auf die Zufriedenheit gezogen werden. Sowohl Tripadvisor als auch Holidaycheck weisen Rankings nicht nur für Hotels aus, sondern ebenso für Sehenswürdigkeiten und Destinationen. Wer also wissen will, wie seine Region oder sein Land im Vergleich zu anderen Konkurrenten steht, kann dies an der prozentualen „Weiterempfehlungsrate" schnell und einfach ergründen.

Die Fragestellung „Würden Sie diese Region, dieses Hotel oder dieses Land an einen guten Freund weiterempfehlen? Und in welchem prozentualen Ausmaß?" liefert sogar bessere Erkenntnisse als die Frage nach der allgemeinen Zufriedenheit. Und würden Restaurantmitarbeiter zum Beispiel nicht mit – den Kunden nervender Stereotypizität – fragen „Waren Sie zufrieden?", sondern stattdessen: „Würden Sie es nochmals bestellen?", dann fielen die Antworten wahrscheinlich ehrlicher aus.

Kaum eine Branche ist ihren Kunden so nah wie die touristische

Um bei unserem Sportvergleich zu bleiben: Destinationen optimieren regelmäßig ihr Pflichtprogramm. Sie wissen, was ihre Zielgruppe will und welche Ansprüche sie hat. Man vertraut den vielen Analysen, Befragungen und Beobachtungen. Kaum eine Branche ist ihren Kunden so nah wie die touristische: Hoteliers können ihre Gäste beobachten, Verhaltensweisen in Muster packen, den Aussagen an der Rezeption zuhören. Freizeitanbieter bekommen sowohl Glücksausbrüche als auch Enttäuschungen der Teilnehmer sofort mit. Der touristische Kunde ist „gläsern". Er gibt vieles von sich preis und fühlt sich gut dabei.

Das ist der optimale Nährboden für die tägliche Verbesserung. „In etwas investieren" bedeutet in der Tourismusbranche „das Bestehende verbessern". Wanderwege werden besser ausgeschildert, Hotelzimmer vergrößert, Liftanlagen modernisiert, Wellness-Anlagen erweitert, Schwimmanlagen vervielfacht, Dekorationen intensiviert, Flughäfen internationalisiert, Tauchboote verflottet, Bike-Strecken ausgewiesen, Strände gepflegt, Skipisten verbreitert – und die Aufzählung ließe sich seitenweise fortsetzen.

Im Pflichtprogramm aller Destinationen ist die Sortimentsbreite enorm. Weil Kunden heterogene Bedürfnisse haben, wird vermutet, dass das Erfolgsgeheimnis in einem möglichst breit gefächerten Angebot liegt. Ein bunter Strauß an vielfältigen Offerten soll höchste Attraktivität ausstrahlen: „Für jeden ist etwas dabei!", heißt es dann auf Websites und in Katalogen. Es gehört zu den großen Ambitionen des Destinationsmanagements, das Angebot auf den besten Stand zu bringen. Dazu werden mit großer Energie Verbesserungen vorgenommen, die Konkurrenz akribisch beobachtet. Es ist wie ein Eisläufertraining, das sich nur auf die Verbesserung der Grundlagen beschränkt, aber nicht an die Belastungsgrenzen geht. Das ist zwar gut für den Amateur und Freizeitläufer – aber es ist ungenügend für den ambitionierten Wettkämpfer. Dieser weiß: Er braucht beides, um eine neue Stufe der Leistungskraft zu erreichen. Im gemächlichen Tempo herumzudümpeln, das gewöhnt den Körper an den Durchschnitt. Ab und zu braucht es aber schnellere Laufeinheiten, bis zur Atemlosigkeit. Nur dann kann sich die Leistung verbessern.

Nur wer die Kür beherrscht, hat langfristig Erfolg

Die meisten Destinationen verbleiben also in der Kategorie Pflicht. Die wenigsten wagen sich in den „**Next Level**": die Kür. Denn dort gewinnt man mit dem üblichen „Besser-Sein-Wollen" keinen Blumentopf. In der Kür geht es darum, in kurzer Zeit die Essenz seiner Persönlichkeit zu zeigen. Dazu muss die große Palette des Könnens auf Weniges konzentriert und zur Vollendung gebracht werden. Durchschnittliches hat keine Chance.

Die Kür gewinnen Eiskunstläufer mit einem außergewöhnlichen Moment, einer vollendeten Performance. Bei einem „Besser im Gleichen" hingegen zeigen die Daumen der Punkterichter nach unten. Für Destinationen bedeutet dies: Die Kunden sind nicht begeistert. Sie balgen sich nicht um attraktive, besondere, teure Offerten – sondern recherchieren stattdessen nach den billigsten Preisen.

Warum fällt es vielen Destinationen und touristischen Betrieben so schwer, an die Kraft des Unterschieds zu glauben? Warum verharren die meisten lieber in der Pflicht – anstatt sich der weitaus erfolgversprechenderen Kür zu stellen?

1. Normalität gibt Sicherheit – eine trügerische Logik

Der griechische Philosoph Platon hatte in seinem Standardwerk „Politeia" die Summierungstheorie als Grundlage für sein Staatsmodell der Demokratie erörtert. Ihr zufolge kann die Entscheidung einer größeren Gruppe von Menschen besser sein, als die weniger Einzelner oder Fachkundiger.[12] In der moderneren Version wurde dieser Grundgedanke jüngst als „kollektive Intelligenz" oder unter dem populäreren Begriff „Schwarmintelligenz" erneut aufgegriffen.

Die Logik dahinter: Wenn es alle tun, muss es richtig sein. Das verströmt eine große Sicherheit. So wurde die Gleichheit in der gesamten Ethik- und Soziallehre der Abgrenzung gegenüber bevorzugt. Mehr noch: Wer anders war, wurde ausgegrenzt, als Egoist eingestuft und wegen seiner Andersartigkeit verfolgt. Die Beispiele in der Geschichte sind unendlich. Anpassung hingegen, die weitaus ungefährlichere Art durch das Leben zu gehen, galt als akzeptiertes Lebensmodell. Anders zu sein hingegen war kaum positiv konnotiert. Im Gegenteil: Worte wie Eigenbrötlertum, Eigenwilligkeit und Eigensinnigkeit belegen die zum großen Teil negativen Assoziationen eines solchen Verhaltens.

Dies mag der Grund dafür sein, dass viele Unternehmen ihr Heil darin suchen, ein Zuviel an Eigenheit zu vermeiden – zugunsten eines **Mehr an Normalität**. „Kunden zufriedenzustellen" ist das daraus folgende Geschäftsmodell. Das kollektivierte Bedürfnis wird zum Maßstab für das eigene Angebot. Es entsteht ein Mehr vom Gleichen.

Destinationen setzen auf solche Geschäftsmodelle, wenn ihnen Sicherheit wichtiger ist als das riskante Experiment. Für Hotels gilt Ähnliches. Anders wäre es nicht zu erklären, dass eine Hotelstruktur der anderen gleicht wie ein Ei dem anderen. Produktentwicklung und Kommunikation sind weitgehend ähnlich. Das Geschäftsmodell besteht darin, Zimmer zu belegen, die beworben werden als wären Bad, Telefon und Balkon noch Attraktivitätstreiber für die Kundenentscheidung.

Oder man betont die Fläche, wenn Zimmer vor allem in Quadratmetern ausgepreist werden und deren Lage im Haus der entscheidende Kostenfaktor ist. Die wenigen Ausnahmen lassen sich weltweit an zwei Händen aufzählen. Die meisten Ressorts am Meer, ob in Ägypten oder auf den Bahamas, unterscheiden sich kaum in Ausstattung und Machart. Die Hotels in den Alpen scheinen sich eher aneinander orientiert zu haben, als auf Eigenheit bedacht zu sein. Wellness- und Saunalandschaften bieten europaweit die Wannenbäder des gleichen Herstellers, die Eisgrotten mit Eiswürfel speienden Löwenmäulern und die unvermeidlichen Whirlpools in Schwimmbadform.

Ohne Zweifel erwartet der reiseerfahrene Gast von einem Urlaubs- oder Stadthotel, dass die notwendigen Standardleistungen in der bestmöglichen Form erbracht werden. Man verlangt von einer Destination, ob Stadt oder Region, dass für einen abwechslungsreichen Aufenthalt vorgesorgt ist. Berge und Hütten, Landschaften und Seen müssen über ein gut instand gehaltenes Wandernetz erlebbar gemacht sein, will eine Region als Wanderregion wahrgenommen werden und aus diesem Segment Gäste ziehen. Eine Stadt ohne Sehenswürdigkeiten, Museen, Kulturveranstaltungen, Hotels und Restaurants besitzt keine **Markenbegehrlichkeit**. Eine Destination mit Meerzugang muss diesen gewährleisten, auf gepflegte Strände achten und die Wassersportmöglichkeiten in guter Qualität organisiert haben.[13]

Definition Markenbegehrlichkeit

Die Wirkungsabsicht von Marken liegt im Gewinnen von Vertrauen. Dadurch entfalten sie ihren größten Nutzen: Sie vereinfachen die Kaufentscheidung und geben dem Kunden die nötige Sicherheit, um diese Entscheidung ohne großes Nachdenken treffen zu können. Denn nur, wenn der Kunde nicht mehr nachdenkt, vertraut er – und das ist das Ziel einer jeden Markenstrategie.

Prof. Dr. Jürgen Häusler, Chairman von Interbrand Central and Eastern Europe, entzauberte in einem bemerkenswerten Artikel die sogenannten „Love Brands": „Das tiefliegende Gefühl, das viele dieser Marken in uns hervorrufen, ist nicht Liebe. Es ist Vertrauen."

Die Liste dieser Muss-Faktoren könnte endlos fortgesetzt werden. Entscheidend ist zu erkennen, dass es sich bei diesen um Leistungen handelt, die Kunden voraussetzen. Das bedeutet: Wer hier Lücken und Unzulänglichkeiten aufweist, scheitert am Pflichtprogramm. Von einem Auto erwartet man tadellose Bremsen mit Antiblockiersystem (ABS), von einem Rechner eine schnelle Datenverarbeitung über den eingebauten Prozessor, von einem Mobiltelefon einen durch Fingerdruck bedienbaren Bildschirm, von einem Mineralwasser eine besondere Zusammensetzung gesundheitsfördernder Stoffe. Kurz: Wer in seiner Branche Produkte oder Dienstleistungen anbietet, muss die erwartete Qualität erbringen.

Es gehört zu den Gesetzmäßigkeiten einer Marke, dass sie diese Muss-Faktoren einwandfrei und in der besten Ausformung beherrscht. Ebenso gehört es zu den Gesetzmäßigkeiten, dass viele dieser Muss-Faktoren in ihrem Ursprung nur von wenigen Anbietern angeboten wurden und deshalb als Attraktivitätstreiber und Alleinstellungsmerkmale galten. Klimaanlagen und Antiblockiersysteme zum Beispiel waren einmal nur Automobilen der Luxusklasse vorbehalten, bevor sie zur Grundausstattung für alle Automobilklassen mutierten.

Wer früh genug erkennt, wenn sich ein Differenzierungsmerkmal zum **Muss-Faktor** für alle Marktteilnehmer wandelt, ist auf dem besten Weg zur Kür. Denn sehr oft wird dieser entscheidende Moment übersehen. Die Folgen sind fatal: Dann glauben Unternehmen oder Destinationen, sie könnten mit Muss-Faktoren Alleinstellungsmerkmale aufbauen. Sie glauben, allein durch das „besser sein" ihre Position verteidigen zu können, was Kraft und Geld kostet – und der erwartete Erfolg bleibt aus.

Das Missverständnis liegt in der Annahme, Kunden könnten eine bessere Leistung ohne Weiteres erkennen und wären deshalb gerne bereit, mehr Geld dafür zu bezahlen. Fakt ist jedoch, dass dies in den wenigsten Fällen geschieht. Zwei Beispiele:

[1] Ein Gastronom, der seine regionalen und bio-zertifizierten Ingredienzien nicht als wertvolle Gerichte aufbereitet und den Gästen dementsprechend kommuniziert, verschenkt bares Geld und Preisspielräume nach oben. Er scheitert nicht an seinem Qualitätsversprechen, sondern an der mangelnden Kommunikation darüber. Würde er hingegen den Trend nach Regionalität und Nachverfolgbarkeit für die Kommunikation nutzen, könnte er ohne Weiteres höhere Preise durchsetzen.

[2] Für das Anbraten von Garnelen wird das sündteure Öl benutzt, das aus handverlesenen Oliven Mallorcas hergestellt wird – die Gäste nehmen dies aber nicht wahr. Dann wären sie nicht bereit, einen höheren Preis zu bezahlen. Jeder könnte aus eigener Erfahrung berichten, dass Spaghetti um keinen Deut besser schmecken, nur weil sie in mit Fleur de Sel gesalzenem Nudelwasser gekocht wurden – selbst wenn man es wüsste.

Wenn also der Wert nicht wahrgenommen werden kann, dann versiegt die mögliche Wertschöpfung sofort.

Mit dem tadellosen Erfüllen des Pflichtprogramms allein schaffen Destinationen zwar Sicherheit – doch das eigentliche Erfolgspotenzial liegt im Besonderen, in der Kür. Doch Kunden erkennen eine solche besondere Leistung oder eine Investition nicht automatisch. Deshalb müssen diese deutlich kommuniziert werden. Zudem muss ein Wert, mit dem man sich aus der Menge hervorheben will, tatsächlich erkennbar, erlebbar sein, sonst wird dieser nicht anerkannt.

2. Im noch ungesättigten Markt konnte Gleiches überleben

Je schärfer die Spitze desto geringer die Breite – dieses geometrische Grundgesetz gilt auch bei Markenstrategien im Tourismus. Viele touristische Strukturen sind seit ihren Anfängen bauchladenmäßig in die Breite gewachsen. Das große Wellnesshotel war zu seiner Gründerzeit eine kleine Pension; die Großeltern der heutigen Besitzer hatten sie aus dem Nichts aufgebaut. Ebenso bestand eine heute etablierte Tourismusregion an der vietnamesischen Küste noch vor wenigen Jahren aus ein paar Hütten. Und in Europa waren die heute touristisch stark erschlossenen Küstenstreifen am Mittelmeer beschauliche Fischerdörfer.

Solange eine Branche durch steigende Nachfrage wächst, braucht sich niemand ernsthaft Gedanken über differenzierende Angebote zu machen. Solange es zu wenige Hotels an der portugiesischen Algarve gab, zu wenige Skigebiete in den Alpen, zu kleine Campingplätze an der Adria, zu wenig Tauchbasen am Roten Meer, zu geringe Hotelkapazitäten in Berlin, eine zu kleine Auswahl an Restaurants an den Stränden Südfrankreichs – wenn also die Nachfrage immer stärker stieg als die dafür notwendigen Angebote, wuchs das touristische Angebot in die Breite. Breitenwachstum war ein untrügliches Erfolgsrezept. Man konnte in dieser Zeit mehr vom Gleichen verkaufen, weil der Mangel die Geschäftsmodelle bestimmte. Dann genügte es auch, mit Hotel-Sternen und sonstigen Klassifizierungen die Besserstellung zu verdeutlichen. Vier Sterne bedeuteten für ein Hotel automatisch, in einem höheren Preissegment arbeiten zu können. Destinationen konnten sich darauf verlassen, dass sie bei Reisevermittlern mit offenen Armen aufgenommen wurden, wenn sie sich mit Flughafen, Fährverbindung und Hotelinfrastruktur in den Reisemarkt schoben. Jede neue Insel, die zum Reiseziel geworden war, wurde in der Branche als Geheimtipp gefeiert. Die boomende Nachfrage aus den Ländern Europas füllte problemlos jedes brauchbare Bett im Umkreis von 1500 Kilometern. Die **Bauchladen-Taktik**, alles von allem zu verkaufen, funktioniert in ungesättigten Märkten immer.

Die nächste Stufe jedoch heißt **Differenzierung**. In gesättigten Märkten herrschen andere Gesetzmäßigkeiten, es gibt andere Konkurrenten. Und man braucht ein neues Denken.

Schon 1940 begründete der US-amerikanische Agenturinhaber Rosser Reeves den Ausdruck „unique selling proposition", kurz *USP*. Seitdem wird dieser Begriff im Marketingvokabular als einzigartiges „Verkaufsversprechen" für ein Produkt oder eine Dienstleistung geführt. Man erkannte sehr früh, wie wichtig es in gesättigten Märkten ist, dass Produkte in der Kommunikation durch Eigenständigkeit auffallen. In der Gründerzeit des Abgrenzungsdenkens ging es jedoch in erster Linie um das Versprechen – viel weniger um die Leistung.

Das hat sich geändert: Bestünden die Markenstrategien heute nur aus einzigartigen Werbeversprechen und nicht aus differenzierenden Leistungen, dann wandelte man auf dünnem Eis. Ein Versprechen gilt nur als glaubhaft, solange es nicht als Täuschung aufgedeckt wird. Die **Mogelpackung** hat eine sehr kurze Halbwertszeit, bis die sozialen Medien und Bewertungsportale der Wahrheit den Durchbruch verschafft haben. Sich von den Konkurrenten abzuheben heißt also, nachweisbar mehr zu leisten und einen größeren Nutzen zu stiften. Was dabei unterschätzt wird: Dies gelingt kaum noch mit vergleichbaren Angeboten.

Nehmen wir das Beispiel Fußball. In der Champions League gewinnt man nicht mit den Systemen und den Spielern der Regionalliga. Das volle Engagement ist dort zu wenig, für diese Stufe braucht es Willen und Können. Im DFB-Pokal mag es zwar im Ausnahmefall gelingen, dass sich einmal eine Mannschaft der Regionalstufe gegen eine der Königsklasse durchsetzt. Für das Bestehen in dieser Klasse braucht es allerdings einen längeren Atem. Die Luft ist dort dünner, die Risiken sind größer. Wer dorthin will, muss sich darüber klar sein, was es bedeutet. Zweiter zu werden oder auf den Rängen zu landen, ist in der Champions League das Gleiche, wie die Liga ganz verloren zu haben.

Generell gilt: In jeder Masterclass ist ein eigenes System nötig, ein eigenes Spiel, eine eigene Strategie. Andere zu imitieren oder durch Bessersein zu überholen, sind keine Erfolgsfaktoren. Auch in der Kür des Eistanzes, in der es um den Ausdruck des gesamten Könnens in einer sehr kurzen Zeit geht, braucht es den Mut zum Anderssein. Die Kür besticht durch eigene Musik, eigene Regie. Die Teilnehmer setzen alles daran, sich unvergleichbar zu zeigen und von der Konkurrenz abzuheben. Selbst wenn ihre Sprünge und gelaufenen Figuren oft die gleichen sind, lebt das Schaulaufen auf höchstem Niveau von der individuellen Zusammensetzung der Komponenten und dem eigenen Stil. Auf die Unterschiedlichkeiten kommt es an, auf die Eigenständigkeit des Ablaufs – nicht auf die Perfektion der einzelnen vergleichbaren Elemente. Auch beim Voltigieren, einer Kombination zwischen Reitsport und Turnen, gewinnt nicht, wer es besser macht als seine Konkurrenten; es gewinnt, wer die beste Kombination individuell gestaltbarer Elemente zeigt.

Viele Destinationen scheuen diese Konsequenz. Sie fürchten, dass sie mit einer klaren Differenzierung und Positionierung den Zuspruch großer Gästegruppen verlieren. Denn die Konzentration auf Weniges bedeutet ja gleichzeitig, vieles kategorisch auszuschließen. Wer jedoch vom Üblichen positiv und markant abweicht, schafft es, von Menschen wahrgenommen und erinnert zu werden. Genau dieser Abstand zur Normalität ist es, für den sie Preisaufschläge zahlen. Konturlose Standardangebote hingegen geraten in die gefährliche

Preisspirale nach unten, denn im Normalgeschäft des Vergleichbaren ist der Preis der einzige verbleibende Differenziator.

Darin unterscheiden sich starke Marken von gemeinen Produkten: Sie bieten, neben der Pflicht, auch in der Kür eine phantastische Performance. Dort glänzen Marken durch den großen Anteil an Eigenheit und Individualität. Oft ist es nur eine entscheidende Leistung, die eine Marke unvergleichbar macht und ihren Wert daraus schöpft. Verbraucher erkennen in diesen differenzierenden Elementen den Wert einer Marke. Für diesen könnten sie bereit sein, diese Marke einer anderen vorzuziehen. Sie bewerten – in gleichem Maße wie eine Wettkampfjury – Nutzen und Gesamtwert der jeweiligen Marke und setzen dafür die Noten „Wiederkaufabsicht", „Empfehlungsrate" und „Treue" ein. Ein derartiges Votum ist für die Muss-Faktoren nicht möglich, weil man diese als gegeben voraussetzt. In der Kür hingegen geht es um jene Faktoren, die Überraschung und Begeisterung auslösen und einem „Aha-Erlebnis" Pate stehen. Es ist die überraschende Leistung, die Menschen zu Beifallstürmen bewegt, nie der Standard.

3. Anders sein bedeutet, „Nein!" zu sagen

Das Neinsagen hat einen schlechten Ruf. Denn wer sich durch klare Entscheidungen abgrenzt, dem wird schnell unterstellt, er wäre nur auf sich selbst bezogen. Neinsager werden gerne in die gleiche Ecke gestellt wie Protestierer und Verhinderer. Wer gegen den Strom schwimmt, hat es schwer – ein physikalisches wie psychologisches Grundgesetz.

Die wenigsten Destinationen haben weder den Mut noch die Spielräume, um ihre Positionierung anhand von Abgrenzungen deutlich zu machen. Politiker haben ein Interesse daran, den Tourismus als große Querschnittsbranche zu erhalten. Sie wollen den meist unorganisch gewachsenen Bestand an Leistungsträgern und Infrastruktur als „bunten Strauß" voller Angebote für möglichst alle Zielgruppen etablieren. In demokratischen Systemen gehört die Zustimmung möglichst vieler Wähler zum Prinzip – das Neinsagen aus Überzeugung hingegen kann einem Politiker Nachteile bescheren. In dem Fall setzen sie sich nur dann durch, wenn sie eine große Weitsicht besitzen sowie eine gesicherte Wählerschaft, die sie nicht mit Zusagen aller Art bei Laune halten müssen.

Auf Unternehmensseite werden klare Positionierungen durch zweierlei verhindert: den noch anhaltenden Erfolg der „**Bauchladen-Konzepte**" und die geringe Lust, in die nächste Stufe („Kür") aufsteigen zu wollen. Wenn das Leid – durch schrumpfende Umsätze und Margen – noch nicht groß genug ist, sodass eine klar ausgerichtete Markenstrategie zwingend nötig wird, verbliebe nur die Lust auf den „Next Level". Wenn jedoch beides nicht greift, machen Unternehmer das Gewohnte – und verbessern ihr Pflichtprogramm.

Mauritius zeigt: ein „Nein!" führt zu Erfolg

Für Tourismusmarken ist es jedoch gut, anders zu sein. An ihrer Differenzierungskraft kann man den Wert ablesen. Je schwächer das Anderssein, desto härter der Preiskampf. In der Tourismusbranche werden solche Rankings von Marken geführt, denen es gelang, sich durch Abgrenzung einen Abstand zur Konkurrenz zu verschaffen. Zum Beispiel die Insel Mauritius: Der Inselstaat im Südwesten des Indischen Ozeans gilt als Qualitätsführer bei Hotellerie und Dienstleistung. Strenge Baugesetze verhinderten in Zeiten des Booms, dass Bettenburgen im Hochhausstil die schönen Strände verunstalten konnten. Wer nur ein Stockwerk hoch bauen darf, der muss sich was anderes einfallen lassen, das Konzept „Masse durch Höhe" funktioniert dort nicht. Als Folge entstanden Hotels der Luxusklasse, die wegen ihrer geringen Bettenkapazitäten im höheren Preissegment agieren mussten. Die staatliche Airline Air Mauritius zog nach und positionierte sich als hochpreisiger Carrier. Eine Insel, die ursprünglich von extensivem Zuckerrohranbau und Textilindustrie lebte, schaffte es auf diese Weise schnell auf die höheren Ränge unter Destinationen der höheren Preisklasse.

Der Schickimicki-Status war für Mauritius nie interessant – der „**Hideaway-Status**" hingegen immer das Ziel. Man wollte renommiert bleiben und sich nicht von den Finanzkrisen in Europa in die Tiefe reißen lassen. Den benachbarten Inselgruppen, den Seychellen, wäre das fast passiert: Man brauchte touristische Umsätze, weil jeder siebte Bewohner auf den Seychellen vom Tourismus lebt. Das Land war pleite und gezwungen, sein Staatsvermögen zu verkaufen. Deshalb versuchte man, die sinkende Zahl der Luxusgäste mit Billigtouristen zu kompensieren. „Luxustouristen gleich neben Schnäppchenjägern: Die Krise auf den Seychellen öffnete die Inseln auch für Touristen mit kleinerem Budget" schrieb die „Welt".[14]

Ganz anders auf Mauritius: Dort wurde beinahe zeitgleich ein zweijähriges Moratorium für neue Hotelinvestitionen beschlossen. Im März 2015 verkündete der neue Tourismusminister seine Strategie: Er wolle für ein nachhaltiges Gleichgewicht zwischen Angebot und Nachfrage sorgen, denn dies sei entscheidend für den Wert der Insel. Bestehende Hotels würden mit diesem Moratorium ermutigt, ihre Räumlichkeiten zu renovieren und die Qualität zu verbessern. Zudem sollte eine spezifische Kundenorientierung und eine Neubelebung der Branche zur Neupositionierung der Inseldestination beitragen.[15] Während sich russische und chinesische Investorengruppen auf den Seychellen mit überbordender Architektur inklusive künstlicher Wasserfälle austoben dürfen, setzt Mauritius seinen Qualitätsführerkurs konsequent fort. Dies hat zur Konsequenz, dass sich diese Insel aus vielen Reiseprogrammen und -plänen bewusst heraushält. Wer es billig will, kann Mauritius getrost aus seiner Liste der für ihn relevanten Destinationen streichen. Doch als Traumdestination, die man gerne einmal besuchen würde, wenn man dazu finanziell in der Lage wäre, bleibt sie wohl erhalten. Mauritius darf darauf vertrauen, dass es immer noch genügend Reisende gibt, die sich einen hochpreisigen Urlaub leisten wollen. Für den Massentourismus spielt die Insel aber keine Rolle, sie hat sich selbst aus dem Spiel genommen.

Las Vegas: ein klares Nein zu Familien

Machen wir einen Ausflug nach Las Vegas: Die Wüstenretorte im US-Bundesstaat Nevada hat sich mit ihrer klaren Aussage, die Stadt für das Glücksspiel zu sein, einen völlig anderen Charakter gegeben, als man ihn von anderen Städten kennt. Eine Ansammlung kuriosester Hotelbauten mit gewaltigen Zimmerkapazitäten und die größte Ansammlung an Casinos und Shows in den USA dürfen sich hier als Stadt gebärden. Rundum Wüste und Ödland, mitten drin eine Enklave an glitzerndem Tand, wie aus einer anderen Welt. Las Vegas hat mehr als 150.000 Betten für Touristen. Die Kosten für das Errichten von Hotels werden dabei immer höher. Der Bau des „Venetian Resort Hotel" kostete 1,6 Milliarden US-Dollar und das „Wynn Las Vegas Casino & Hotel" gilt mit 2,7 Milliarden US-Dollar Baukosten als das teuerste Hotel der Welt. Die Einnahmen durch Touristen betrugen 2014 circa 40 Milliarden US-Dollar, im gleichen Jahr besuchten erstmals mehr als 40 Millionen Touristen die Stadt. Die Casinos selbst haben einen Gesamtumsatz von etwa 4,5 Milliarden US-Dollar im Jahr.[16] Nicht, weil die Stadt die größte des Bundesstaates Nevada ist, und auch nicht, weil die großartigen Naturparks Death Valley, Red Rock Canyon und Grand Canyon so nah sind. Der Grund ist: Die erst 1905 gegründete Stadt erzeugt ein klares, stabiles Bild in den Köpfen der Menschen. Sie ist der Tempel des Glücksspiels und allem, was dazugehört – und zieht aus dieser Konzentration auf ein einziges Thema ihre hohe Attraktivität. Die zentrale Lage inmitten wichtiger US-Naturdenkmäler spielt für einen Las-Vegas-Besuch höchstens eine Sekundärrolle. Wer nach Las Vegas kommt, taucht in die besondere Atmosphäre des Glücksspiels ein, spürt die Hoffnung vieler auf den schnellen Reichtum.

Wer Kinder im minderjährigen Alter hat, erlebt in dieser Stadt ein Déjà-vu: Schon beim Einchecken in der Hotelhalle wird man mit den Regeln vertraut gemacht, dass Kinder selbst in Begleitung Erwachsener dem Spielbetrieb nicht zuschauen dürfen. Stehenbleiben und einen Blick auf die Spieltische zu werfen, ist untersagt. Selbst nach den großen Shows, bei deren Verlassen man durch Hotelhallen ins Freie gehen muss, muss eine Familie fluchtartig die Spielstätte verlassen, um den lautstarken Aufforderungen des Wachpersonals „Don´t stop!" zu entgehen. Las Vegas bekennt sich zu einem klaren „Nein!" zu Familienfreundlichkeit und tut nichts dafür, dies auch nur ansatzweise zu ändern. Das ist eine klare und gewollte Abgrenzung, die dieser Stadt hilft, kein falsches Publikum anzuziehen. Eine solche **Kompromisslosigkeit** erhöht die Attraktivität. Eine solche Klarheit ist eine der größten Lebensknappheiten unserer Zeit.

Eine klare Positionierung bewahrt vor Kritik

Wer anders sein will, muss es deutlich demonstrieren. Als meine Frau und ich mit unseren noch kleineren drei Kindern im Familienclub Robinson Esquinzo Playa auf Fuerteventura einen Sommerurlaub verbrachten, erlebten wir, was geschieht, wenn große Tourismusmarken es versäumen, ihre Abgrenzungs- und Positionierungsstrategie deutlich zu machen. Ein Hochzeitspaar hatte sich offensichtlich für ihre Flitterwochen in dieses Ressort verirrt. Angesichts gezählter 47 Kinderwagen vor dem Speisesaal und einer völlig auf Familien ausgerichteten Betriebsstruktur schwante den beiden Neuankömmlingen, dass sie diese Zustände wohl eine Woche lang aushalten müssen. Die Nachkontrolle im Katalog des Robinson Clubs ergab, dass das Hotel zwar als familienorientiert ausgewiesen war, jedoch brachte TUI nicht den Mut auf, eine „Familienwarnung" auszusprechen. Vielmehr hieß es dort, der Club wäre auch für Paare geeignet.

Eine klare Aussage hätten beiden Seiten vieles erspart. Der – übrigens bestens geführte Club – hätte die Reklamationen des frustrierten Paares nicht entgegennehmen müssen. Und den Frischvermählten wäre von vornherein klar gewesen, auf was sie sich einlassen. Klarheit hätte genützt – die Schwammigkeit hingegen hat beiden geschadet. Wenige Kilometer entfernt wäre auf der gleichen Insel Fuerteventura der Club Jandia Playa auf Paare ausgerichtet gewesen und damit wohl die bessere Wahl für die beiden Neuvermählten.

Der britische Schriftsteller Oscar Wilde hätte es mit dem Satz „Das Durchschnittliche gibt der Welt ihren Bestand, das Außergewöhnliche ihren Wert" ohne Zweifel in die Kategorie der Markenstrategen geschafft. Man kann es kaum besser sagen. Marken leben von ihrem Wert, nicht von ihrem Nutzen.

Schnelltest für Destinationsmarken:

Sind sie bereits auf dem Weg, zu einer Marke zu werden, – oder stecken sie im Pflichtprogramm fest? Das können Destinationen anhand eines Selbsttests schnell feststellen. Dazu muss alles aufgelistet werden, was die Website als Besonderheit aufführt. Ob Angebote für Aktivurlauber, Restaurants und Hotels, Museen und kulturelle Veranstaltungen, Seilbahnen oder Thermen, ob Radstrecken oder Wanderwegnetze – alles kommt auf die Liste. Dann werden die einzelnen Punkte zwei Kategorien zugeordnet:

[1] Welche der gelisteten Produkte und Dienstleistungen sind „Auch-Produkte", weil sie in der Destination vorhanden sind, aber andere konkurrierende Destinationen sie ebenfalls haben?

[2] Welche der gelisteten Produkte und Dienstleistungen sind „Nur-Produkte", weil sie ausschließlich in der Destination vorhanden sind, und andere konkurrierende Destinationen sie nicht haben?

Je mehr eine Destination von „Auch-Produkten" lebt und diese als Attraktivitätstreiber für eine Urlaubsentscheidung benutzt, desto stärker spielt sie in der Kategorie Pflicht. Nach Oscar Wilde würde man eine solche Destination dem Durchschnitt zuordnen. Und mit an Sicherheit grenzender Wahrscheinlichkeit könnte man von einer solchen Destination behaupten, sie würde in einem starken Preiskampf mit ihren Konkurrenten liegen.

Je mehr Punkte eine Destination hingegen auf der „Nur-Seite" listet, desto stärker spielt sie in der Kategorie Kür. „Nur-Produkte" verhindern Preiskämpfe und unterstützt eine Destination dabei, sich in der eigenen Klasse als unvergleichlicher Qualitätsführer zu positionieren. Mit dem gleichen System kann man übrigens Hotels oder andere touristische Infrastrukturen auf ihre Markenfähigkeit überprüfen. Jede Marke, die es schafft, sich dank ihrer „Aha-Faktoren" und „Nur-Produkte" zu positionieren, ist am Ende der Gewinner.

Resümee für Schnellleser

- Destinationen erhoffen sich durch ihre enorme Sortiments- und Angebotsbreite einen Vorteil. Wahr ist hingegen, dass sich Destinationsmarken über ihre spezifischen Spitzenleistungen die notwendige Relevanz verschaffen müssen. Je klarer ihre Positionierung, desto begehrter sind sie.
- Die Annahme, man könnte sich allein durch „besser sein" genügend Abstand zur Konkurrenz verschaffen, ist falsch. Nur das Anderssein verschafft einer Marke die notwendige Differenzierung.
- Wer nur seine „Auch-Produkte" optimiert – und somit im Grunde das Gleiche anbietet wie die Konkurrenz –, der erfüllt lediglich seine Pflicht. Doch die erfolgsversprechende Kür funktioniert nur mit differenzierenden „Nur-Produkten". Nur mit dem Besonderen kann man den Preis- und Qualitätsabstand einer starken Marke erreichen.

Sprunghaftes Wachstum

Kapitel 4
Vom Dilemma, sich vieles schönzureden
Der Unterschied zwischen Strategie und Taktik

In touristischen Destinationen geben die Saisonen den Takt an, sie sind die Bezugsgrößen für Erfolg oder Misserfolg. Langfristiges Denken hingegen liegt dieser Branche nicht im Blut – und bildet sich dementsprechend kaum in ihren Geschäftsmodellen ab. Orte, die eine Marke werden oder ihren Markenwert verteidigen wollen, müssen umdenken und klar unterscheiden zwischen taktischen und strategischen Instrumenten.

279 v. Chr. setzte Pyrrhus I. aus Epirus, König der Molosser, von Griechenland nach Italien über. Mit 25.000 Mann und 20 Kampfelefanten besiegte er in der Schlacht von Asculum die Römer. Die Verluste waren auf beiden Seiten enorm, so dass der Molosser-Führer einem Vertrauten gesagt haben soll: „Noch ein solcher Sieg, und wir sind verloren." Dem König war klar geworden, dass er zwar die Schlacht gewonnen hatte, aber dennoch riskierte, den Krieg zu verlieren. Wenn heute etwas mit zu großem Aufwand geschafft wurde, spricht man von einem „Pyrrhussieg" und nimmt Bezug auf diese Legende.

Die Erkenntnis des Molosser-Strategen begründet die Lehre, dass zwischen Taktik und Strategie unterschieden werden muss. Viele Jahrhunderte später schrieb Carl von Clausewitz sein Buch über Strategie der Kriegsführung[17] und gab dieser Unterscheidung eine wissenschaftliche Grundlage. Wenn Kriegsführung für den langfristigen Erfolg einer Idee als ausschlaggebend erachtet wird, dann ist dies der Inbegriff für Strategie – die dafür notwendigen Schlachten hingegen sind als Taktik zu bezeichnen. Beide Theoreme sind eng miteinander verbunden, weil es das eine ohne das andere nicht geben darf. Nur Schlachten zu gewinnen, wäre zwar ein voller Erfolg für die Taktik, könnte aber die totale Niederlage für die Strategie bedeuten. Ebenso wenig vorstellbar ist es, einen Krieg ohne Schlachten zu führen; Strategie bliebe dann nur ein Gedanke, würde aber nie Realität, in der man Erfolg oder Misserfolg festmachen kann.

Eine Strategie zu haben, gehört heute zur Grundausstattung von Unternehmen, von Politikern, von Parteien, von Institutionen – kurzum: Das Wort ist in aller Munde. „stratēgós" bedeutete im Altgriechischen „Feldherr" – jemand, der übergreifende Zusammenhänge erkennen muss, um sich ein Denkmal zu setzen. Die Grundfeste, auf denen eine Strategie aufzubauen ist und welchen Gesetzmäßigkeiten sie gehorcht, sind immer noch die gleichen. Nach wie vor ist die Einsicht nötig, dass langfristiges Denken und das Setzen von Zielen die Wesenselemente einer **Strategie** sind. Als Stratege muss man wissen, was das Ergebnis sein soll. Denk- und Vorstellungsräume guter Strategen reichen über den unmittelbaren Erfolg weit hinaus.

Gut zu wissen: Die Strategie zeichnet ein klares Bild von dem, was entstehen soll. Sie muss die bereits bestehenden Voraussetzungen gut genug einschätzen können, damit dieses Bild Realität werden kann. Taktik ist, das Kurzfristige sehr gut zu beherrschen.

In diesem Punkt unterscheidet sich Strategie deutlich von **Visionen** und Träumen. Insofern könnte man Winston Churchill und Helmut Schmidt, den beiden gewieften politischen Strategen, für den beiden zugeschriebenen Satz: „Wer Visionen hat, sollte zum Arzt gehen" mehr als recht geben. Träume und Visionen haben zweifellos ihre Berechtigung, allerdings gehören sie nicht in die Erfolgsplanung, sondern in die Kategorie „emotionale Führung". „I have a dream!" – mit diesem Satz initiierte Martin Luther King im Jahr 1963 vor 250.000 Zuhörern in Washington eine Bürgerrechtsbewegung und dafür braucht man Anhängerschaft und Fans. Ein Stratege hätte gesagt: „I have a plan!"

95 Prozent aller Entscheidungen in Destinationen sind Taktik

Ohne dies wissenschaftlich begründen zu können: Es scheint, als lebe die derzeitige Welt in viel stärkerem Ausmaß von Taktik als von Strategie. Ich würde meinen, das Verhältnis wäre 95 zu 5. Das Dramatische daran ist, dass zwischen den beiden zu selten unterschieden und zu oft das eine mit dem anderen verwechselt wird. Wenn alles immer schneller gehen muss, sogar das Denken, dann ist die vermeintliche Strategie eigentlich nur ein Aneinanderreihen taktischer Maßnahmen. So entsteht eine Unwucht, die viele Unternehmen und Marken auf Schlingerkurs bringt. Die typischen Symptome: Ständig werden neue Zielgruppen definiert, Trends hinterhergejagt und Produktpaletten erweitert.

In Destinationen treffen wir sehr häufig auf dieses Grundmuster: Getrieben von zu großen Erwartungen der Leistungsträger und gebeutelt von sinkenden Nachfragezahlen, glaubt man die passenden Gegenmaßnahmen gefunden zu haben: neue Kundenansprachen, innovativere Angebote und schnellere Verkaufs- und Vertriebskanäle. Den fiktiven Satz „Unsere Stammgäste werden älter, deshalb wollen wir in der nächsten Saison neue Märkte und jüngere Zielgruppen angehen" könnte man in den Reden hunderter Tourismusverbandspräsidenten in ganz Europa vermuten.

Viele Destinationen hangeln sich von Saison zu Saison, immer mit dem ehrlichen Bemühen, noch besser zu werden. Doch kaum jemand hat eine klare Idee davon, wie sich eine Destination oder ein Hotel in einem Zeitraum von 10 bis 25 Jahren entwickelt haben sollte. Ein klares Zielbild davon zeichnen zu können und dieses konsequent zu verfolgen, das wäre die Strategie.

In Russland neue Gäste gewinnen zu wollen, weil dort die Zielgruppe ausgabekräftiger Reisender kräftig wächst, kann sowohl eine strategische als auch eine taktische Idee sein:

- Es ist eine strategische, wenn es langfristiges Ziel ist, in 20 Jahren zu diesem Markt intensive Beziehungen aufgebaut zu haben, mit allen daraus folgenden Konsequenzen. Tourismusstrategen wüssten dann sehr genau über diesen Menschenschlag Bescheid, über die Geschichte dieser Nation und über die dort herrschende Kultur. Genau das tut man, wenn man mit jemandem eine langfristige Partnerschaft eingehen möchte.
- Es ist eine taktischen Idee, wenn all diese strategischen Überlegungen keine Rolle spielen. Der Taktiker hat kein Interesse an einer langfristigen Partnerschaft. Er sucht die Zusammenarbeit mit einem Charterflieger und einem Reiseveranstalter, verständigt sich über das Geschäft, bespricht die nächsten Saisonen und organisiert die Logistik. Und man ist sich darüber im Klaren, dass die Beziehung bei Wechselkursschwankungen oder irgendeinem anderen wirtschaftlichen Unbill sehr schnell zu Ende gehen kann.

Wenn es dann nicht so läuft wie erhofft, werden wirtschaftliche oder politische Gründe angeführt. Dabei ist die Täuschung schon zu Beginn passiert, als man nicht glasklar unterschied, ob die Marktinvestition eine taktische oder strategische sein soll. Gravierend ist, dass dies häufig viel zu lange nicht auffällt. Man glaubt, eine neue Marktstrategie zu haben und kommuniziert das auch so. Pyrrhus würde sich warnend dazwischenwerfen und eindringlich davor warnen, Taktik mit Strategie zu verwechseln.

Warum braucht es überhaupt Strategien? Und warum wird dieser Begriff so inflationär verwendet, wenn auch meist unzutreffend?

Strategie heißt: ein erreichbares Ziel klar im Blick zu haben

Die Welt ist unruhiger geworden, schneller, unberechenbarer. Immer neue Trends poppen auf. Neue Technologien verändern die Verhaltensweisen, vereinnahmen sie geradezu. Was als Vergangenheit galt, ersteht in veränderter Form wieder auf. Würde man die Welt aus Weltraumdistanz betrachten und das Geschehen auf ein Wort reduzieren können: Es wäre **Wandel**.

Als Nikolaus Kopernikus vor 500 Jahren mit seiner Schrift „De Revolutionibus Orbium Coelestium" (1543) das damals geltende geozentrische Weltbild durch eine neue Theorie ersetzen wollte, verbot der Papst die Publikation. Gleichzeitig ahnte die meinungsbeherrschende Klasse: der Astronom könnte Recht haben. Die Sonne in die Mitte des Kosmos zu stellen und damit eine Wende in Glauben und Wissen herbeizuführen, war ein so gravierender Einschnitt in das Weltbild des Mittelalters, dass Kopernikus zum Symbol für das neue Denken wurde.

Eine „**kopernikanische Wende**" stellt also alles bisher Angenommene mit einer glaubhaften These auf den Kopf und zwingt die Leistungsträger, ein neues Weltbild zu akzeptieren. In einer solchen Zeit leben wir heute. Die internationalen Ereignisse rütteln an unserem auf Vertrautem aufgebauten Verständnis vom Funktionieren der Welt. Vieles ist in Bewegung: Religionen, Menschen, Unternehmen, Parteien, Überzeugungen. Unruhe bestimmt den Rhythmus.

In einer solchen Situation braucht man einen klaren Kopf und eine Vorstellung von dem, was entstehen soll. „Wenn du nicht weißt, in welchen Hafen du fahren willst, ist kein Wind der richtige"[18] schrieb der große römische Denker Seneca nicht nur den Seefahrern in ihr Tagebuch. Genau deshalb brauchen Unternehmen, Destinationen und Marken eine Strategie.

Fakt: Eine Strategie zu haben bedeutet, sehr genau zu wissen, wohin man sich bewegen will und mit welchen Mitteln.

Unternehmen ohne Strategie laufen Märkten, Kunden, Trends und Aktualitäten hinterher. Wer kein strategisches Denken hat, sucht dauernd nach Möglichkeiten, jeder Wind wäre dann der richtige. Das den Chancen Hinterherlaufen bestimmt in strategielosen Unternehmen und Destinationen das Tagesgeschäft. Man macht vieles, aber nur selten das Richtige richtig.

Markenstrategien entstehen, wenn sich Destinationen auf folgende strategische Aufgaben einigen:

- Sie müssen definieren, worin ihre historischen und gewachsenen Kernkompetenzen bestehen und welche sie davon zu Spitzenleistungen geführt haben. Man erforscht quasi die DNA der Destination und verdichtet sie in einem **Markenkern**.
- Sie müssen klarstellen, mit welchen Spitzenleistungen sie sich eindeutig von ihren Konkurrenten abgrenzen wollen. Sie erarbeiten sich eine **Nummer-1-Positionierung** und beschreiben diese in einem einzigen Strategiesatz.
- Sie müssen bestimmen, in welchen Zeiträumen und mit welchen Mitteln sie ihre Strategien umsetzen wollen. Dafür legt man detaillierte Umsetzungsprogramme fest und überprüft diese in einem **Marken-Cockpit**.

Produkte suchen Zielgruppen – Marken haben Fans

Manager großer Marken wissen, dass sie ohne Strategie sehr schnell vom Star-Brand-Status in den Out-Brand-Status (siehe dazu Kapitel 2) geraten können. Es gibt von allem zu viel, zumindest in den Märkten der entwickelten Länder. Wer auf Bedürfnisbefriedigung aus ist, verliert. Als Produkt sucht man Verbraucher, bedient Zielgruppen und richtet sich nach deren Wünschen. Marken hingegen werden gefunden, weil sie Lebensknappheiten bedienen. Dadurch schaffen sie es, die Niederungen der Bedürfnisse zu verlassen und sich auf die Ebene der Werte zu erheben.

Die **Maslowsche Bedürfnishierarchie**, benannt nach dem amerikanischen Psychologen Abraham Maslow, hat noch immer Bestand. Meist als Pyramide dargestellt, versinnbildlichte Maslow die fünf Entwicklungsstufen menschlicher Bedürfnisse und Motive. Maslow hatte Menschen nach ihren Erfolgsfaktoren im Streben nach Glück und Zufriedenheit befragt und festgestellt, dass sich erst nach dem Befriedigen der ersten Stufe (Grundbedürfnisse) die Sehnsucht nach der jeweils nächsten Stufe entwickeln kann. Nach der zweiten Stufe (Sicherheit) können die nächsten Stufen der „sozialen Bedürfnisse" und „Anerkennung" bis zur letzten Stufe „Selbstverwirklichung" erreicht werden.

Während sich Bedürfnisse also sukzessive aufbauen und eine weitgehende Befriedigung jener aus der vorhergehenden Stufe voraussetzen, finden sich **Lebensknappheiten** in allen Hierarchiestufen. Nach der Maslow-Theorie entwickelt sich ein Bedürfnis nach sozialer Anerkennung erst, nachdem die Stufe der Sicherheit überwunden wurde. Wer noch an seiner finanziellen oder beruflichen oder persönlichen Sicherheit arbeitet, ist für Sozialstatus und die dazu notwendigen Produkte nicht empfänglich, lautet die Maslowsche Gesetzmäßigkeit.

Anders verläuft es bei Lebensknappheiten: Wenn eine Marke zum Beispiel die Lebensknappheit „Sicherheit" bedient, weil sie dafür eine glaubwürdige Spitzenleistung erbringt, ist es unerheblich, auf welcher Stufe der Bedürfnispyramide diese Begehrlichkeit entstand. Ein Beispiel: Die mit dem Wert „Sicherheit" gedanklich verbundene Automarke Volvo spricht Menschen an, die bereits die Stufe 5 (Selbstverwirklichung) erreicht haben. Und umgekehrt kann die Lebensknappheit „Belohnung" (in der Stufe 4 „Soziale Anerkennung") sich bei Menschen äußern, die sich noch in der Bedürfnisstufe 2 „Sicherheit" befinden. Wünsche, Träume, Sehnsuchtswelten und Hoffnungen wachsen als Lebensknappheiten in jedem Feld der Bedürfnispyramide. Sie können auch nie vollständig befriedigt werden.

Die Kraft liegt in der Reduktion aufs Wesentliche

Gute Strategien haben auf einer einzigen DIN-A4-Seite Platz. Die Kraft jeder Vorstellung liegt in ihrer Verdichtung. Alles andere sind Studien, Entwicklungspläne, Konzepte. Diese analysieren die Situation, liefern von der **SWOT-Analyse** bis zur Marktforschung eine Unzahl unterschiedlicher Erkenntnisse. Das Ergebnis daraus sind Empfehlungs- und Maßnahmenkataloge, die durch Umfang und Länge beeindrucken. Was derartigen Papieren fehlt, ist die Reduktion auf das Wesentliche.

Definition SWOT-Analyse

Die Stärken-Schwächen-Chancen-Risiken-Analyse (*Analysis of **S**trengths, **W**eakness, **O**pportunities and **T**hreats*) stellt eine Positionierungsanalyse der Aktivitäten gegenüber den Wettbewerbern dar. Sehr oft wird dieses Instrument fälschlicherweise als Strategiekonzept bezeichnet. Eine SWOT-Analyse kann dafür einen wichtigen Beitrag liefern; allerdings beschreibt sie einen Ist-Zustand und gehört damit zu den Werkzeugen der Analytik. Strategien beschreiben Soll-Zustände sowie Mittel und Wege, wie diese zu erreichen sind.

Wer Strategien in Destinationen realisieren will, muss diese „in die Fläche" bringen: Unternehmen, Institutionen, Politik und Entscheidungsträger müssen an einer Destinationsstrategie beteiligt werden. Wenn dies nicht gelingt, bleiben auch die besten Gedanken und Vorsätze tote Buchstaben. In keiner anderen Branche ist es wichtiger, eine Strategie so zu verfassen, dass sie für viele Beteiligte erfolgversprechend ist. Sie muss ansteckend sein wie ein Virus, verständlich und herausfordernd genug, damit nicht das Gefühl entsteht, man hätte das Ziel schon erreicht.

Gut zu wissen: Eine gute Destinationsstrategie muss Lust machen auf Neues, auf die nächste Entwicklungsstufe, auf Erreichbares. Diese Qualität unterscheidet Strategien von Träumen.

Träume hingegen dürfen das Unerreichbare bedienen. Sie gehören in die Kategorie der gedanklichen Emotion, sie sind die höchste Form der Kreativität. Nur Künstler können ihnen Form und Greifbarkeit geben. Im konkreten Leben sind sie die einzige Möglichkeit, das Unerreichbare zu denken.

Eine gute Strategie zeigt ihre Kraft in ihrer Dichte

Gute Strategien zeichnen sich durch ihren Dichtegrad an Gedanken aus. „Perfektion ist nicht dann erreicht, wenn man nichts mehr hinzufügen, sondern wenn man nichts mehr weglassen kann"[19], dozierte der Philosoph Antoine de Saint-Exupéry. Besser kann man die Königsklasse der Strategien nicht beschreiben. Welche Bestandteile aber sind es, die für eine Strategie unerlässlich sind?

1. Gute Strategien definieren die Glaubwürdigkeitsgrenzen einer Marke

Der deutsche Philosoph Odo Marquard beschrieb 2003 in seinem Buch „Zukunft braucht Herkunft"[20] die Gefahr, die von der zunehmenden Versachlichung der Welt ausgeht. Schon früher hatte der Neuzeitdenker in einem Vortrag eine Lanze für die Geisteswissenschaften gebrochen, die seiner Meinung nach als Einzige erkannt haben, dass Geschichten die Grundlage für Existenz sind: „Denn die Menschen: das sind ihre Geschichten. Geschichten aber muss man erzählen. Wer wissen will, wohin er geht, der muss wissen, woher er kommt." Dieser Kernsatz wurde viel öfter in anderen Zusammenhängen verwendet als für den Bereich der **strategischen Markenführung**.

Ein Beispiel: Seit dem Boom der Regionalität, der neue weltweite Megatrend, bedeutet Zukunft vor allem Herkunft. Konsumenten wollen wissen, woher die Lebensmittel kommen, sie interessieren sich für die Materialbeschaffenheit der täglichen Gebrauchsgegenstände, sie erfahren in TV-Sendungen einiges über ihre ökologischen Fußabdrücke. In allen Medien werden Geschichten von Herkunft und Ursprung gefeiert. Für die strategische Markenführung bedeutet das: Es geht weniger um das Vergangene; es geht vielmehr darum, herauszuarbeiten, welche Spitzenleistungen einer Marke sich durch beständige Beweisführung zu einem Wertekanon verdichtet haben. Dies ist dann der Fall, wenn der Kunde nicht mehr nach dem Beweis für eine Leistung fragt, weil er diese als festen Bestandteil in sein positives Vorurteil aufgenommen hat.

Der Markenkern enthält die Essenz

In der Markenlehre wird dieser Wertekanon als **Markenkern** bezeichnet. Er ist die DNA eines Unternehmens, sie enthält die unverwechselbaren Spuren und Kennzahlen einer Persönlichkeit. Mit ihr werden kniffligste Fälle der Kriminalgeschichte gelöst und macht familiäre Zusammenhänge sichtbar. Der DNA im Markenkern muss man einfach Glauben schenken.

Zur Markenstrategie gehört es, die Persönlichkeit einer Marke identifiziert zu haben. Der Markenkern beschreibt, wie eine Marke ist. Aus dem Markenkern erfährt man, welche Spitzenleistungen eine Marke zu dem gemacht haben, was sie heute ist. Der Markenkern erlaubt es, eine Marke wie eine Persönlichkeit samt ihrer Eigenschaften zu beschreiben. Kunden entwickeln ein sehr gutes Gefühl, was sie einer Marke glauben können und was nicht.

Die Markengeschichte ist voll von Beispielen des Scheiterns großer Marken, weil sie gegen ihre eigene DNA verstoßen und damit ihre Glaubwürdigkeitsgrenzen nicht respektiert haben. Wenn eine Marke das tut, läuft etwas aus dem Ruder. Dann lehnen Kunden Produkte ab, weil sie diese der Marke nicht zutrauen.

Nivea konnte das Thema Schönheit nicht besetzen

In einer großen Marktumfrage hatten Kundinnen ein deutlich steigendes Kaufinteresse an Kosmetikprodukten signalisiert. Die große Marke Nivea wollte dieses Ergebnis zur Geschäftsexpansion nutzen und brachte eine Kosmetiklinie auf den Markt. Nivea genügte es nicht mehr, der vor allem weiblichen Kundschaft die blaue Runddose mit der bewährten Pflegecreme in Drogeriemärkten und Apotheken anzubieten. Nun sollten auch das „Nivea beauty lift make up" oder „Nivea manicure natural" den Weg in den Einkaufwagen finden. Im Spätsommer 2011 kam das schnelle Aus: Beiersdorf zog als Eigentümer der Marke Nivea die Reißleine und bereitete dem Ausflug in die Schönheitsbranche ein jähes Ende.[21] Nivea musste das Thema Schönheit („Nivea Beauté") aufgeben, weil die Kundinnen dieses der Marke schlicht und einfach nicht zuordneten. Hingegen hätte man Nivea ohne Weiteres zugetraut, sich als Marke im Bereich der Pflegeprodukte zu verbreitern und so die Sortimentstiefe zu erhöhen. Beim Thema dekorative Kosmetik jedoch verspekulierte sich der Konzern. Die Marke hat ihre

Glaubwürdigkeitsgrenze deutlich überschritten. Denn wer in seiner Marken-DNA Spitzenleistungen im Segment „Pflege" zu einem Wert sedimentiert hat, kann nur schwerlich in einem anderen Segment als glaubwürdig wahrgenommen werden. Dekorative Kosmetik jedoch ist dem Segment „Hoffnung" zuzuordnen – und dort vermutet man alle anderen Marken, außer Nivea aus der blauen Dose mit Garantieeffekt gegen wundgeriebene Kinderpopos.

Ein Beispiel aus einer ganz anderen Ecke: Als die Kärntner konservative Volkspartei ÖVP in einem Landtagswahlkampf massiv das Thema „Gratis-Kindergarten" gegen den Widerstand der anderen Parteien propagierte und schließlich sogar kurzfristig durchsetzen konnte, wurde der Erfolg – so ergab eine anschließende Wählerumfrage – mit großer Mehrheit der sozialistischen Gegenpartei SPÖ zugeschrieben. Diese hatte sich jedoch massiv dagegen ausgesprochen, während die ÖVP in ihrer teuersten Wahlkampfaktion aller Zeiten voll auf dieses Thema gesetzt hatte. Am Ende musste die Partei erkennen, dass selbst aufwändigstes Marketing die positiven Vorurteile einer anderen Partei nicht zerstören kann. Verteilungs- und Sozialthemen werden nicht bei konservativen Parteien vermutet und damit nicht geglaubt; sie werden sogar jenen zugeschrieben, die im konkreten Fall dagegen waren. Ein sehr eindringliches Beispiel dafür, dass selbst Ideologien ihre Glaubwürdigkeitsgrenzen sehr genau kennen müssen, wenn sie vor gravierenden Fehlern geschützt sein wollen.

Wer seinen Markenkern verletzt, wird vom Kunden bestraft

Und noch eine Kostprobe davon, dass Marken für die Überschreitung ihrer Glaubwürdigkeitsgrenzen hart bestraft werden. Die weltweit tätige Burgermarke **McDonald's** versucht in regelmäßigen Abständen, ihren langsam abblätternden Lack aufzupolieren. Angefangen vom Salatangebot bis hin zu „Gesund-Burgern", verschiedenen Qualitätsinitiativen und schließlich einem Bedienkonzept blieben alle Neuerungen Makulatur, anstatt ein durchbrechender Erfolg zu sein. Selbst begeisterte Kunden von McDonald's steuerten das gelbe M nicht für einen knackigen Salatteller an. Salat war für den durch Fett und Käse schmackhaften Burger immer nur Dekoration – und als solcher in den Köpfen der Kunden abgespeichert. Sechs Jahre nach Produkteinführung dümpelt der Salatumsatz in den USA irgendwo bei 1,5 bis 2 Prozent.[22] Wenn man McDonald's liebt, dann wegen seines weltweit durchgesetzten gleichbleibenden Standards in der Kategorie Fastfood. Die Marke ist bekannt für ihre Preisführerschaft. Menschen besuchen den Burger- und Fritten-Brater wegen seiner Kernkompetenz in dieser Schnell-Ess-Kategorie, sie stören sich nicht an dem Verpackungsberg nach dem Essen aus Karton. Auch der groß angekündigte Bio-Burger musste nach vier Monaten Testlauf wieder aus dem Sortiment genommen werden: Die Kunden hatten den Ausflug in die Welt der Nachhaltigkeit nicht goutiert.[23] Bio war am Ende nur das Fleisch und alle anderen Zutaten nicht – eindeutig zu wenig, um die Zielgruppe der Ökofetischisten in die 1400 Läden in Deutschland zu locken. Wenn es eine glaubwürdige Leistung der großen Marke McDonald's gibt, dann ist es das Versprechen der preiswerten, hochsystematisierten

Schnellverpflegung im Selbstbedienungsmodus. Das weltweit frei verfügbare WLAN passt weit besser in dieses Konzept als die Idee, mit freundlicher Bedienung am Tisch punkten zu wollen. Im Jahr 2015 führte der Konzern sein erstes Bedienrestaurant am Flughafen von Frankfurt ein. Ohne Zweifel werden das Gäste gerne nutzen; die entscheidende Frage ist aber, ob man deswegen sein Geld öfter bei McDonald's ausgeben will.

Gescheitert: Singapur wollte Paris sein

Wie es scheint, läuft McDonald's seit einiger Zeit Erfolgskonzepten anderer hinterher und versucht sich in neuen Geschäftsmodellen und der Erfüllung von Kundenwünschen. Genau dieses Verhalten jedoch schädigt und zerstört Marken. Hätte sich McDonald's die Frage gestellt, was Kunden und Fans der Marke glauben, dann wären sowohl das Bedienkonzept als auch der Bio-Burger wohl vermutlich schon in der ersten kritischen Nachdenkrunde ausgeschieden. Von diesem Glauben aber werden Marken genährt, nicht vom Bedürfnis.

Auf ähnliche Weise hätte die Stadt Singapur vor einem Debakel bewahrt werden können. Die Stadt hatte sich mit einem aufwändigen Video vorgenommen, zur neuen Stadt der Liebe aufzusteigen. Die britische Tageszeitung „Telegraph" verlieh der Kampagne im April 2014 den Titel „world's worst tourism advert"[24]; und bald wurde das Video von den staatlichen Werbestellen aus dem Netz genommen. Zu sehen war im Video: Ein Pärchen turtelt für drei Minuten durch die Sehenswürdigkeiten Singapurs, überreicht sich Souvenirs und krönt den Aufenthalt mit einem Hochzeitsantrag in Form eines positiven Schwangerschaftstests. Vom banalen Sujet einmal ganz abgesehen: Singapur wird alles Mögliche in deutlich höherem Ausmaß zugetraut als die Stadt der Verliebtheit zu sein. Für Venedig oder Paris oder Hollywood hätte dieser Kreativansatz noch gepasst, aber nicht für eine Stadt, die sich für Finanzen, Shopping und spektakuläre Architektur im Ranking der Konsumentenvorstellungen einen klaren Platz erobert hat.

Werte werden stärker geglaubt als jedes andere Versprechen

In Destinationen wird Glaubwürdigkeit häufig mit der Frage in Verbindung gebracht, ob das konkrete Leistungsangebot den werblichen Versprechen standhalten kann. Dies ist zweifellos wichtig, gehört allerdings in die Kategorie der Spitzenleistungen und zur Frage, ob Marketingversprechen eingelöst werden müssen oder nicht. Beim Aufbau einer Tourismusmarkenstrategie ordnen wir das Thema Glaubwürdigkeit und **Glaubwürdigkeitsgrenzen** dem Markenkern zu. Deshalb geht es weniger um die Frage, ob ein Versprechen eingelöst werden kann. Es geht um die Tatsache, dass wertebasierte Vorurteile für eine Destination gleichzeitig auch deren Glaubwürdigkeitsgrenzen sind.

So würde man der Schweiz niemals glauben, sie wäre preiswert. Den Italienern würde man die beste Organisation, selbst wenn sie ausnahmsweise einmal bewiesen werden könnte, nicht abnehmen. Die Initiative „Slow Food Minnesota", mit der die amerikanische Stadt der 1986 in Italien gegründeten Slow-Food-Bewegung Folge leisten will, wird über eine lokale Bedeutung kaum hinauskommen[25] – zwar würde einer US-Stadt hierfür durchaus Anerkennung gezollt werden, aber nie und nimmer würde diese Leistung als Wert akzeptiert. Sich damit positionieren zu wollen und als Aushängeschild zu nutzen, wäre ein eklatanter Fehler. Als **kaufentscheidendes Motiv** würde es an der Glaubwürdigkeitsgrenze scheitern: Einer amerikanischen Stadt wird das Bekenntnis zur Slow-Food-Bewegung und zu den Überzeugungen ihres Gründers Carlo Petrini nicht abgenommen. Kein Fehler wäre es hingegen, eine solche Initiative als Angebot und Projekt zu verfolgen.

Wer gegen seine Glaubwürdigkeitsgrenzen verstößt, wird vom Kunden bestraft. Ein größerer Fehler ist nur noch, die eigene Glaubwürdigkeitsgrenze nicht zu kennen. Das aufwändige Erarbeiten des eigenen Markenkerns ist deshalb die Grundaufgabe jeder Strategie.

2. Der zweite Platz ist immer die erste Verliererposition

Im Oktober 2011 erschien in der Schweizer Onlineausgabe der Handelszeitung ein Artikel zu einem brisanten Thema: Unter dem Titel „der unbekannte Zweite" rollte das Wirtschaftsblatt die These aus, Vizechefs seien kaum mehr als eine Titulierung auf der Visitenkarte. Wer Stellvertreter werde, sei dies entweder aus Misstrauensgründen oder Verlegenheitsgründen geworden. Im ersten Fall hätte man befunden, dass der Vize für die erste Rolle nicht gut genug gewesen sei und im zweiten Fall habe der Chef selbst jemanden gebraucht, der durch Unterwürfigkeit seine Position als Erster stärke. Ein Todesurteil für sämtliche Stellvertreter-Positionen, von denen es weltweit ja nicht zu wenige gibt. Nur der Copilot könne eine Ausnahme sein, meint Redakteurin Vera Sohmer. Schließlich fliege er meist den Stahlvogel, während der Pilot nur die Aufsicht über das Fliegen übernehme. Unternehmen könnten daraus lernen, meint Jörg Lienert, Chef der gleichnamigen Personalvermittlungsfirma: „Wie im Cockpit darf der Chef seinen Vize in der Firma nicht an der kurzen Leine halten – sonst übernimmt er sich. Die Nummer eins muss der Nummer zwei aber den Raum lassen, sich eine selbstständige Position aufzubauen."[26]

Der unbekannte zweite Mann auf dem Mond

Trotzdem: die Ausnahme bestätigt die Regel. Mit der gleichen Härte trifft es Profisportler, Staatsmänner und Berühmtheiten dieser Welt, wenn sie – einige sogar ein Leben lang – in den Rängen bleiben und es nie schaffen, an der Spitze mitzuspielen. Zwischen Neil Armstrong und Buzz Aldrin lagen nur 19 Minuten, als sie 1969 als erste Menschen den Mond betraten. Armstrong wurde weltberühmt, Aldrin erlitt den Titel „ewiger Zweiter". Oder wer kennt den Physiotherapeuten des Fußballvereins Bayern München, der 36 Jahre lang im Schatten von Hans-Wilhelm Müller-Wohlfahrt bei Verletzungen der Bayernspieler auf den Fußballrasen lief? Viele unter den Zuschauern wussten zwar, dass Fredi Binder ein guter Fußballer war, Wohlfahrt der bessere Leichtathlet und Läufer – aber de facto gab es nur einen „Doc" für den Traditionsclub in München. Oder: Was wissen Sie von Raymond Poulidor, einem der populärsten Radrennsportler Frankreichs, der die Tour de France zweimal als Zweiter und dreimal als Dritter beendete, sie aber nie gewann? Damit stand er am häufigsten auf dem Siegerpodest, aber niemals ganz oben. „**The winner takes it all**" sang die schwedische Popgruppe ABBA 1980 und schuf damit das meistgecoverte ABBA-Lied bis heute. Offenbar hatten die Popkünstler damit einen Nerv getroffen. Es ist tief in uns, dass die zweite Position jene des Verlierers ist und im Popsong verdichtet sich diese Erkenntnis auf den Satzfetzen: „... the loser standing small".

Die drei Elemente für eine Nummer-1-Positionierung

Erfolgreiche Destinationsmarken müssen sich mit ihrer Strategie eine eindeutige Nummer-1-Positionierung anpeilen und sich diese auch zutrauen. Sie müssen das Ziel als klares Bild formulieren können. Auf die Grundfrage „In welche Richtung können wir uns bewegen?" folgen drei Detailfragen:

[1] In welcher Kategorie können wir die Ersten sein?
[2] Mit welchem Attribut können wir diese Position beschreiben?
[3] Welchen Bezugsrahmen wählen wir?

An diesen drei Elementen erkennen wir, wie sich eine Strategie von einer Vision unterscheidet. Wer an einer Nummer-1-Positionierung für sein Unternehmen arbeitet, muss der Machbarkeit einen viel größeren Stellenwert einräumen als der Vorstellungskraft. Strategen geht es darum, Ziele mit sicheren Methoden und Schritten zu erreichen. Visionären geht es darum, das Unerreichbare denkbar zu machen. Das Erarbeiten einer Nummer-1-Position ist ein handwerklicherer Prozess als vielfach angenommen, aber gerade deshalb ein so schwieriger. Die Balance zwischen Realismus und Anspruch zu treffen und diese auch noch in eine einfache Grammatik zu übersetzen, ist gedanklicher Hochleistungssport.

Das dünnste Notebook der Welt machte Furore

Als Steve Jobs in einer seiner legendären Produktpräsentationen den Apple-Air-Rechner wirkungsvoll aus einem Umschlag zog, untermauerte er die Nummer-1-Position grandios: Das „dünnste Notebook der Welt" war sofort Gesprächsthema weltweit. Alle anderen Komponenten, die zweifellos die Qualität eines Notebooks heben, traten in den Hintergrund. Der

Apple-Chef wusste, dass man die Welt weder mit Geschwindigkeit der Prozessorleistung noch mit einem neuen Betriebssystem beeindrucken konnte. Das war schon mit anderen Produkten, auch von der Konkurrenz, ausreichend demonstriert worden. Jobs reduzierte den Wert dieser neuen Entwicklung ausschließlich auf seine Handlichkeit. Millionen von Nutzern sehnten sich nach einem leichten Rechner, der selbst in die Handtasche einer Frau passte, ohne ein Minus an Leistung und Designqualität. Das Fehlen eines CD-Laufwerks und die notwendigen Spezialadapter für den Anschluss an die optischen Wiedergabegeräte nahm man gerne in Kauf, wenn man dafür das dünnste Notebook der Welt sein Eigen nennen konnte. Apple konnte für diese Nummer-1-Positionerung als **Bezugsrahmen** nur die „Welt" nehmen, weil alles andere seinem Anspruch widersprochen hätte. Die Kategorie „Notebook" konnte man erhalten, weil man dieser mit dem Attribut „dünn" eine neue Dimension gegeben hatte. Wie genial!

Schön, beliebt, groß: Das nur zu behaupten, nützt wenig

Destinationen versuchen gerne, sich eine Nummer-1-Positionen mit werblichen Behauptungen zu sichern. Dazu wird wohl am häufigsten das Attribut „schön" verwendet: die schönste Region, die schönste Stadt, der schönste Strand, der schönste Radweg, der schönste See, das schönste Bad, das schönste Hotel, die schönste Straße, die schönste Landschaft – das ist nicht beweisbar. Wohl jede Destination oder jede touristische Infrastruktur wird dieses Eigenschaftswort auf irgendeine Art und Weise für sich vereinnahmen. An zweiter Stelle dürfte das Adjektiv „beliebt" inflationäre Verwendung finden. Die Werbetexter haben schon vieles erfunden, auch den „beliebtesten Geheimtipp", einer in sich selbst implodierenden Aussage. Der Begriff „groß" macht das Maß voll: von der größten Fußgängerzone bis zum größten Adventkalender, von der größten Sammlung bis zur größten Wellnessanlage, vom größten Erlebnispark bis zum größten Skigebiet, von der größten Shoppingmall bis zur größten Universität – dieser Superlativ kennt keine Grenzen.

Solche **Überhöhungen** verursachen gleich mehrere Probleme. Zum Ersten fehlt nahezu immer der Bezugsrahmen für diesen Absolutheitsanspruch. Worauf bezieht sich der verwendete Superlativ? Will man es mit der Welt aufnehmen, mit der Region oder vielleicht nur mit sich selbst? Zum Zweiten wird kaum darüber nachgedacht, wie diese Behauptung bewiesen werden kann, sollte sie jemand infrage stellen.

- Warum darf sich derjenige im Superlativ bewegen?
- Womit könnte er das begründen?
- Wer hat dieser Region, Land, Hotel, Strand, Skigebiet, Therme diese Klassifikation freigegeben?

Diese Fragen stellen sich Konkurrenten und Kunden gleichermaßen. Zudem werden viele dieser **Werbebehauptungen** nie auf ihre Attraktivitätswirkung schlüssig untersucht.

- Wie attraktiv empfindet der Kunde die „größte Wellnessanlage"?
- Was habe ich vom „beliebtesten Strand Spaniens"?
- Was löst es im Winterurlauber aus, wenn ein Skigebiet mit 1000 km Piste wirbt?

In vielen Fällen führen allzu leichtfertig eingesetzte Superlative zu ausgeprägtem Misstrauen. Der „beliebteste Strand" könnte völlig überfüllt sein und damit unattraktiv, die „größte Wellnessanlage" könnte ein Massenbetrieb sein und damit sehr fraglich in ihrer Anziehung, und die vielen Pistenkilometer könnten vor zu hohen Kartenpreisen Angst machen.

Gut zu wissen: Marken dürfen nichts behaupten, was sie nicht mit Spitzenleistung beweisen können. Eine gute Positionierung muss also auf Leistung aufbauen und nicht auf Behauptung. Das unterscheidet sie von generischen Produkten, die den Mangel an beweisbaren Spitzenleistungen mit Wortakrobatik und Werbegedöns kompensieren müssen.

Trotzdem: Richtig eingesetzt, gehören Superlative zu einer guten Positionierungsstrategie. In seiner Kategorie der Erste sein zu wollen, hat den Anspruch des Superlativs.

Leistungen werden zum Maßstab für die Positionierung

Eine valide Nummer-1-Position braucht Standhaftigkeit: Sie muss schwer kopierbar und valide gegen Angriffe zu verteidigen sein – durch große Qualität der Leistungen. Man unterscheidet sich damit von der werblichen Behauptung, die eben nur eine solche ist.

Im Skigebiet „Ski Zillertal 3000" im österreichischen Mayrhofen liegt die „**Skipiste Harakiri**". Mit einem Gefälle von bis zu 78 Prozent und einer Länge von etwa 1500 Metern und 60 Metern Breite ist sie die steilste präparierte Skipiste Österreichs. Diese Piste ist steiler als die Anlaufspur einer Skisprungschanze und damit nur absoluten Könnern im Alpinskifahren vorbehalten. Die Schwäche dieser Positionierung liegt darin, dass ein anderes Skigebiet Österreichs irgendwann eine längere und steilere Piste bauen könnte. Die Stärke der Positionierung ist jedoch, sich als Bezugsrahmen Österreich gewählt zu haben, was die Betreiber davor schützt, den Anspruch im Alpenraum oder gar weltweit verteidigen zu müssen. Eine weitere Stärke liegt darin, mit dem Attribut „Steilheit" den Ehrgeiz der Alpinskifahrer getroffen zu haben, welche sich mit dem Befahren der „Harakiri" eine Art Trophäe mit nach Hause nehmen können.

Die bayrische Region Berchtesgaden hat sich als Ziel gesetzt, das **mächtigste Bergerlebnis Deutschlands** zu werden. Rund um Watzmann und Königssee wird alles daran gesetzt, dass man in Deutschland zur Nummer 1 in dieser Kategorie wird. Von den anderen Regionen in Deutschland – von Garmisch-Partenkirchen bis zum Allgäu und allen deutschen Mittelgebirgen – setzt man sich durch das Eigenschaftswort „mächtig" ab. Es braucht am Kehlsteinhaus und am Königssee nicht einmal eine große Inszenierung, damit sich dieses Gefühl einstellt.

Sich auf den Bezugsrahmen Deutschland einzustellen, war obligat, weil man das Primat gegen andere Alpenländer kaum hätte verteidigen können. Allerdings hätte es auch keinen Grund gegeben, sich auf einen kleineren geografischen Raum zu beschränken, etwa Bayern.

Der Audi-Quattro-Mythos entsteht auf einer finnischen Sprungschanze

Wie lange sich Marken auf Nummer-1-Positionen halten können, wenn sie diese durch beweisbare Spitzenleistungen erreicht haben, zeigen zwei Beispiele aus der Automobilindustrie:

Audi brachte 1980 am Autosalon in Genf den ersten allradgetriebenen Pkw mit der Submarke „quattro" auf den Markt und untermauerte so sein seit 1971 verwendetes Markenversprechen „**Vorsprung durch Technik**" mit einer weiteren technischen Spitzenleistung. In einem spektakulären Werbespot wurde die neue Quattro-Technik 1982 eindrucksvoll demonstriert: Der vierradgetriebene Audi Coupé fuhr die schneebedeckte Skisprungschanzenrampe im finnischen Kaipola hinauf. Der Spot wurde in Cannes preisgekrönt und stieß auf ein enormes Publikumsecho. Seitdem hat Audi seinen Slogan beibehalten – und die Öffentlichkeit ihr Vertrauen zu Audi als technologiegetriebene kompetente Marke. Kein anderes allradgetriebenes Fahrzeug kam jemals an das positiv verankerte Vorurteil heran, Audi sei die einzige Technikkompetenz in diesem Feld. Der Erste in einem Segment (Pkw-Fahrzeuge) gewesen zu sein und diese Kompetenz konsequent ausgebaut zu haben, brachte Audi diesen Markenwert ein. Weil sich Audi mutig auf eine Spitzenleistung konzentrierte, ohne Angst, durch diese Zuspitzung Zuspruch zu verlieren, profitiert die Marke bis heute von einer relevanten Position.

Ähnlich verhält es sich mit Volvo. Die erst an Ford und später an Geely verkaufte Marke aus Skandinavien besetzt immer noch das Primat, als sicherstes Auto der Welt zu gelten. Ehemals mit bulligen Stoßstangen gegen Zusammenstöße mit Elchen gewappnet, erarbeitete sich die Marke das positive Vorurteil mit konsequentem Entwickeln von Sicherheitsaspekten. Volvo erfand 1959 den **Dreipunkt-Sicherheitsgurt** und reduzierte seit den 1970er Jahren das Risiko, in einem neuen Volvo schwer verletzt oder getötet zu werden, um mehr als zwei Drittel. Unlängst präsentierten die Entwickler den ersten Außen-Airbag für überfahrene Fußgänger, mit dem Anspruch, dass nicht nur die Fahrzeuginsassen eines Volvo den größten Schutz genießen sollten, sondern auch jene, die einem Volvo begegnen.

Bob Beamon: Eine Eintagsfliege an Leistung ist zu wenig

Wer es auf eine Nummer-1-Position schafft, muss dauerhaft daran arbeiten, dass dies auch so bleibt. Selbst Volvos Konkurrent Mercedes, dessen Fahrzeuge in puncto Sicherheit kaum nachstehen dürften, hat es bis heute nicht geschafft, Volvo das Sicherheitsprimat streitig zu machen. Wer dauernd in seinem Thema nachlegt, der ist kaum vom Thron zu stürzen.

Dass es auch anders geht, beweist ein Beispiel aus dem Sport: Dem US-Amerikaner Bob Beamon gelang in seiner Leichtathletik-Karriere nur ein einziger weltmeisterlicher Weitsprung und hielt den Weltrekord über 23 Jahre. Bei der Olympiade 1968 in Mexiko sprang er im ersten Versuch 8.90 Meter weit und kam anschließend nie mehr auch nur annähernd an diese Rekordmarke heran. Damit hatte der Sportler sein Primat nur ein einziges Mal gezeigt und es im Nachgang nie mehr erhärten können. Das Sprichwort „Eine Schwalbe macht noch keinen Sommer" könnte hier ausdrücken, was in solchen Fällen geschieht: Marken müssen ihre Spitzenleistungen durch Wiederholung zu einem Wert ummünzen, der den Glauben nähren kann.

Gut zu wissen: Eine einmalige Spitzenleistung erzeugt noch keinen Glauben und begründet keinen dauerhaften Wert – sie bleibt höchstens eine vage Erinnerung.

3. Eine gute Strategie wird durch konsequente Umsetzung stark

Die wenigsten Destinations- oder Tourismusstrategien glänzen durch Dauerhaftigkeit. In den meisten Fällen läutet der Wechsel der politisch Verantwortlichen oder der Marketingleiter auch das Ende der Vorgängerstrategie ein. Viel zu oft sind die verfolgten Strategien an Personen gebunden und konnten sich nicht als Leitprogramm unter den verschiedenen Leistungsträgern verankern. Allerdings: Nichts ist für den Erfolg einer Strategie entscheidender als die dauerhafte Arbeit an diesen Elementen:

- Glaubwürdigkeit
- Attraktivität
- Differenzierung der Marke

Das bedeutet, dass Produkte konsequent nach festgeschriebenen **Strategieprinzipien** entwickelt werden müssen. Und es bedeutet, dass die Spitzenleistungen der Marke dauerhaft und vielleicht in immer neuen Varianten erbracht werden müssen. Außerdem heißt es, dass sich eine Destinationsstrategie bei jedem einzelnen Dienstleistungsträger als Maßstab durchsetzen muss.

Die dafür notwendigen Zeit- und Geldbudgets werden regelmäßig unterschätzt. Wie lange es braucht, bis sich eine Strategie für eine Nummer-1-Position an den Produkten und Dienstleistungen vor Ort für den Kunden erfahrbar macht, können sich viele Verantwortliche eines Markenstrategieprozesses kaum vorstellen.

Bitte beachten: Die touristische Branche denkt in Saisonen. Erfolgreiche Strategien denken in Ergebnissen, die in Jahrzehnten zu erreichen sind.

Damit das gelingt, braucht es Stabilität in den Entscheidungsgremien, gesicherte Budgets für die Produktentwicklungs- und Markenarbeit sowie eine dauerhafte Markenkommunikation nach innen. Keine Destination lässt sich von außen eine Marke „überstülpen", deshalb muss die Strategie dafür sorgen, dass ihre Bedeutung nach und nach in der gesamten Destination akzeptiert wird. Dazu gilt es, Skepsis zu überwinden. Unendlich oft muss man geradezu prophetisch Inhalte und Zielsetzungen erläutern. Das braucht Ausdauer und Stärke, um die Strategie vor dem Todesstoß jener zu schützen, die Resultate in der nächsten Saison erwarten.

Markenstrategie „Tirol" als Leistungsprodukt erfolgreich

Wo dies einigermaßen gelingt, kann der Erfolg einer gut gemachten Markenstrategie ohne Weiteres nachgewiesen werden. Niemand kann zum Beispiel infrage stellen, dass das österreichische Bundesland Tirol – mit einer seit vielen Jahrzehnten verfolgten Tourismusstrategie, als **Marke Tirol** und als „Herz der Alpen" wahrgenommen zu werden – zum tourismusstärksten Bundesland Österreichs geworden ist. Tourismusmarketing, Politik, Wissenschaft und Leistungsträger spielten sich jahrzehntelang gut und gegenseitig in die Hand, um diesen Markenwert aufzubauen. Als der ehemalige Tourismusdirektor Andreas Braun in den 1990er Jahren mit seiner Provokation, man müsse sich bewusst sein, „dass wenn ich in Österreich in zehn Restaurants ein Gulasch bestelle, die Qualität achtmal schlecht und nur zweimal gut ist[27]", lokale Touristiker verärgerte, wurde er zugleich zum Vorreiter jener, die das ehrliche und exzellente Produkt einer Destination vor alle Werbebemühungen stellen. Braun hatte ein für alle Mal klargestellt, dass die Verantwortung für den Markenstatus einer Destination nicht in der besten Werbekampagne liegt, sondern immer in der besten Produkt- und Dienstleistungsqualität.

Südtirols Dachmarkenstrategie definiert Lebensgefühl und Preisposition

Genauso wenig kommt jemand an der Dachmarkenstrategie Südtirols vorbei, wenn er nach erfolgreichen Destinationsstrategien Ausschau hält. Die Idee, Tourismus und Produkte landwirtschaftlicher Herkunft mit einer gemeinsamen Strategie zu vermarkten, gilt heute als Vorzeigeprojekt der Markenführung für Destinationen. Der Positionierungsanspruch, sich als begehrtester Lebensraum Europas zu etablieren, fasst die Zielsetzung nicht zu klein. Damit bewegt sich die dreisprachige Region im Norden Italiens weit weg von üblichen touristischen Zielsetzungen. Mit dem Vorhaben, die jährlich sechs Millionen Besucher sollten das Gefühl bekommen, hier nicht nur Urlaub zu machen, sondern sogar leben zu wollen, nahmen die Markenverantwortlichen nicht nur die touristischen Leistungsträger in die Pflicht. Wer sich einem solchen Ziel verschreibt, hat verstanden, dass es nicht genügt, sehr gute Hotels und Bergangebote in die Waagschale zu werfen; für die Kategorie „Lebensraum" muss die nachhaltige Energieversorgung ebenso ins Visier der Markenstrategen rücken wie die Themen Raumordnung und Siedlungsentwicklung. In Südtirol zählt die gelebte Alltagskultur zu den wirklich großen Pfründen dieser ethnisch konfliktreichen Region, welche die Spuren ihrer Geschichte – 1919 wurde das damals österreichische Südtirol zur Kriegsbeute für Italien – erst noch in die Chancen der Zukunft umwandeln muss.

Fakt ist, dass Südtirol es trotz gesättigter Märkte geschafft hat, nicht nur die Ankunfts- und Übernachtungszahlen Jahr für Jahr zu steigern. Fakt ist auch, dass Südtirol vor allem in der Wertschöpfung seinen Billigurlaubsstatus rückstandsfrei losgeworden ist. Mit einer durchschnittlichen Tagesausgabe von 149 Euro pro Gast und Tag spielt Südtirol heute in der Liga der teureren Regionen in Europa mit und hat damit raumgreifende Preiskämpfe unter den touristischen Angeboten weitgehend vermieden.

Gut zu wissen: Unter den vielen Diplom- und Doktorarbeiten über die Dachmarke Südtirol sticht jene von Dipl.-Ing. Tobias Altmann wegen ihrer ausgeprägten Spezifik hervor. Altmann untersuchte für die Technische Universität Kaiserlautern anhand einer Akzeptanzanalyse Bedeutung und Wirkung der Dachmarke Südtirol. Die Ergebnisse sind sowohl für Südtirol selbst als auch für andere Regionen, die Dachmarken implementiert haben (oder dabei sind, Dachmarkenprozesse zu beginnen), interessant und von großer Praxisrelevanz. Fazit des Autors: Die Akzeptanz für die Dachmarke Südtirol wuchs von ausgeprägter Skepsis in der Entstehungsphase in eine anhaltende Begeisterung hinein. Diese ist bei Unternehmen sogar ausgeprägter als bei den mit der Vermarktung betrauten Strukturen. (Dachmarkenprozesse in der Regionalentwicklung. Akzeptanzanalyse am Beispiel der Dachmarke Südtirol, 2011, ISSN: 1869-3814)

Was ein Ozeandampfer und ein Orchester gemeinsam haben

Strategien zeigen ihre Kraft erst während ihrer Umsetzung. Wenn Produkte und Dienstleistungen der Markenstrategie keinen erfahrbaren Nutzen schaffen, verschwinden sie in die Schubladen der Verantwortlichen. Zwei Bilder sollen mehr Anschaulichkeit in diese Wahrheit bringen: jenes des Orchesters und jenes des Ozeandampfers.

Mit einem Orchester ist gut zu demonstrieren, wie Marken in Destinationen aufgestellt sein müssen, damit sie den Applaus des Publikums erhalten. Die vielen Leistungsträger einer Region müssen wissen, welches Stück sie spielen sollen. Sie müssen wissen, was ihre **Rolle** ist und wann sie mit ihrem Einsatz zum Gesamtkunstwerk beitragen müssen. Musiker wissen, dass ihnen das Üben nicht erspart bleibt und jeder Misston auffallen wird. Ein falscher Triangelschlag – und die Gesamtwirkung ist im Eimer. Es braucht Vertrauen zum Dirigenten und Verantwortung für die eigene Leistung. Destinationen sind Orchestergebilde und folgen als Marken denselben Regeln wie diese sehr komplexen Klangkörper.

Der Ozeandampfer, ein tonnenschweres Schiff, steht für die Kraft, die aufgewendet werden muss, um einen Strategieprozess in Gang zu bringen. Anfänglich scheint sich ein solcher Koloss trotz voll aufgedrehter Motoren und dem Einsatz aller verfügbaren Schiffsschrauben kaum zu bewegen. Aber wenn er einmal Fahrt aufgenommen hat, ist es kaum zu stoppen. Destinationsstrategien sind Dampfer, keine Schnellboote. Es braucht eine gewaltige und lange **Anschubenergie**, bevor man die ersten Ergebnisse sieht und nachweisen kann. Destinationen müssen sich so aufstellen, dass sie diese Energie im richtigen Zeitpunkt abrufen können.

Resümee für Schnellleser

- Strategie von Taktik unterscheiden zu können und sich der unterschiedlichen Rollen bewusst zu sein, gehört ins Grundrepertoire von Destinationsstrategen. Denn in vielen Fällen scheitern Destinationsmarken bereits an einer solchen mangelnden Klarheit.
- Wer seine Glaubwürdigkeitsgrenzen nicht kennt und keine Nummer-1-Positionierung anstrebt, ist von einem Markenstatus weit entfernt. Destinationen begnügen sich zu oft mit taktischem Marketing und verlieren sich in den daraus folgenden Maßnahmen.
- Strategien entwickeln ihre Kraft durch die Umsetzung in Produkte und Dienstleistungen. Mit diesen wird die Destination als Marke erfahrbar. Die dafür notwendigen Zeit-, Personal- und Geldbudgets werden regelmäßig unterschätzt.

Die eierlegende Wollmilchsau

Kapitel 5
Vielfalt ist der Feind der Klarheit
Von allem zu haben, schafft keine Anziehungskraft

Einst war eine große, vielfältige Auswahl für Kunden entscheidend, um in ein Kaufhaus zu gehen. In übersättigten Märkten hingegen suchen Kunden immer mehr Spezifik und Spitze. Spezialisten erzielen höhere Preise und größere Anerkennung als Generalisten. Viele Destinationen haben diesen Umschwung noch nicht geschafft – und suchen ihre Attraktivität gerne in der Breite ihres Angebots. Damit riskieren sie Mittelmäßigkeit und Preiskampf.

Ashton Eaton holte bei den Olympischen Spielen 2016 in Rio, ungefährdet von seinen Konkurrenten, erneut die Goldmedaille: In zehn verschiedenen Disziplinen wurde er mit 8.893 Punkten als Bester gewertet. Zehnkämpfer wie Eaton müssen nicht nur eine Sportart beherrschen, sondern gleich zehn. Die sind so unterschiedlich, dass sich die Trainingseinheiten dafür deutlich unterscheiden: Kraft und Schnelligkeit bei den einen, Ausdauer und Präzision bei den anderen. Eine 5-Kilogramm-Kugel in die richtige Flugbahn zu bringen, einen 1500-Meter-Lauf taktisch durchzustehen und mit der perfekten Sprungtechnik im Hochsprung über die Latte zu kommen: Zehnkämpfer sind **Alleskönner**. Wahrscheinlich sind sie auch die besten Sportler. Niemand von allen anderen Spezialisten beherrscht nur annähernd so viele Techniken, hat so viele Muskeln seines Körpers durch differenziertes Training in eine perfekte Spannung gebracht, kann sich für so viele Herausforderungen über einen so langen Zeitraum neu motivieren. Zehnkämpfer treten bei Olympischen Spielen an zwei Wettkampftagen mit je fünf Disziplinen an. Das ist die Königsdisziplin der Leichtathletik, heißt es einhellig in der Fachwelt des Sports.

Auch Usain Bolt holte in Rio ebenfalls wieder olympisches Gold. Dafür benötigte er nicht einmal zehn Sekunden. Der Kurzstreckenspezialist über 100 Meter demonstrierte nach zwei Qualifikationsrennen seine Qualität als schnellster Mann der Welt. Niemand anderer brachte mehr Schnellkraft auf 100 Meter Tartanbahn auf den Boden als der Jamaikaner. Nicht nur sein Weltrekord, sondern auch seine Gewinnerpose, mit der er sich als ein gen Himmel zeigender Götterbote Hermes inszenierte, wurden **Kult**. Der begnadete Selbstdarsteller ist das Symbol für Leistung bei Olympischen Spielen, sein Marktwert wird vom amerikanischen Wirtschaftsmagazin Forbes mit 23 Millionen Dollar angegeben. Eaton hingegen bringt es auf nur 0,7 Millionen Dollar Marktwert.[28]

Marktführer bleiben in Erinnerung – der zweite eher nicht

Bei vielen meiner Vorträge frage ich das Publikum, wer bei den letzten Olympischen Spielen den 100-Meter-Lauf gewonnen hat. Die Antwort darauf kommt immer prompt, oft sogar mit präzisen Zeitangaben. Usain Bolt ist allen in guter Erinnerung. Er beherrscht zwar nur eine einzige sportliche Disziplin und konzentriert sich ausschließlich darauf, aber gerade deswegen prägt er sich in die Erinnerung der Zuschauer ein. Nun mag sein ausgeprägter Hang zur Selbstinszenierung ebenfalls eine Rolle spielen, warum sich dieser **Ausnahmekönner** so klar als Erinnerung in den Köpfen der Menschen verankert hat. Fakt ist: Spezialisten schlagen Generalisten. Wir können uns an den Marktführer bei Marken immer schneller erinnern als an die Nummer zwei. Selbst auf die Frage ins Publikum, wer denn nach Usain Bolt, mit einer ebenso fabelhaften Zeit unter neun Sekunden, Zweiter und Dritter geworden ist – immerhin handelt es sich um die Silber- und Bronzemedaillengewinner – muss das Publikum schon mit Sportspezialisten besetzt sein, damit hier noch eine Antwort kommt.

Unser Gehirn merkt sich immer und vordringlich die Nummer eins. Gnadenlos. Dazu kommt, dass es einfacher ist, sich das 100-Meter-Finale zehn Sekunden lang im TV anzuschauen als den Zehnkampf-Wettbewerb über zwei volle Tage. Die Kombination aus Einfachheit und Klarheit macht den Kurzstreckenlauf zur attraktiven Disziplin bei jeder Leichtathletikveranstaltung. Jeder kann sehen, wer nach knapp zehn Sekunden gewonnen hat – bei vielen anderen Sportarten müssen Messergebnisse abgewartet, Rundenzeiten summiert und aufwändige Punktesysteme zur Bewertung berücksichtigt werden. Nur Insider finden sich in den komplizierten Formeln zurecht, die am Ende über den Sieg entscheiden.

Sportarten mit einfachen Regeln eignen sich für den Massenkonsum

Den höchsten Wert erreichen also jene Disziplinen, die einfach nachvollziehbar und in einem angemessenen Zeitrahmen konsumierbar sind. Deshalb gewinnen Mehrkämpfe und Sportarten wie Fechten oder Eiskunstlauf, die nur durch komplizierte Regelwerke erfassbar sind, nicht die Gunst der Massen. Was zu kompliziert ist und zu aufwändig im Konsum, wird hintangestellt. Wo es aber um das Schießen von Toren geht, um das Ankommen als Erster über die Ziellinie oder um einen K.o.-Sieg im Boxen, sind die Massen gerne bereit, sich emotional zu verausgaben. Weil der Sieg einfach zu begreifen ist: Es gewinnt derjenige, der mehr Tore geschossen hat, als Erster über die Ziellinie gekommen ist oder den Gegner k. o. geschlagen hat.

In Destinationen herrscht der Glaube, die Vielfalt des Angebotes macht die Anziehungskraft aus. Deshalb packt man Jahr für Jahr Neues auf die ohnehin schon überladenen Websites, man läuft Trends hinterher und hofft auf neue Nachfrageimpulse durch Angebotserweiterung. Auch Hotels finden sich häufig in der Kategorie der großen **Generalisten** wieder. Nur wenige wagen es, sich auf ihre Stärken zu konzentrieren und sich damit für ein ausgewähltes Publikum als Spezialist zu etablieren. „Wir brauchen jeden Gast“, sagen die Tourismusverantwortlichen in ihren Reden – und verteidigen damit ihre Durchschnittlichkeit.

Gut zu wissen: Destinationen neigen stark dazu, Zehnkämpfer zu sein. Sich auf Weniges zu konzentrieren und daraus einen hohen Marktwert zu ziehen, ist ihnen suspekt.

Destinationsmarken müssen sich vor den folgenden drei Fallen hüten:

Falle Nr. 1: „Diese Vielfalt gibt es nur bei uns“

Fragt man Destinationsverantwortliche nach den **Attraktivitätstreibern** ihrer Region/Stadt/Ort und nach den Gründen, warum die Wahl der Kunden auf sie falle, hört man häufig Sätze, die so beginnen: „Es ist die Vielfalt unseres Angebotes. Nur bei uns kann man ...“. Es folgt eine minutiöse Aufzählung, meist in Superlativen. Ein derartig großes Kulturangebot wie in dieser Stadt gebe es (fast) nirgends. Ebenfalls einzigartig sei die Dichte an Museen und historisch interessanten Orten. Städte versuchen sich zu gerne in Kultur und Geschichte. Deshalb gibt es überall „historische Altstadtkerne“, „Kulturmeilen“, „Museumscards“, „Stadtführungen“, „Veranstaltungskalender“.

Doch diese Fülle ist für Kunden, deren Aufenthaltsdauer meist zu kurz ist, kein schlagendes Argument, um eine Stadt aufzusuchen. Wenn man Menschen die Frage stellt „Welche der vielen Kulturinitiativen haben die Qualität, der Grund für eine eigene Reise zu sein?“, fallen die Antworten meist sehr schütter aus. Meist nennen sie Festivals und auf einen kurzen Zeitraum gelegte Kulturinitiativen – während die Marketingverantwortlichen glauben, die Attraktivität ihrer Stadt begründe sich aus dem ganzjährig vorhandenen Kulturangebot. Dieses ist eher eine bemerkenswerte Investition in die Bildung der einheimischen Bevölkerung und des Umlandes. Als touristischer Attraktivitätstreiber taugt es jedoch nur in den wenigsten Fällen. Ohne Zweifel: Wer sich bereits in der Umgebung aufhält, wird sich für das gerade laufende Angebot an Kultur- und Veranstaltungsinitiativen interessieren und das eine oder andere auch wahrnehmen. Die entscheidende Frage für Destinationen, die sich als Marke profilieren wollen, ist aber: Ist das Kulturangebot der entscheidende **Besuchsgrund** oder nicht?

Kulturangebote müssen wetterunabhängig sein

In Städten, für die diese Frage eindeutig mit Ja beantwortet werden kann, werden Museen und das Kulturangebot nicht vom Wetter beeinflusst. Am Broadway in New York sind die Musicals wetterunabhängig begehrt, die Karten für die Wagner-Festspiele in Bayreuth ebenso. London avancierte nicht zum Musical-Treffpunkt wegen des oftmalig regnerischen Wetters und die Bregenzer Freilicht-Festspiele auf der größten Seebühne der Welt genießen größte Anziehung trotz ihres Wetterrisikos. Man fährt als Klassikfan zur Opernaufführung in die „La Fenice" nach Venedig und an die „Scala" nach Mailand. Man lässt sich als Jazzfan das große Festival von Montreux nicht entgehen. Man weiß um das Puccini-Festival in Torre del Lago, Experten kennen das Burning-Man-Festival in der Wüste Nevadas, die Filmbranche zelebriert die Festspiele in Cannes, Kenner buchen das Nobelpreiskonzert in Stockholm, andere hoffen auf gute Karten für die Salzburger Festspiele.

Ich würde mich für die These der „**Gut-Wetter-Probe**" ereifern: Immer dann, wenn eine Veranstaltung oder ein Museum oder eine kulturelle Initiative für ihren Erfolg das Wetter zum Verbündeten braucht, ist noch viel Luft nach oben, um sich als Reisegrund zu etablieren. Das ist dem Wachsfiguren-Kabinett Madame Tussauds in London gelungen, den Swarovski-Kristallwelten im unscheinbaren Nordtiroler Ort Schwaz, den großen Erlebnisparks Gardaland am gleichnamigen See bis zum Europapark in Rust, dem Museumsquartier in Wien und der Museumsinsel in Berlin.

Wer es mit seinem Kulturangebot nicht in die Liga jener schafft, für die sich der organisierte Reisemarkt interessiert, läuft lediglich in der Kategorie „Zusatzangebot". Der zweite Härtetest wäre deshalb die „**Reiseveranstalter-Probe**": Wem es noch nicht gelang, einen der vielen Reiseveranstalter auf sein Kultur-/Veranstaltungs-/Historienangebot aufmerksam zu machen, fehlen wohl triftige Argumente für seine weltweit hohe Attraktivität.

In vielen Fällen würde es reichen, zu verdichten.

Gut zu wissen: Destinationsmarken wachsen nicht durch Ausdehnung ihrer Angebote. Sie zeigen ihr starkes Profil durch Verdichtung. Daraus bildet sich ihr magnetisches Feld der Anziehung.

Was dicht und konzentriert wirkt, wird als Stärke und Kraft wahrgenommen. Sich in der Vielfalt von Produkten, Dienstleistungen und Angeboten zu verlieren, verwässert die notwendige Klarheit. Konsumenten wissen dann nicht, weswegen sie zwei ihrer knappsten Güter – Geld und Zeit – dieser Destination geben sollten. Destinationen brauchen – im Gegensatz zu Konsummarken – den Faktor Lebenszeit. Schon allein deswegen fürchten Kunden eines Reisezieles sehr, es könnte für sie nicht das Richtige sein.

Werbefilme ohne Regie nähren die Langeweile

Aber auch außerhalb von Städten läuft es nach ähnlichem Schema. Um das zu erkennen, reicht es, im Internet Werbefilme verschiedener Destinationen anzuschauen. Nur wenige schaffen es, den Charakter einer Region, eines Landes oder eines Ortes so packend darzustellen, dass der Zuschauer am liebsten gleich dorthin fahren möchte. In den meisten Fällen jedoch stellt sich dieses Gefühl nicht ein: Abgesehen von der **Überlänge** – in den meisten Fällen handelt es sich um fünf- bis achtminütige Videos – mangelt es an einer klaren Erzähllinie und Aussage. Im Grunde wurde der Werbeprospekt in Bewegtbild umgesetzt.

Die Regisseure solcher Filme könnten folgende Vorgaben bekommen haben: Es müssen alle Orte der Region vorkommen, dazu alle Teilregionen, die Vielfalt der Aktivitätsmöglichkeiten muss ausladend dargestellt werden, alle Alters- und Gesellschaftsgruppen müssen berücksichtigt sein, in die Kamera lachen nur rundum zufriedene Menschen bei Kaiserwetter, die Kombination aus Kultur, Kulinarik und Sport ist unübersehbar. In zweisaisonalen Destinationen ist der Bildanteil zwischen Winter und Sommer in etwa 50 zu 50. Auf diese Weise entsteht der so typische „Spannungsbogen", den jeder kennt: Videos in der Anmutung weichgespülter Romantikfilme à la Rosamunde Pilcher, in dem nur gute Menschen vorkommen, die sich ausschließlich schöne Sachen sagen, wo nirgendwo Gefahr lauert und das wohlige Happy End kein anderes sein könnte.

Markengeschichten werden wie Märchen erzählt

Selbst im Genre der Horrorfilme braucht es das Gute und das Böse, es braucht das Ende mit mehreren Interpretationsmöglichkeiten und die Möglichkeit, dass sich der Zuschauer mit dem einen oder anderen identifizieren kann. Bleibt dies alles aus, dann stellen sich Langeweile und **Unglaubwürdigkeit** ein.

Gute **Storytelling-Konzepte** schauen anders aus. Sie orientieren sich an den deutschen Märchenmeistern Gebrüder Grimm und enthalten alles, was es für eine gute Geschichte braucht, damit sich über Generationen an sie erinnert wird. Klares Thema, wenige Figuren, Gute und Böse im Wettstreit und am Ende eine einleuchtende Moral, weshalb diese Geschichte erzählt werden musste. Zur Marke wird, wer sich mutig auf das Erinnerbare reduziert. Hingegen eine breit gefällige Vielfalt zu zeigen, ist ein Hindernis.

Als ich in Südtirol meine Stelle als Marketingchef antrat, hatten die damaligen Werbeberater den Claim „Magie der Vielfalt" vorgeschlagen. Lange bevor wir an das Thema Destinationsmarke dachten, zeigte sich dieses Statement als äußerst hilfreich, um die politischen Zentrifugalkräfte einzelner Teilregionen im Zaum zu halten. Mit dem Hinweis, man wäre ja der Vielfalt verpflichtet und hätte diese sogar in die eigene Werbebotschaft unter dem Logo dauerhaft aufgenommen, konnte man politisch gut und leicht argumentieren. Und es war der Versuch, Südtirol mit einem emotionalen Claim zu charakterisieren anstatt sich den geografischen Beschreibungen wie „Südlich der Alpen im Norden Italiens" oder Wortkreationen der 1970iger wie „Fließend Deutsch und Warmwasser" auszusetzen.

Gut zu wissen: Das Verlockende des Vielfalt-Arguments ist seine politische Ruhigstellungsfunktion. Das Verheerende daran ist seine für die Kundenorientierung gefährliche Verwässerungsfunktion. Es ist das Gegenteil davon, was Destinationen mit Markencharakter brauchen.

Falle Nr. 2: „Das muss man haben"

Aus unzähligen Marktforschungsergebnissen und Kundenbefragungen, glauben Destinationen, ihr Entwicklungspotenzial ablesen zu können. Wenn Kunden in der deutschen Reiseanalyse das Thema „Schwimmen" im Ranking ihrer **Urlaubsgewohnheiten** ein klein wenig nach oben gebracht haben, wird in manchen Urlaubsorten über den Bau eines Schwimmbades oder eines kostenfressenden Hallenbades nachgedacht – selbst dann, wenn es in der unmittelbaren Nähe bereits derartige Angebote zur Genüge gibt.

Es gehört zu den größten Missverständnissen von Destinationen: zu glauben, Kunden würden kommunale und regionale, ja staatliche Grenzen als Barrieren sehen. Fakt ist und in vielen Untersuchungen bewiesen: Sie tun es nicht. Die **Bewegungsradien** von Urlaubern sind viel größer, als viele Tourismusverantwortliche annehmen. Das Institut für Demoskopie in Allensbach ermittelte: „Die meisten Urlauber sind mobil im Urlaub. In der warmen Jahreszeit bleibt knapp ein Viertel an ihrem Urlaubsort, die Mehrheit fährt herum. Knapp die Hälfte fahren dabei über 40 Kilometer. Im Winter bleibt knapp die Hälfte an ihrem Urlaubsort. Die anderen sind mobil; knapp ein Viertel der Menschen besuchen auch im Winter andere Orte/Attraktionen, die über 40 Kilometer von ihrem Urlaubsort entfernt sind."[29]

In Missachtung dieser Wahrheiten entstehen in Gemeinden Infrastrukturen, die sich am Ende als größte Kostenfresser und minimalste Nutzenstifter fürs touristische Geschäft entpuppen. Das eigene Spaßbad, das eigene Kongresszentrum, das eigene Theater, die eigene Sportanlage, das eigene Museum, die eigene Skischule, der eigene Campingplatz, das eigene Wanderführerprogramm, der eigene Kindererlebnisspielplatz – vielfach müssen touristische Argumente die hohen Investitionen ins politische Ego rechtfertigen. Nach vielen Erfahrungen mit touristischen Markenprojekten, die wir gemacht haben, können wir sagen: Nur sehr selten hat eine Großinvestition in ein gemeindliches Infrastrukturprojekt den großen Durchbruch am touristischen Markt erbracht. In den meisten Fällen waren es intelligente Verbindungen bereits bestehender Infrastrukturen über Kollektivkarten, wie es Kärnten als Vorreiter aller **Destinationskarten** mit der „Kärnten-Card" gelang. Oder Südtirol mit der „Südtirol-Mobil-Card", ein umfassendes Nutzungssystem aller öffentlicher Verkehrsmittel zum Pauschalpreis für Wochen oder Tage. Nicht zu reden von den Kartensystemen der großen Skikarusselle, die es den Alpinskifahrern ermöglichen, Anlagen tal- oder ortsübergreifend zu nutzen, obwohl sie als unterschiedliche Skigebiete entstanden sind.

Was niemand mehr braucht, ist Durchschnitt.

Die Falle besteht in der Angst, den Trend der Zeit zu verpassen. Immer wieder steht der Ausbau des Angebots im Fokus, das Arbeiten und Investieren in die Breite. Vom Vielfaltswahn getrieben wird den eigenen Stärken und deren Verdichtung weniger Aufmerksamkeit geschenkt als dem Ziel, möglichst vieles anbieten zu können. Das Dramatische dabei: Auf diese Weise gerät man über das **Mittelmaß** nicht hinaus. Was jedoch heute niemand mehr will: Durchschnitt. Wenn Destinationen glauben, sie müssten im Mountainbike-Boom nun eine Downhill-Strecke anbieten, müssten sie zuvor recherchiert haben, wo die weltweiten Marktführer sind und wie diese ihr Angebot gestalten. Für den Fall, dass man annähernd mithalten kann und auch eine klare Idee hat, wie man zum Marktführer werden könnte, würde sich die Investition vielleicht lohnen. Wenn aber das Beobachten der Besten ergibt, dass man nicht die Voraussetzungen besitzt, dann ist es besser, sich auf die eigenen Stärken zu besinnen und daraus eine klare, attraktive Positionierung zu erarbeiten.

Kehren wir kurz zurück in die Welt des Sports. Usain Bolt könnte versuchen, sich auf der Mittelstrecke von 1500 Metern zu beweisen. Es wäre nur 15 Mal die 100-Meter-Distanz, warum sollte dies nicht klappen? Er tut es nicht – genau so wenig wie Fußballprofi Lionel Messi versucht, sein Handballgeschick zu beweisen, was ebenfalls mit Ballbeherrschung zu tun hätte. Die Formel-1-Champions Sebastian Vettel und Lewis Hamilton werden sich hüten, die Rallye Paris–Dakar gewinnen zu wollen, obwohl auch diese Disziplin mit dem perfekten Fahren eines Autos zu tun hat. Und Golf-Star Tiger Woods wird seinen Golfschläger nicht gegen einen Tennisschläger eintauschen, außer zum freizeitlichen Ausgleich. Übertragen auf die Markenführung heißt das: Große Marken wissen, dass sie sich auf ihre Stärke konzentrieren müssen. Sie erkennen die große Verlockung ausufernder Möglichkeiten als Gefahr.

Gut zu wissen: Die Regel für Destinationsmarken lautet: Stärken stärken, niemals Schwächen korrigieren. Ersteres kann zur Spitze führen, das Zweite in der Mittelmäßigkeit enden.

Vergangene Moden: Minigolf-Anlagen und Trimm-Dich-Pfade

In verschiedenen Destinationen dieser Welt schaue ich mir gerne zwei Infrastrukturprojekte an: Trimm-Dich-Pfade und Minigolf-Anlagen. Sie sind das mahnende Beispiel dafür, was geschieht, wenn man der Versuchung nicht widersteht, einer **Mode** aufzusitzen.

An Trimm-Dich-Pfaden (neuerdings auch „Vita Parcours" genannt) entlanglaufend kann man den Verfall dieser Anlagen sehen, die einst als intelligente Investition in die neue Bewegungslust unter freiem Himmel angepriesen wurden, um sich dann sehr schnell als kaum genutzte und pflegeintensive Infrastruktur zu entpuppen. Das Holz wird morsch, die Anleitungstafeln verrosten, die Trimm-Dich-Gegenstände bergen mehr Gefahr als Struktur, der Pfad wurde von der Natur überwuchert. In historischen Zeitungsartikeln liest man über die Eröffnungsfeierlichkeiten, über den Stolz, als Gemeinde nun auch für Volks- und Gästegesundheit ein naturnahes Angebot geschaffen zu haben, und über die Hoffnung, diese mit öffentlichen Geldern bezahlte Investition möge sich in steigenden Gästezahlen niederschlagen. Als man 1962 in Münster, nach einer Idee aus der Schweiz, den ersten Trimm-Dich-Pfad mit dem vielsagenden Titel „Schweißtropfenbahn" installierte, hatte man wohl die Idee, der Gesundheit zu dienen und dazu eine Attraktion zu schaffen. Immerhin hat es der Münsteraner Pfad geschafft, bis heute erhalten zu werden. Das ist wohl eher die Ausnahme als die Regel.

Das Gleiche bei den Minigolf-Anlagen. Auch sie wurden im Glauben erbaut, man hätte Derartiges notwendig und würde damit zumindest mit der Nachbargemeinde gleichziehen. Viel größere Investitionssünden sind Tennishallen, Ozon-Hallenbäder, Eishallen und Miniatur-Erlebnisparks. Die dort versenkten Millionen hätten sehr oft genügt, um aus einer hauseigenen Angebotsstärke einen Besuchergrund von Weltruf zu machen.

Weimar: Gezielt zum kulturellen Mittelpunkt entwickelt

In den Geschichtsbüchern werden die Initiatoren entscheidender Entwicklungen Pioniere genannt. Als Herzogin Anna Amalia Mitte des 18. Jahrhunderts sich in Weimar um die Entwicklung ihrer Stadt Gedanken machte, vertraute sie einzig und allein ihrer Intuition und ihrer **Leidenschaft**. Während sich rundum alles um das Ausweiten von Machtbereichen drehte, setzten Anna Amalia und nachfolgend ihr Sohn Herzog Carl August auf: Kultur. Die Herzogin berief Johann Wolfgang von Goethe aus Frankfurt in die Stadt an der Ilm, bezahlte ihn gut in der Funktion als Geheimrat und gestand ihm Mittel und Einfluss zu, seinen Ideen Raum zu geben. Damit wurde der Grundstein für das heutige Kulturkleinod Weimar gelegt. Goethe berief Friedrich Schiller. Dem Kreis schlossen sich viele große Literaten an wie Wieland und Herder. Sie gaben dieser Stadt Charakter, sie machten aus dem unscheinbaren Städtchen eine Hochburg deutscher klassischer Literatur und konnten diese Kompetenz auch in Bauten und Architektur ausdrücken. Die Weimarer Klassik entstand und gab einer ganzen Epoche ihren Namen.

Jede Versuchung, Vielfalt in diese klare Ausrichtung zu bringen, hätte dem genialen Konzept geschadet. Die zweite Weimarer Blüte mit der Bauhaus-Bewegung entstand als Folge daraus. Die neue architektonische Auffassung, wie Bauen und Gestalten zu sein hätten, fand ihren Nährboden nicht von ungefähr in Weimar. Heute zieht die Stadt aus diesen beiden historischen Leistungen der Verdichtung und Konzentration ihren touristischen Nutzen. Nach Weimar fährt man wegen Goethes „Faust" und der international renommierten „Bauhaus-Akademie". Beide sind weltweit einzigartig, entstanden aus dem Mut einer Frau, ihrer Leidenschaft Geld und Möglichkeiten zu widmen. Im Volke wird es wohl keine große Zustimmung gegeben haben; posthum aber muss man Anna Amalia den Orden einer vorausschauenden Markenstrategin verleihen.

Wer im Mainstream agiert, hat schon verloren

Die Grundregel könnte also lauten: Misstraue dem Mainstream. Es ist wie an der Börse: Wenn der Index ansteigt, haben alle schon gekauft. Wer erst im Aufwind investiert, hat in der Regel schon verloren. Gleiches geschieht, wenn der Börsenindex sinkt: ein deutliches Zeichen dafür, dass alle Cleveren schon verkauft haben und man sich als Verkaufender dem Abwärtsstrudel anschließt; Verluste sind dann vorprogrammiert.

Für touristische Destinationen gilt: Man muss nichts anbieten, was man nicht beherrscht. Es lohnt sich, die eigenen Stärken stärker zu entwickeln als Schwächen zu beseitigen. In diesem Punkt werden SWOT-Analysen mit ihren Feldern Stärken, Schwächen, Risiken, Chancen falsch gelesen. Anstatt sich auf die Felder „Stärken" und „Chancen" zu konzentrieren, workshopt man sich schnell in die Frage hinein, welche Schwächen und Risiken man minimieren sollte. Wenn das der Fall ist, geht das Augenmerk in Richtung **Durchschnitt.** Es wird kaum gelingen, eine Schwäche zur Stärke entwickeln zu können, kaum ein Risiko zur Chance. Im besten Fall enden alle Investitionen und Anstrengungen in einer Verbesserung Richtung Mittelmäßigkeit.

Marken haben einen vollkommen anderen Ansatz: Sie identifizieren aufwändig ihre oft versteckten Erfolgstreiber. Diese schleifen sie wie einen Rohdiamanten zu einem Edelstein.

Burberry: Die Konzentration auf die Stärken verhindert den Abschwung

Der Staub von über hundert Jahren lag auf der britischen Traditionsmarke Burberry, bis Christoph Bailey als neuer Chefdesigner sie wieder zum angesagten Trendlabel machte. Der Respekt vor dem Geschaffenen stand für ihn im Vordergrund. Akribisch räumte Bailey die Marke auf und konzentrierte sich auf die wesentlichen Erfolgstreiber: Familie, Trenchcoat und Karos. Auf Basis dieser Erfolgstreiber der Vergangenheit führte er die Marke behutsam in eine neue Ära. Burberry schaffte den Spagat, sowohl für den seriösen Großvater als auch für die modebewusste Enkelin attraktiv zu sein, und funkelt heute wieder am Modehimmel.[30] In Zeiten, als diese Marke sich an allem versuchte, was Absatz versprach, schwächelte sie gefährlich dahin und verlor Jahr für Jahr Marktanteile. Der Rückschnitt im Produktportfolio erbrachte den schon verloren geglaubten Glanz der Edelmarke zurück.

Falle Nr. 3: „Das können nur wir"

Nicht nur in Destinationen gehört Selbstüberschätzung zu den Erbkrankheiten, wenn man sich jahrelang auf Oberflächenmanagement mit Marketing konzentriert hat. Die gesamte Kreativindustrie wurde von ihren Auftraggebern in diese Richtung getrieben: Sie sollten die Produkte mit **Superlativen** bewerben, mit den coolsten Werbesprüchen und Zeitgeist-Flair.

Unbenommen sei die Tatsache, dass Destinationen ihren Stolz über sich selbst demonstrieren dürfen. Das ist wichtig und angebracht. Für die einheimische Bevölkerung ist die Region Heimat und hat somit einen ganz anderen Wert als für die temporären Benutzer.

Schädlich wird es, wenn Regionen von sich behaupten, der „schönste Ort der Welt zu sein" und dies auch öffentlich kundtun. Peinlich wird es, wenn eine Region von sich glaubhaft behaupten will, „der himmlischste Platz auf Erden" zu sein. Grenzwertig ist, wenn sich eine Stadt oder Region

- „jung macht" (Bochum),
- „früher aufsteht" (Sachsen-Anhalt),
- „bewegt" (Bielefeld),
- „überzeugt" (Paderborn),
- „überraschend anders ist" (Bottrop),
- „modern ist" (Chemnitz)
- „unglaublich vielfältig" (Saarbrücken),
- „mich mag" (München) oder
- „zu mir passt" (Wiesbaden).

Wettstreit der Superlative: hippste gegen weltoffenste Stadt

Tel Aviv bezeichnet sich als die „hippste und weltoffenste Stadt" und steht damit im Wettstreit mit Mailand, die sich ebenfalls als die „weltoffenste und dynamischste Stadt" anpreist. Berlin und Hamburg setzen noch eines drauf: Erstere ist „weltoffen und tolerant", die Zweite gleich die „schönste, fortschrittlichste, freundlichste und weltoffenste" Stadt zugleich. Bingo: Die Liste bereits verwendeter Werbesprüche lässt sich auf Slogans.de nachlesen. Die Plattform gibt einen gigantischen Überblick darüber, welche Sprüche bereits verwendet wurden und von wem. Zugleich ist sie eine gute Schule dafür, dass wohl alles von irgendjemandem bereits behauptet wurde. Wer also einen neuen **Slogan** in die Welt setzt und diesen markenrechtlich schützen lassen möchte, dem sei eine Recherche bestehender Werbesprüche dringend empfohlen.

Destinationsmanager müssen die Welt bereisen

Destinationsverantwortlichen kann nur empfohlen werden, möglichst viel von dieser Welt aus eigener Erfahrung kennenzulernen. Ist ihre Reiseerfahrung nämlich deutlich geringer als jene ihrer Kunden, wird es extrem schwierig, die eigenen Chancen und Grenzen richtig einzuschätzen.

Wir Südtiroler zum Beispiel gehören ja eher zu den Gefährdeten, wenn es um die Einschätzung eigener Stärken und Schwächen geht; die Heimatverbundenheit, gepaart mit dem Gefühl, sich gegen einen übermächtigen Staat in Kultur und Sprache verteidigen zu müssen, haben in meiner Heimat Weltoffenheit nicht zu einer Charaktereigenschaft des Volkes gedeihen lassen. Aus privatem Interesse – und das berufliche ließ sich davon nie trennen – bereiste ich 85 Länder dieser Welt. Mein Fazit: Schön ist es auf der Welt überall. Und für jeden ist seine Heimat der emotionalste Ort der Welt, den er gerne so verklärt, dass sich der Himmel nicht besser anpreisen ließe. Die eine Welt gibt es nicht. Es gibt nur Welten, in denen wir als Besucher versuchen können, die Regeln zu verstehen. Jede Religion, jede Staatsform, jede Kultur, jeder Lebensumstand lässt die Gesetzmäßigkeiten in abgewandelter Form entstehen.

In Summe jedoch gleichen sich die Welten untereinander sehr. Berge sind majestätisch, Meere weit, Städte ähneln Ameisenhaufen, Traditionen und Kulturen sind überall spannend, die Alltagskulturen haben stereotype Züge, die Menschen sind von ihrer Heimat geprägt, die Architekturen spiegeln Werte wider, die Naturdimensionen sind Schutz- und Lebensraum zugleich.

Einzigartigkeiten sind dünn gesät

Wüsten sind so faszinierend wie die Alpen, die Berge des Himalaya sind so grandios wie die Weiten Australiens, die Gewänder der Stämme in Tansania und Kenia so farbenfroh wie die Trachten der alpinen Bevölkerung, die Strände der Nordsee bei Ebbe ebenso grenzenlos weit begehbar wie die Hochländer der Mongolei zur Sommerzeit. Wer meint, in seiner Destination etwas gefunden zu haben, was er nach objektiven Kriterien gegen den weltweiten Wettbewerb verteidigen kann, dem ist wohl der touristische Nobelpreis sicher.

Kritiker werden nun aufschreien: „Wir stehen aber nicht im weltweiten Wettbewerb. Es genügt uns, wenn wir im unmittelbaren Konkurrenzumfeld die Nase vorne haben." Dieser Einwand ist nicht von der Hand zu weisen. Er bringt durchaus ein wenig Erleichterung in die Aussichtslosigkeit, eine einzigartige Nummer-1-Positionierung als Tourismusdestination anzustreben. Dennoch halte ich es für einen hilfreichen Abgrenzungsprozess, wenn man die gesamte Welt als Konkurrenzfeld für seine eigene Marke im Auge hat. Das schärft zum einen ungemein den Sinn für die immer gefährliche **Selbstüberschätzung**. Zum anderen läuft man dann nicht Gefahr, das Konkurrenzfeld zu kleindimensioniert anzusetzen.

Destinationen können ihre Spezifik mit zwei sehr wirksamen Methoden für ihre Markenwahrnehmung einsetzen:

Chance Nr. 1: Die Destinationsstrategie mit einem Wort zuspitzen

Destinationen, die auf dem Weg zur Marke sind, gehen vorsichtig um mit Superlativen. Sie müssen sehr gut analysieren, welche ihrer Spitzenleistungen zur Verteidigung gegen die Konkurrenz taugen und wie sie diese zu einem klaren Erkennungszeichen ausbauen können. Was könnte der Destination jenen Charakter verleihen, den Kunden so attraktiv finden, dass sie sich für diese entscheiden?

Definition: Ein-Wort-Wert

Das Schwierigste bei Strategien ist es, einfach und eindringlich zugleich zu sein. Kann eine Marke ihre gesamte Strategie auf ein einziges Wort verdichten, hat sie sich eines der effizientesten und effektivsten Steuerungsinstrumente für die Markenführung erarbeitet. Ob als Frage oder als Ordnungsruf, ob als Entwicklungsrichtung oder als Prüfelement: Ein gut erarbeiteter Ein-Wort-Wert eignet sich in der Unternehmensführung als Standardwerkzeug. Berühmte Beispiele von Ein-Wort-Wert-Strategien: Die Kosmetikmarke Nivea verdichtet sich auf „Pflege", der Tourismusort Kitzbühel auf „legendär", die Schuhmarke Geox auf „atmet", die Automarke Mercedes auf „Verlässlichkeit", die Suchmaschine Google auf „Suche", der Schweizer Nobelort St. Moritz ist „schillernd".

Es gibt Beispiele für Länder und Städte, Regionen und Orte, die es geschafft haben, ihre Attraktivität an nur einem einzigen Wort aufzuhängen. Das ist die höchste Kunst einer Markenstrategie. In einem einzigen Begriff wird die Essenz der gesamten Marke verpackt. Wie bei einer guten Sauce: Aus vielen exzellenten Zutaten, von denen jede seine besondere Geschmacksnote beisteuert, wird auf der Grundlage von Wasser, Knochen, Gemüse und Gewürze in einem stundenlangen Köchelverfahren (die Fond-Technik der französischen Küche) eine Reduktion hergestellt, die es in sich hat. In einem einzigen Tropfen einer solchen wunderbaren Reduktion findet sich alles wieder, was eingearbeitet wurde. Gourmets wissen um den Genuss, Köche um den Aufwand. Bei Marken geht es bei dem sogenannten „Ein-Wort-Wert" um die höchste Verdichtungsform einer Strategie.

Volvo ist Sicherheit, Patek Philippe ein Erbe

Werfen wir einen Blick auf Automarken: Der Ein-Wort-Wert für Volvo ist seit jeher „Sicherheit". Dem Auto, das den Dreipunkt-Sicherheitsgurt erfunden und erstmals eingebaut hat, glaubt man, dass mit ihm Elche und die Baumstämme des Nordens unbeschadet umfahren werden können. Die Marke pflegt dieses Image seit Jahrzehnten sehr geschickt. Anders Eugensson, Sicherheitsexperte bei Volvo, verdeutlicht die besondere Stellung des Ein-Wort-Wertes: „Ab 2020 soll niemand mehr, der in einem neuen Volvo unterwegs ist, bei einem Unfall schwer verletzt oder getötet werden."[31] BMW verwendet seinen Ein-Wort-Wert „Freude" sogar in seinem Claim „Freude am Fahren". Wunderbar zu sehen, wie die letzthin auf den Markt gebrachten Elektrofahrzeuge „i8" und „i3" als durchzugsschnelle Spaßfahrzeuge positioniert wurden – obwohl auch Ersparnis und Ökologie Argumente gewesen wären.

Die Schweizer Luxusuhrenmarke Patek Philippe sagt von sich, dass sie in ihrer Manufaktur keine Uhr, sondern ein Erbe produziere. Zur 150. Jahrfeier schaltete sie weltweit (!) große Printanzeigen, um eine Uhr dieses Traditionshauses zu bewerben, die unglaubliche 30 Komplikationen eingebaut hatte und in einer Stückzahl von sieben (!) hergestellt worden war. Eine bessere Demonstration, seinen Ein-Wort-Wert „Erbe" zu unterstreichen, hätte es kaum gegeben.

Italien ist „Dolce Vita", Alaska die letzte Grenze

Aber zurück zu den Destinationen. Dass Las Vegas in der Wüste Nevadas liegt, wissen die wenigsten, die noch nie dort waren. Aber dass Las Vegas seine Kernkompetenzen im Glücksspiel und beispiellosen Themenhotels mit einem showgewaltigen Entertainment-Programm vorführt und sich deshalb für den Wellnessurlaub mit Familie und minderjährigen Kindern nicht eignet, das weiß die gesamte Welt. Der Ein-Wort-Wert dieser Stadt ist „Glücksspiel" und damit ist für Las Vegas auch alles gesagt. Im Falle von Paris könnte man vermuten, Notre Dame oder die Champs-Élysées, der Louvre oder der Eiffelturm hätten der Stadt einen architektonischen Ein-Wort-Wert verliehen. Aber nichts von dem ist so anziehend wie der Ruf, die Stadt der „Liebe" zu sein. Unzählige Filme, Geschichten und Skandale rund um das emotionalste Thema der Welt haben dieser Stadt einen Status verliehen, der besser als alles andere der Hauptstadt Frankreichs einen kaum zu überbietenden Weltruf einbringt. Mit „Spiritualität" als Ein-Wort-Wert können nur die Staaten Nepal, Bhutan oder der durch den Dalai Lama aufrechterhaltene Gottesstaat Tibet gemeint sein. Auf die Malediven fliegt man wegen der „Inseln", Namibia wäre mit „Safari" gut bedient, „Duft" könnte für die Provence gut passen, „kontrastreich" ist das Kennwort für Südtirol, „Dolce Vita" für Italien, „Freiheit" für die USA. New York hat mit „schlaflos" seinen pulsierenden Charakter sehr gut umschrieben, die österreichischen Bundesländer Salzburg und Kärnten mit „virtuos" und „gelassen" den Nerv ihrer Charaktere getroffen, der amerikanische Bundesstaat Alaska mit „last frontier" ebenfalls.

Eine Spitze schärft Bewusstsein und Wahrnehmung

Der Ein-Wort-Wert ist die Spitze des geschliffenen Edelsteins. In ihm fokussiert sich das gesamte Spektrallicht und ist für das Funkeln verantwortlich. Es ist weniger wichtig, dass man diese Spitze sieht – wichtig ist, dass es sie gibt. Deshalb werden Ein-Wort-Werte nur manchmal als **Claims** eins zu eins verwendet. In der Regel geben sie vielmehr eine klare Richtung vor, wie Destinationen Produkte und Angebote aufstellen müssen, damit bei den Kunden das Gefühl entsteht, das mit dem Ein-Wort-Wert ausgedrückt werden soll.

So hat es für Südtirol bedeutet, den Kontrast zwischen Bergen und Weinbergen, den Kontrast zwischen der alpinen und der mediterranen Kultur, den Kontrast zwischen der traditionellen und modernen Architektur stärker ins Angebot aufzunehmen. Schüttelbrot steht dann immer neben den Grissini auf dem Tisch, Olivenöl passt zum Weinessig, auf den Berghütten gibt es exzellente Weine der Tallagen und im klimatisch mediterranen Meran spielen die hohen Berge eine große Rolle. Daraus entsteht das Gefühl, Südtirol sei Gegensatz auf kleinstem Raum und dennoch mit dem jeweils anderen vertraut. Stefan Zweig beschrieb es in seinen Aufzeichnungen der Italienreise 1919 mehr als treffend: „Norden und Süden, Stadt und Landschaft, Deutschland und Italien, all diese scharfen Kontraste gleiten sanft ineinander. Selbst das Feindlichste scheint hier gesellig und vertraut."[32]

Während Werbeaussagen Behauptungen setzen dürfen, ohne diese beweisen zu müssen, verlangen Ein-Wort-Werte eine große Konsequenz in der Gestaltung von Produkten und Dienstleistungen vor Ort. Mit diesen macht der Kunde seine **Markenerfahrung** und entwickelt sein Gefühl für die Destination.

Erfolgstreiber: Was in Prospekten und auf Websites in großen Lettern, blinkenden Störern und fliegenden Bildern als Phantasiewelt angepriesen wird, ist für die Markenerfahrung der Gäste zweitrangig. Für sie zählt, welche Erfahrungen konkret eingelöst werden.

Chance Nr. 2: Die Destinationen an ihrer Eigenart entwickeln

Wenn in einer italienischen Trattoria voller Einheimischer der Charme des Kellners gekonnt eingesetzt wird, verzeiht man schon mal die fehlende Übersetzungsqualität der Speisekarte oder die verstaubte Überdekoration. Italiens Lebensgefühl der Leichtigkeit übermannt vor allem jene Besucher, die der heimatlichen Presse Tag für Tag entnehmen, wie groß die Unzulänglichkeiten der Staatsverwaltung sind.

Was in Deutschland zum Skandal erwächst, wird in Italien als nettes Kavaliersdelikt abgetan. Seit der Regierungszeit Silvio Berlusconis, der in keinem anderen Land Europas nur den Hauch einer Wiederwahlchance gehabt hätte, ist dies mehr als eindrücklich demonstriert. Der internationale Besucher verzeiht dem lebenslustigen Italiener, wenn dieser die Speisekarte mit dem Gericht „Reis mit Obst aus Meer" schmückt, was eine wörtliche sinnstörende Übersetzung für den Italienklassiker „risotto frutti di mare" ist. In jedem anderen Land würden solche Unzulänglichkeiten negativ ausgelegt, ja in der Luft zerrissen – in „Bella Italia" findet man es „nett". Man dürfte deshalb den Italienern nicht einmal raten, in diesen Punkten besser zu werden. Das Einzige, was schaden würde: wenn die Italianitá weniger deutlich würde.

Das **positive Vorurteil** zu pflegen, ist deshalb eine **Kernaufgabe** einer jeden Destination (siehe dazu auch Kapitel 1). Dieses über sich selbst herauszufinden und als positiven Nährboden für die Marke wichtig zu nehmen, die zweitwichtigste.

Der wahre Markenwert einer Destination ist ihr Charakter

Selbstredend braucht es dann vor Ort ein breitgefächertes Angebot, im besten Fall passend zur Markenpositionierung entwickelt. Natürlich darf man sogar in Las Vegas exzellente Restaurants erwarten und einige gut organisierte Ausflüge in die umliegenden Naturparks von Weltruf – aber deswegen wird Las Vegas nicht als Urlaubsziel gewählt. In der Kulturstadt Weimar wird es Radwege brauchen, um die Umgebung für den sportlicheren Urlauber erkundbar zu machen – aber dennoch wird sich deswegen niemand für Weimar für einen Wochenendtrip entscheiden. In Alaska darf man organisierte Outdoor-Aktivitäten erwarten und ansprechende Hotels ebenso – aber deshalb macht niemand Urlaub im am dünnsten besiedelten Bundesland Nordamerikas; „grenzenlos" will man es dort erleben, zivilisations- und regelfrei. Vielfalt im Angebot ist wertvoll, um vor Ort beim Kunden zu punkten. Als kaufentscheidendes Kriterium aber taugt es nicht.

Je klarer es gelingt, den abgrenzungsfähigen Charakter einer Destination herauszuarbeiten und als Antwort auf eine Lebensknappheit anzubieten, desto stärker wird die Destinationsmarke in ihrer Entwicklung an Profil gewinnen. Wer sich mit seiner Angebotsvielfalt profilieren will, landet in der unklaren Durchschnittlichkeit. Die gefährliche Markenaussage ist: Wir können sehr vieles, aber nichts so gut, dass es zu einer Nummer-1-Position reichen würde. Die potenziellen Kunden hören und verstehen: Die sind wie alle anderen und können nichts deutlich besser. Vor diesem Eindruck muss sich jede Destination schützen.

Resümee für Schnellleser

- Vielfalt ist der Feind von Klarheit. Destinationen, die mit Angebotsbreite punkten wollen anstatt mit ihrem einzigartigen Charakter, werden es kaum in den Markenhimmel schaffen.
- Je breiter ein Angebot, desto durchschnittlicher ist die Qualität. Kunden bezahlen Marken aber wegen ihrer Leistung, bei Destinationen ist dies nicht anders.
- Spezialisten schlagen Generalisten. Erstere finden sich an der Spitze einer Branche und führen sie an, Zweitere bedienen den Durchschnitt. Wer als Destination seinen Charakter in einem Ein-Wort-Wert ausdrücken kann, hat einen Edelstein geschliffen, von dem er auf vielfältige Weise profitieren kann.

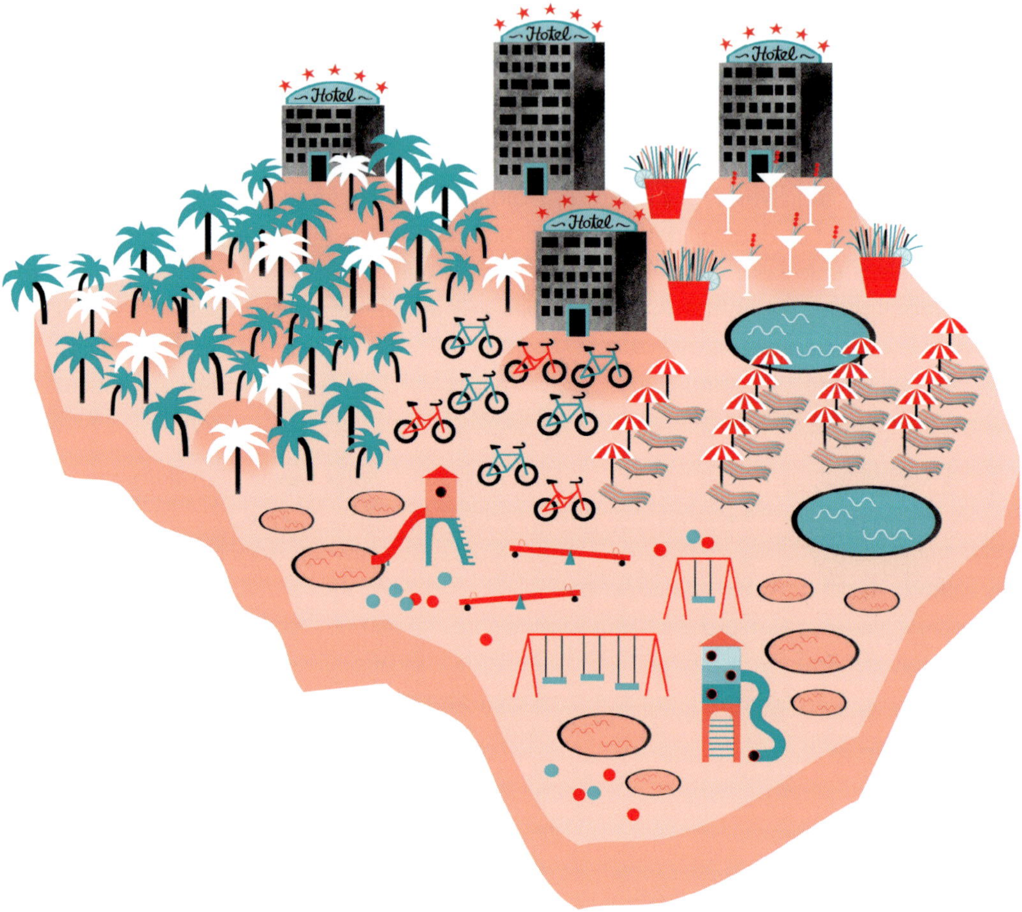

Alles für alle

Kapitel 6
Wer alle(s) will, riskiert alle(s) zu verlieren
Diese Gäste und Kunden muss man vermeiden

Das Mallorca-Ballermann-Image ist das eklatanteste Beispiel dafür, wie man den Ruf einer ganzen Insel in Schieflage bringt. Was war der Grund für diese Entwicklung? Mangelnde Steuerung und Klarheit, welche Art von Gästen man mit seinem Angebot gewinnen will. Mauritius ist das Gegenbeispiel. Eine Destination bekommt jene Gäste, die sie verdient und die sie durch eindeutige Botschaften anzieht.

Die Rede ist meist vom „bunten Blumenstrauß", der für eine Destination so wichtig sei. „Wir brauchen alle", sagen die Verantwortlichen. Es gebe dermaßen viele unterschiedliche Betriebs- und Preiskategorien, dass man auf keinen Gast verzichten könne. Gerne wird dann dieser Satz hinterhergeschoben: „Schön wäre es, wenn wir uns die Gäste aussuchen könnten. Aber wer kann das schon."

Stimmt das? Kann man sich seine Gäste tatsächlich nicht aussuchen? Könnte eine Destination klare Zeichen setzen – und somit auch gewünschte Grenzen. Wenn man auf einem Ball in der Wiener Hofburg schlechtes Benehmen vermeiden will, löst man das über den Dresscode: Damen und Herren im langen Abendkleid und genormten Smoking benehmen sich – zumindest bis zur fortgeschrittenen Stunde – ihrem Outfit entsprechend gut. Mit einem Füllfederhalter kann keiner über ein Blatt Papier schmieren, ein hochwertiges Gedeck am Abendtisch verpflichtet automatisch zu guten Tischsitten. Seit jeher sorgen formelle Zeichen und Rituale dafür, dass Unerwünschtes ferngehalten wird. Klarheit der Botschaften vermeidet Missverständnisse.

Marken denken, neben ihrer Attraktivität, auch an ihre Grenzen. Sie tun dies, um ihre Positionierung nicht zu gefährden und ihre Werte nicht zu verwässern. Sie tun dies auch, um sich nicht mit Kunden zu umgeben, die nicht zum Wertesystem der Marke passen. Aus dieser Überzeugung heraus hat sich die Kategorie des **Employer Branding** entwickelt: Unternehmen verwenden ihr Markensystem dafür, an die richtigen Mitarbeiter zu kommen. Dies sind jene, die nicht nur Fähigkeiten und Motivation mitbringen, sondern deren persönliches Wertesystem zu jenem des Unternehmens passt. Nach diesen Maßstäben sind folgende die passendsten Mitarbeiter für ein Unternehmen: Sie beherrschen nicht nur ihre Aufgabe und lieben sie, sondern sie fühlen sich auch den Werten des Unternehmens nahe.

Könnte dieses Prinzip auch für Destinationsmarken nützlich sein? Könnte eine gute Markenführung verhindern, dass Konsumenten mit falschen Erwartungen in eine Destination gelockt werden? Könnte so vermieden werden, dass keine Win-Win-Situation entsteht, sondern ein Konflikt zwischen Enttäuschung und Leistungsversprechen?

Definition Employer Branding:

2007 versuchte sich die Deutsche Akademie für Employer Branding in dieser Definition: „Employer Branding ist die identitätsbasierte, intern wie extern wirksame Entwicklung und Positionierung eines Unternehmens als glaubwürdiger und attraktiver Arbeitgeber. Kern des Employer Brandings ist immer eine die Unternehmensmarke spezifizierende oder adaptierende Arbeitgebermarkenstrategie. Entwicklung, Umsetzung und Messung dieser Strategie zielen unmittelbar auf die nachhaltige Optimierung von Mitarbeitergewinnung, Mitarbeiterbindung, Leistungsbereitschaft und Unternehmenskultur sowie die Verbesserung des Unternehmensimages. Mittelbar steigert Employer Branding außerdem Geschäftsergebnis sowie Markenwert." (www.employerbranding.org/employerbranding.php)

Einfacher gesagt: Ein Unternehmen wird zur Arbeitgebermarke, wenn sich die gelebten Markenwerte unmittelbar auf die Mitarbeitersuche und -einstellung auswirken. Mit einem Employer Brand werden nicht nur die fähigsten Mitarbeiter am Arbeitsmarkt gesucht, sondern vor allem darauf Wert gelegt, ob deren persönliche Wertemuster zu jenen des Unternehmens passen. Der **Werte-Passungsindex** zählt in solchen Unternehmen ebenso viel wie Fähigkeiten, Erfahrung und Ausbildung.

Keine Kinder im Erwachsenenhotel – eine klare Botschaft

Als das „Posthotel Achenkirch" es als erstes Hotel im Alpenraum wagte, Kinder als unerwünschte Gäste zu deklarieren, war die Empörung in der Presse unverhohlen. Das Hotel hatte eine konsequente und mutige Entscheidung getroffen. Es will ein exklusives Hotelerlebnis für Paare und Erwachsenengruppen bieten, ganz ohne Kinderlärm. „Um den Aufenthalt in unserem Erwachsenenhotel für Sie möglichst ruhig und erholsam zu gestalten, haben wir die Altersgrenze für den Nachwuchs auf 14 Jahre festgelegt",[33] schreiben die Eigentümer auf ihrer Website. Dem Beispiel folgten Konzerne wie TUI: Die konzerneigene Marke Sensimar-Hotels vermarktet sich als kinderfrei. Das Angebot steigt, die Interessentengruppe offenbar auch. Auf der Website „urlaub-ohne-kinder.info" werden über 700 Angebote in aller Welt gelistet.

Es geht aber auch andersherum: Mit der gleichen Ausschlussstrategie hatte sich das Hotel „Cavallino bianco" in St. Ulrich/Gröden zum gefragtesten Kinder- und Familienhotel Italiens hochgearbeitet, indem es Paare ohne Kinder kompromisslos als Kundschaft ablehnte.[34] Dafür erntete dieses Haus große Anerkennung und die Presse beschrieb es als bahnbrechende Idee, mit einer glasklaren Spezialisierung im umkämpften Markt der Ferienhotellerie eine solch hochprofitable Nische zu besetzen. Das Haus wurde in der Zwischenzeit mehrmals zum besten Familienhotel der Welt gekürt[35] – die einschlägigen Bewertungsportale verzeichneten für kein anderes auf Familien spezialisiertes Hotel eine ähnlich hohe Weiterempfehlungs- und Zufriedenheitsrate.

Dazu kommen Beherbergungsbetriebe, die Hunde und Haustiere ausschließen. Es gibt in Deutschland mehr Hunde und Katzen als Kinder – womit, rein quantitativ gesehen, der Ausschluss von ersteren die mutigere Idee ist als letztere. Das Nichtraucherzimmer hat sich in der Zwischenzeit zur Norm entwickelt und das rauchfreie Restaurant ebenso – als es noch eine freiwillige Entscheidung des Unternehmers war, Raucher nicht als Gäste zu akzeptieren, bedeutete eine solche Grenze den bewussten Verzicht auf viele potenzielle Gäste.

Zell am See in arabischer Hand

Die Verunsicherung blieb nicht aus, als arabische Gäste das salzburgische Zell am See als Enklave entdeckten und die Seelandschaft sowie die Nähe zum Kapruner Gletscher als beste Möglichkeit einstuften, die ihnen nicht weniger vertrauten Elemente wie Wasser und Schnee im Urlaub kennenzulernen. Die kulturellen Unterschiede in Kleidung, Verhalten und Gewohnheiten ließen sehr schnell eine Diskussion aufflammen, ob man mit diesen Gästen an die „falschen" gekommen sei. Das gewohnte Gefüge aus größtenteils deutschsprachigen Gästen, gemischt mit Gästen aus anderen europäischen Ländern der abendländischen Kultur, war durch diese neue Gästegruppe aus dem Lot geraten. Ähnliche Auseinandersetzungen kennt man in St. Moritz, Kitzbühel und Cortina, die von begüterten Gästen aus Russland als neue Urlaubsdomizile erwählt wurden. Die extensive Feier- und Protzlaune der Neuen ließ Zweifel daran aufkommen, ob sich Nationalitäten mit unterschiedlichen Verhaltensweisen in einer Feriendestination unter einen Hut bringen ließen.[36]

In Südtirol sind seit jeher die völlig unterschiedlichen Ess- und Freizeitgewohnheiten zwischen italienischen und deutschsprachigen Gästen bekannt, was zu lokalen Hochburgen für die einen und die anderen führte. Orte mit einem 90-Prozent-Gästeanteil der jeweils anderen Sprachgruppe sind keine Seltenheit. Abgrenzung ist etwas Natürliches. Menschen erreichen damit ihre Individualität, Marken ebenso. Die Schwierigkeiten ergeben sich immer dann, wenn die Abgrenzung aus mangelnder Steuerung passiert, anstatt gewollt zu sein.

Wer nicht steuert, wird übernommen

Mallorca hätte es nicht gewollt, als Ballermann-Meile mit kübelsaufenden Gästen bekannt zu werden – es ist einfach passiert. Die spanische Costa del Sol erkannte viel zu spät, dass der Bauboom an billig und schnell verkaufbaren Hotelkapazitäten ihr eine Gästeschicht bescheren würde, die man sich an keinem der schönsten Strandabschnitte Spaniens gewünscht hätte. Auch die Dominikanische Republik steuerte viel zu spät dagegen, als ausschließlich an Masse interessierte Reiseveranstalter aus Europa und den USA diese Karibikinsel zum Dorado der Schnäppchenjäger entwickelten. Diese Beispiele haben einen gemeinsamen Nenner: Man wollte sie alle, man machte keinen Unterschied – und schuf ein Angebot für jedes Bedürfnis und jede Geldtasche.

Fakt: Undifferenzierte Vielfalt in der eigenen Markenpositionierung ist der Nährboden für ein buntes Gäste- und Kundensammelsurium.

Ein solches Angebot verliert nach und nach seine Attraktivität – und mit dem Auszug der an abgrenzender Qualität interessierten Gäste beginnt sich die Ausverkaufsspirale nach unten zu drehen, immer schneller. Am Ende, wie es immer der Fall ist, bleibt nur noch der günstige Preis als Differenziator übrig. Und die Destination scheidet aus der Begehrlichkeitsskala aus.

Beispiel Südtirol: Es geht auch teurer

Als Südtirol mit der Euro-Währungsparität in Europa seinen „Günstigkeitsbonus" verlor, musste das bisher kollektiv betriebene Geschäftsmodell auf den Prüfstand. Solange die italienische Lira ihre Schwäche durch jährliches Abwerten mehr oder weniger geschickt kaschierte, nagte diese wirtschaftspolitische Maßnahme zwar an der Kaufkraft der Einheimischen und ließ die Zinsen ansteigen. Für die Exportwirtschaft jedoch, wozu der Tourismus ja gehört, war es ein jahrelanger Segen. Die Südtirol-Preise wurden für die drei Hauptgästegruppen aus Deutschland, der Schweiz und Österreich jedes Jahr ein wenig günstiger, auch wenn man die Preise anhob. Südtirol wurde als äußerst günstiges Urlaubsland mit hoher Dienstleistungsqualität von einem Publikum mit mittlerer Kaufkraft sehr geschätzt.

Der Euro veränderte alles. Plötzlich war klar: Es werden Gäste wegbleiben, die bisher die günstigen **Preise als Reisemotiv** für ihren Urlaub in Südtirol ins Feld führten. Dieser Veränderungsprozess war kein einfacher, mitunter auch schmerzlich.

Anfang der Jahrtausendwende lautete die Devise: Nur gebündelte Spitzenleistung hilft, eine Zuspitzung auf wenige Themen, eine mutige Kommunikationsstrategie. Stärken stärken, auf klare Differenzierung setzen. Es war für die politischen Entscheidungsträger nicht einfach, diese Abgrenzungsstrategie der „Marke Südtirol" mitzugehen und zu unterstützen. Die Vorgaben waren: Südtirols Infrastruktur- und Preispolitik muss klarmachen, dass diese Region nicht günstig zu haben ist. Südtirols Leistung darf in keinem Moment den Eindruck erwecken, man wolle irgendetwas einsparen. Südtirols Werbebotschaften dürfen nicht zu der Erwartung führen, man habe ein Angebot „alles für alle".

In dieser Zeit half das Thema **Dachmarke** sehr, sich nicht dem Druck der Stammkunden nach weiterhin günstigen Preisen und dem daraus resultierenden Mittelmaß zu beugen. Weil

Südtirols Markenmanager gelernt hatten, dass man an seiner Begehrlichkeit hart arbeiten muss und nicht nur an seine Bekanntheit denken darf, bündelten sie ihre gesamte Kraft, Überzeugung und Orientierung auf die Themen „betriebliche Leistung" und „regionale Produktentwicklung". Sie setzten sich als Ziel, Südtirol zu den zehn begehrlichsten Destinationen Europas zu machen und legten fest, woran man dies messen wolle:

- Prozentsatz an Stammgästen
- Weiterempfehlungsrate
- erhobene Tagesausgaben nach Nationen
- etablierte Rankings und Themenführerschaften

Mit diesem **Steuerungscockpit** gelang es Südtirol, an den entscheidenden Stellschrauben für eine erfolgreiche Destinationsmarke zu drehen. Dies bedeutete auch, übliche Budget- und Kommunikationsmuster infrage zu stellen und zu verändern. Die konsistentesten Kommunikationsinvestitionen fanden in Märkten statt, die nicht eine größtmögliche Gästezahl versprachen, sondern die höchste **Kaufkraft**. Sämtliche Messeauftritte wurden gestrichen zugunsten neuer Kommunikationsformate in elektronischen Medien, freigewordene Mittel wurden umgeschichtet. Die Tourismusregionen in Südtirol wurden angehalten, sich zu spezialisieren und zu profilieren sowie in ihren Kommunikationsmaßnahmen eine gegenseitige **Kannibalisierung** zu vermeiden. Nicht alle der Vorhaben konnten gelingen – allerdings waren es genügend, um Südtirol zu einem Erfolgsbeispiel der Markenführung in Europa zu entwickeln.

Verschiedene Lebensstile haben unterschiedliche Anforderungen

Weitaus subtiler als national geprägte Unterschiede sind die Unterschiede in der Passung verschiedener Lebensstile. Das von Dr. Helene Karmasin entwickelte Modell der „Sozialen Milieus" (auf Basis der empirischen Erkenntnisse der Sozialforscher Pierre Bourdieu und Gerhard Schulze) dient der Beobachtung von Menschen in ihren Lebensgewohnheiten und verortet sie in die vier Milieu-Felder „Harmonie", „Selbstverwirklichung", „Niveau" und „Unterhaltung".[37]

- Menschen des Harmonie-Milieus stehen den Werten Ordnung und Einfachheit sehr nahe.
- Der Lebensstil der „Selbstverwirklicher" fühlt sich den Werten Komplexität und Spontaneität verpflichtet.
- Für die Gruppe des „Unterhaltungsmilieus" spielen Spontaneität und Einfachheit die große Rolle.
- Der Lebensstil „Niveau" besitzt die Attribute Komplexität und Ordnung als prägende Werte.

„After Eight ist eine Marke des Niveau-Milieus, Red Bull gehört zum Unterhaltungsmilieu, weil diese Marke die Provokation und extreme Abweichung vom Üblichen verkörpert", sagt Helene Karmasin.[38] Diese Milieus sind in allen Einkommens- und Altersgruppen vertreten, und in gewisser Weise sind sie auch kulturübergreifend. Die Red-Bull-Aluminiumdose wird vom einkommensschwachen Studenten genauso aus dem Tankstellenregal gezogen wie vom etablierten Banker über 50. Eine genauere Betrachtung lohnt sich, wenn man die Verteilung dieser Niveau-Milieus auf ganze Bevölkerungen anwendet. So ist für Österreich das Harmonie-Milieu mit 33 Prozent der Gesamtbevölkerung das größte Segment, gefolgt vom Unterhaltungsmilieu mit 22 Prozent dem Niveau-Milieu mit 22 Prozent und dem Selbstverwirklichungsmilieu mit 11 Prozent.[39]

Wenn nun eine Destination oder touristische Infrastruktur das Motto ausruft „Wir sind für alle die richtige Lösung", sind Konflikte programmiert. Damit wird sie zum großen Bauchladen der Vielfalt und verfehlt den Anspruch, eine begehrenswerte Marke zu werden, um Längen. Die profiliertesten Marken verhindern konsequent, als ein Angebot für alle wahrgenommen zu werden.

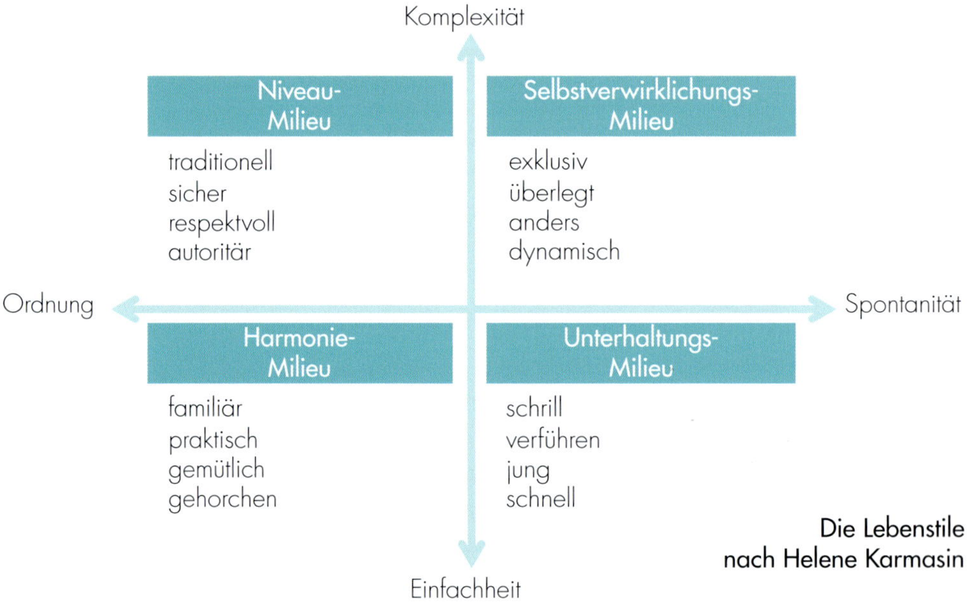

Die Lebenstile nach Helene Karmasin

Quelle: Helene und Matthias Karmasin, Cultural Theory, Facultas, 2011

„Flat Iron": nur ein Stück Fleisch und basta

Die italienische Edelmarke Ferrari unternimmt nichts, um die Kaufbarrieren nach unten zu verschieben, etwa mit billigeren Einstiegsmodellen. Eine original Louis-Vuitton-Tasche ist unter einem sehr hohen Einstiegspreis nicht zu haben und die französischen Produktentwickler tun nichts, dass sich daran etwas ändern könnte. Die Hotelkette Motel One bindet Kunden durch ihre Preisgarantie von 69 Euro im fairen Deal, obwohl sie durch beste Lagen und steigende Nachfrage ihre Preise nach oben anpassen könnte. Das Management will verhindern, als Standardhotel mit sich verändernden Tagespreisen, je nach Nachfrage, wahrgenommen zu werden. Das Restaurant „Flat Iron" im Londoner Stadtteil Soho bleibt konsequent bei seinem reduzierten Angebot, nur ein einziges Stück Fleisch für zehn englische Pfund auf der Speisekarte zu haben und nur drei Beilagen als Auswahl. Die unglaublich große Nachfrage würde eine Ausdehnung des Angebots und eine Erhöhung des Preises ohne Weiteres zulassen. Aber die Macher dieses Mekkas der smarten Reduktion hüten sich davor, als etwas anderes wahrgenommen zu werden.

Fakt: Je deutlicher die Aussage einer Marke ist, desto besser ist die Kundenpassung. Je verschwommener hingegen die Erwartung der Kunden, desto wahrscheinlicher ist es, diese zu enttäuschen. Die Verantwortung dafür trägt nicht der Kunde. Die Verantwortung für unpassende Kundschaft trägt einzig und allein der Anbieter bzw. die Marke.

Ein einfacher Test kann das veranschaulichen. Der Hotelier setzt sich in seinen Speisesaal und beobachtet einen Abend lang seine Gäste. Dann schreibt er sich auf eine Liste, welche Besuche er verhindern müsste, weil diese Kunden eine zu geringe Passung zu den Markenwerten seines Betriebes haben. Genauso kann man sich in die hochfrequentierte Fußgängerzone eines Tourismusortes stellen und mit derselben Methode den Gästebestand bewerten. Welche Kunden ziehen wir an, obwohl sie eher nicht zu unserem Wertesystem passen? Ich wette, dass jeder erfahrene Manager in der Branche am Ende des Beobachtungszeitraumes eine ansehnliche Liste vor sich liegen hat.

Das Ergebnis resultiert meist aus der Haltung: „Wir brauchen alle." Destinationen wollen, unter dem Druck des Wettbewerbs, zu viel gleichzeitig und agieren undifferenziert. Damit endet man auf dem **Angebots-Wühltisch** des Preiskampfes – und in den Konflikten verschiedener Lebensstile. Dazu kommt, dass die Erwartungen der Kunden mit dem geringsten Passungsindex am wenigsten erfüllt werden können. Weil sie zum Beispiel günstigere Preise erwartet haben, fällt deren Bewertung schlecht aus – das Gleiche, wenn Besucher ein edleres Ambiente erwartet haben. Die einen hätten sich mehr Action gewünscht, die anderen Ruhe – beides passt eben nicht zusammen.

Mangelnde Klarheit erzeugt Konflikte in der Gästeschaft

Das Buhlen um Kunden aller Milieus führt zu schwierigen Missverständnissen. Wenn es eine Destination auf Wanderer abgesehen hat – und die Bewegungsfreudigen gibt es ja in allen Nationen – ist diese Kundensegmentierung auf diese eine Aktivität sehr generisch. Die notwendige Fragestellung aus Markensicht wäre: Welche Art von Wanderern will die Destination ansprechen? Und in welche Richtung muss sich das Angebot entwickeln, damit es zu einer hohen Passung zwischen erzeugter Erwartung und eingelöstem Leistungsversprechen kommt? Wer als Marke denkt, hat den Begriff **Spezifik** als Losungswort in seine Sprache aufgenommen.

Fakt: Je mutiger sich die Spezifik in einem Angebotssegment durchsetzt, umso stärker wird die Begehrlichkeit in der Fangemeinschaft ansteigen.

Verluste an Gästen werden dadurch ausgeglichen, dass sich Fans dieser Spezifik aus anderen Märkten angezogen fühlen. Destinationen mit sehr spezifischen Angeboten können plötzlich auf Fangemeinschaften zurückgreifen, die weltweit verstreut sind. Sie müssen sich nicht mehr auf ihre unmittelbaren Quellmärkte der Umgebung beschränken. Will eine Destination etwa Fernwanderer gewinnen, die größere aneinandergereihte Tagesetappen zurücklegen wollen und damit an den Höhenwegen und transalpinen Routen oder Jakobswegen Interesse haben, muss sie ein völlig anderes Angebot bereitstellen als für Tageswanderer, die jeden Tag nach bequemem Aufstieg auf einer anderen Alm in den Bergen ankommen. Der Leistungswanderer braucht Gipfelkreuze, der Genusswanderer bewirtschaftete Berghütten, der Selbstverwirklicher einsame Wege, der Anhänger des Niveau-Milieus den renommierten Trail.

Eine Positionierung ist nur durch Zuspitzung zu erreichen

Wenigen Destinationen wird es gelingen, mit einer großen Heterogenität des Angebotes alle Verhaltens- und Anspruchsmilieus zu begeistern. Eine Destinationsmarke findet die passenden Kunden anhand ihrer verdichteten Zuspitzung. Erfolgreiche Destinationen zeigen, wie durch eine gelungene Passung die größte Bindung aufgebaut werden kann. Sie zeigen Kante – und ernten dafür den Applaus der Fans und die Bewunderung einer breiteren Gruppe, die sich zwar nicht beteiligt aber sympathisiert. Wie viele Wandergäste schauen mit Ferngläsern von der sicher erreichten Berghütte in die Felswände, um den Kletterern zuzuschauen? Das funktioniert deshalb so gut, weil man gemeinsam Teil eines gleichen Wertesystems ist. Der Berg mit seinen objektiven Naturgefahren zieht diese Menschen in seinen Bann – die Kletterhalle als hochperformantes Leistungssystem hingegen ist ihnen fremd. Skihallen sind Entertainment-Angebote und spielen in dieser Kategorie eine interessante Rolle; das Skifahren in der Natur jedoch ist ein Erlebnis und hat trotz gleicher Bewegungsabläufe mit einer künstlich angelegten Skipiste wenig zu tun. Skifahrer gibt es in beiden Angeboten – die **Nutzungsmotive** hingegen sind völlig andere.

Eine klare Markenführung führt zu einer hohen Gästepassung

Starke Marken entwickeln dank ihrer Eindeutigkeit eine hohe Anziehungskraft. Klarheit gehört zu den größten Lebensknappheiten in einer immer komplexeren Welt. Schon deshalb stechen Tourismusmarken ins Auge, die eindeutig demonstrieren, nicht „Everybodys Darling" sein zu wollen. Mauritius will offenbar keine Klientel, die günstige Preise und Angebote sucht, Buthan mit dem **Ein-Wort-Wert** „Spiritualität" keine Anhänger des Unterhaltungs-Milieus. „Incredible India" behauptet nicht, sehr geordnet zu sein und verspricht eine chaotische Erfahrung des Ungewissen, der österreichische Skiort Ischgl punktet voll im Unterhaltungs-Milieu. Lech am Arlberg will den Leistungsskifahrer, Serfaus eher Familien aus dem Harmonie-Milieu. Allen gemeinsam ist ein seit Langem andauernder Erfolg. Die Klarheit ihres Angebots und die entsprechende Kommunikation dazu bringen die richtigen Gäste in diese Gebiete. Es sind jene, die genau dazu passen. Alle anderen fühlen sich unwohl, sie fühlen sich unverstanden. Damit sind sie an diesen Orten „falsch".

Resümee für Schnellleser

- Destinationen finden ihre passenden Kunden durch eine eindeutige Markenaussage. Je klarer deren Erwartungshaltung erfüllt wird, desto größer fällt die Begeisterung für die Marke aus.
- Wenn Gäste nicht in das Wertesystem einer Destinationsmarke passen, fühlen sie sich „falsch" und sind es auch.
- Die Zugehörigkeit der Kunden zu sozialen Milieus ist die Basis für den Passungsindex zu einer Marke. Wer alle will, verpasst die richtigen.

Botschafter-Buffet

Kapitel 7
Alle reden mit und sagen, was zu tun ist
Die große Unbekannte „Governance"

Die Aufgaben in touristischen Strukturen haben sich in den vergangenen Jahrzehnten stark verändert. Die Informationsleistung verschob sich in die digitale Welt, das Marketing verlangt nach Marke und Strategie. Neue Führungskompetenzen sind gefragt, denn traditionelle Organisationsformen halten der nötig gewordenen Geschwindigkeit und Effizienz immer weniger stand.

Eckart Witzigmann, mit dem Titel „Jahrhundertkoch" geadelt, wird heute noch von seinen vielen Schülern mit „Chef" angesprochen. Der begnadete Geschmacksmagier ist für seine Genialität wie auch Strenge an der Spitze einer Küchenbrigade bekannt. Allen war jederzeit klar, wer in seinen Restaurants das Führungszepter in der Hand hielt: der **Chef**. Ich durfte Eckart Witzigmann als äußerst umgänglichen, lustigen und netten Menschen kennenlernen, dem man seine Verbissenheit an Qualität und Höchstleistung nicht anmerkt. Zu galant gehen dem Meister seine Rezepturen von der Hand, zu unprätentiös lässt er seine Geschmacksnerven um die letzte Perfektion einer Marinade kreisen, zu leicht erscheinen seine Griffe zu den richtigen Zutaten, als dass man vermuten könnte, das hätte mit höchster gedanklicher Leistung und handwerklicher Perfektion zu tun.

Erfolgstreiber: Ob in einem Orchester, in einer Küchenbrigade oder auf einem Segelschiff – auch im Destinationsmangement muss klar sein, wer die letzte Entscheidung fällt und warum diese nicht und von niemandem infrage zu stellen ist.

„Viele Köche verderben den Brei" – nicht von ungefähr kommt dieses geflügelte Wort aus dem gastronomischen Bereich. Die Erfahrung zeigt: Gerichte werden nicht dadurch besser, dass viele daran herumfummeln und ein jeder seine Geschmacksnote drauflegt. Auch wenn Gerichte meist eine hohe Gemeinschaftsleistung sind, so tragen sie dennoch die Handschrift des Chefs. Für die gelungene Konzertaufführung ist schlussendlich der Dirigent verantwortlich – ihn allein trifft die Kritik oder die Zustimmung des Publikums, und niemand würde es akzeptieren, wenn er sich bei Kritik auf die Unzulänglichkeit seiner Musiker hinausredete. Den Lehrling in der Küche für die versalzene Suppe verantwortlich zu machen, wäre ebenso stillos wie das Kritisieren der Segelmannschaft, wenn das Wendemanöver während der Regatta missglückt ist. Klare Regeln, klare Verantwortungen.

Mitreden anstatt mitentscheiden – das Grundproblem in Destinationen

Was man in Küchen als eine uneingeschränkte Gesetzmäßigkeit erachtet, wird woanders stark infrage gestellt. Wenn es um das Gemeinwohl geht, werden Mitsprache und Demokratie als **Führungsformen** eingefordert. Man will Entscheidungen nicht den Alleinherrschern überlassen; schließlich haben sich so viele Völker dieser Welt ihre demokratischen Mitspracherechte über Jahrhunderte hart und blutig erkämpfen müssen. Niemand will sich mehr etwas diktieren lassen – zu grausam waren und sind die Missbräuche jener, die Verantwortung für andere mit Recht für sich selbst verwechseln. Die Folgen sind bekannt, genauso wie die Schwierigkeit, Demokratien als effizienteste und beste Regierungsformen in allen Kulturen dieser Welt einzuführen. „Die Demokratie ist eine sehr schlechte Staatsform – aber ich kenne keine bessere als sie"[40], meinte schon Winston Churchill in seiner klaren Analyse dessen, was er täglich als Staatsmann zu vertreten hatte.

Wo Entscheidungen zu treffen sind, sind Fragen über die richtige Form evident. Dies betrifft Unternehmen und private Organisationen genauso wie öffentliche Strukturen. Wenn Patriarchen und Stammesälteste breiteren Beteiligungssystemen weichen sollen, dann füllen Bücher über die richtigen Führungssysteme ganze Bibliotheken und Tausende von Internetseiten. Börsennotierte Unternehmen versuchen sich schon mal in Doppelspitzen, andere mit Führungsteams und wieder andere vertrauen im Führungsnetzwerk auf Mitarbeiterbeteiligung. Derzeit brechen alte Hierarchiemodelle auf, weil Dienstalter und Erfahrung in vielen Unternehmensmodellen keine Rolle mehr spielen. Bei „Wikipedia" kann ein Zwölfjähriger zum „Supervisor" aufsteigen, wenn er kraft seiner Kompetenz beweist, dass es keinen Grund gibt, ihm diese Verantwortung zu verweigern. Derartiges wäre in keinem anderen Unternehmen möglich gewesen, weil man nach „Lebens- und Arbeitserfahrung" gefragt hätte. Oder vielleicht nach Universitätsabschlüssen und Bildungszertifikaten.

Die Hierarchie – ein Führungssystem von gestern?

Dem Gründer von „WhatsApp", dem ukrainischen Flüchtlingskind Jan Koum, hätte man in keinem Unternehmen der Welt alter Prägung auch nur die Chance gegeben, neben seiner Haupttätigkeit als Reinigungskraft der Idee nachzuhängen, als Autodidakt einen Messenger-Dienst zu etablieren, während alle großen Telekommunikationsriesen dieser Welt auf ihre kostenpflichtig teuren SMS-Dienste setzten. Der schwedische Überflieger Spotify wiederum setzt mit seinem Streaming-Dienst für Musik auf die ordnende Wirkung des Chaos. Unternehmensgründer Daniel Ek ist beseelt vom Prinzip, wonach „Machen lassen die Geschwindigkeit erhöht". Bei Spotify heißt die Führungsdevise deshalb: „Machen. Nicht fragen."

Andererseits erfahren die **Führungsmodelle** der alten Schule gleichermaßen an Wertschätzung, wie das Beispiel des Großaktionärs Warren Edward Buffett beweist. Buffett hätte als Vorschlag für den Nobelpreis wegen seiner Mitarbeiterbeteiligung keine Chance und besitzt dennoch höchste Anerkennung in der Fachwelt. Immerhin notiert seine Aktie als die teuerste an der amerikanischen Börse. Sagen wir es einmal so: Der Kampf um das beste Führungssystem ist weder bei Unternehmen noch für öffentliche Strukturen eindeutig entschieden. „Was alle Antworten zu aktuellen Führungssystemen gemeinsam haben, ist die Einsicht, dass die Führung von gestern in Wissensorganisationen nicht mehr funktioniert", schreibt die Chefredakteurin von „brand eins", Gabriele Fischer, in der Ausgabe „Führung"[41]. „Aber die Führung von morgen ist noch vage und in jedem Falle anstrengend", so Fischer weiter.

Herausforderung: Vom Katalog zur Buchungsplattform

Dieses Buch müsste sich mit diesem Wettstreit gar nicht befassen, wäre das Thema Führungssysteme – und im Fachjargon der öffentlichen Einrichtungen spricht man derzeit sehr gerne von „**Governance**" – im Bereich der touristischen Destinationen nicht von so großer Wichtigkeit und Aktualität. In den Medien wimmelt es nur so von Meldungen, welche Stadt gerade einen „City-Manager" eingestellt hat, welcher Marketingmanager einer touristischen Destination nach nur drei Jahren eine neue Aufgabe übernommen hat oder wer sich nach monatelangem Auswahlverfahren um die jüngst gegründete „überörtliche Vermarktungsorganisation XY" kümmern wird.

Das über lange Zeit etablierte System ist ins Wanken geraten, wonach Kurstädte Kurdirektoren hatten, Tourismusorte Fremdenverkehrsdirektoren und auf Länder- oder Staatsebene Marketingchefs im öffentlichen Auftrag wirkten. Zum einen haben sich die Aufgaben für diese Stellen grundlegend verändert; zum anderen wird von den am Tourismus Interessierten mehr Mitsprache bei den Vermarktungsinitiativen gefordert.

Beziehungen zu Reisejournalisten zu pflegen – früher eine Hauptaufgabe – ist mit dem Aussterben dieser Zunft stark in den Hintergrund gerückt, jedoch muss man von Tourismusvermarktern erwarten können, dass sie sich mit dem Management von Social-Media-Kanälen und elektronischen Buchungsplattformen auskennen. Die Organisation von Publikumsmessen und das Aufbereiten von Prospektmaterial sollte heute nur noch einen Bruchteil des Arbeitsaufwandes ausmachen. Viel entscheidender ist, das Inhalts- und Angebotsmanagement für die elektronischen Vertriebskanäle und deren Optimierung für die unterschiedlichen Geräte perfekt zu managen, weil potenzielle Kunden rund um die Uhr nach Informationen und Inspirationen für ihre Reise suchen. Infostellen zu betreiben, am Counter die letzten freien Betten für die Übernachtungssuchenden vermitteln oder die freien Kapazitäten nach Büroschluss an die Tür des Informationsbüros zu hängen: Diese ehemals wichtigen Aufgaben sind nicht mehr entscheidend. Für den guten Ruf zählen professionelle Text-, Bild- und Bewegtbildabdeckung im Internet weit mehr.

Die Veränderungen im **Destinationsmanagement** erzwingen Überlegungen, wie die organisatorischen Erfolgsmodelle aussehen müssen. In den Unternehmen aller anderen Branchen ist es übrigens nicht anders; auch dort werden viele Organisationsmodelle infrage gestellt. Mengenorientierte Organisationssysteme geraten in die Krise, wenn am Ende des Tages nicht das Produktionsvolumen ausschlaggebend ist, sondern der erzielbare Preis pro Produktionseinheit. Stundenlöhne, Fließbänder und Provisionssysteme sind Modelle einer Wirtschaftszeit, die das Wachstum von Menge über alles andere stellte. In ungesättigten Märkten haben sie perfekt funktioniert – in gesättigten Märkten verlieren sie schnell an Bedeutung.

Eine Markendestination braucht strenge Führung

Bringen wir ein neues Führungsmodell ins Spiel: Das Führungssystem „Marke" wurde in der Tourismusbranche bisher kaum ernsthaft diskutiert. Dies hat vor allem damit zu tun, dass Marke in vielen Unternehmen, Universitäten und auch in der öffentlichen Meinung als grafische Ausformung eines Produktes missverstanden wird. Den klaren Unterschied zwischen „Markenstrategie" und „Marketingstrategie" benennen zu können, gelingt wenigen. Zu stark wird Marke noch mit dem Logo und anderen grafischen Erkennungszeichen verwechselt. Noch dazu verorten Unternehmen die Marke in ihrer Marketingabteilung. Wäre diese als Führungsdisziplin erkannt, wäre sie in der Unternehmensführung angesiedelt.

Fakt: Marke ist Chefsache. Es geht nicht anders, weil das gesamte Unternehmen aus der Marke heraus gesteuert werden soll.

1. Das Eisbergmodell: Sichtbar ist nur die Wirkung

Wer einmal einen großen Eisberg gesehen hat, wird von der Wucht dieser im Meer schwimmenden Kolosse beeindruckt sein. Majestätisch ragt seine Spitze in den Himmel, die Farben schillern von gleißendem Weiß bis ins wasserhelle Blau und die Wellen des Meeres umspülen mit ihrer Kraft die Ränder des Jahrtausende alten Eises. Es wäre noch viel beeindruckender, könnte man den unter Wasser gleitenden Teil des Berges sehen. Nur drei Zehntel eines Eisberges ragen aus dem Wasser, der Rest bleibt unsichtbar. Wäre der Berg eine Scholle – kein Schiff wäre je daran zerborsten. Die Kraft und Gefährlichkeit der Eisberge liegt unter der Wasseroberfläche, im Unsichtbaren. Das wenig Sichtbare sorgt zwar für seine Bewunderung, doch der große unsichtbare Bereich ist seine eigentliche Substanz.

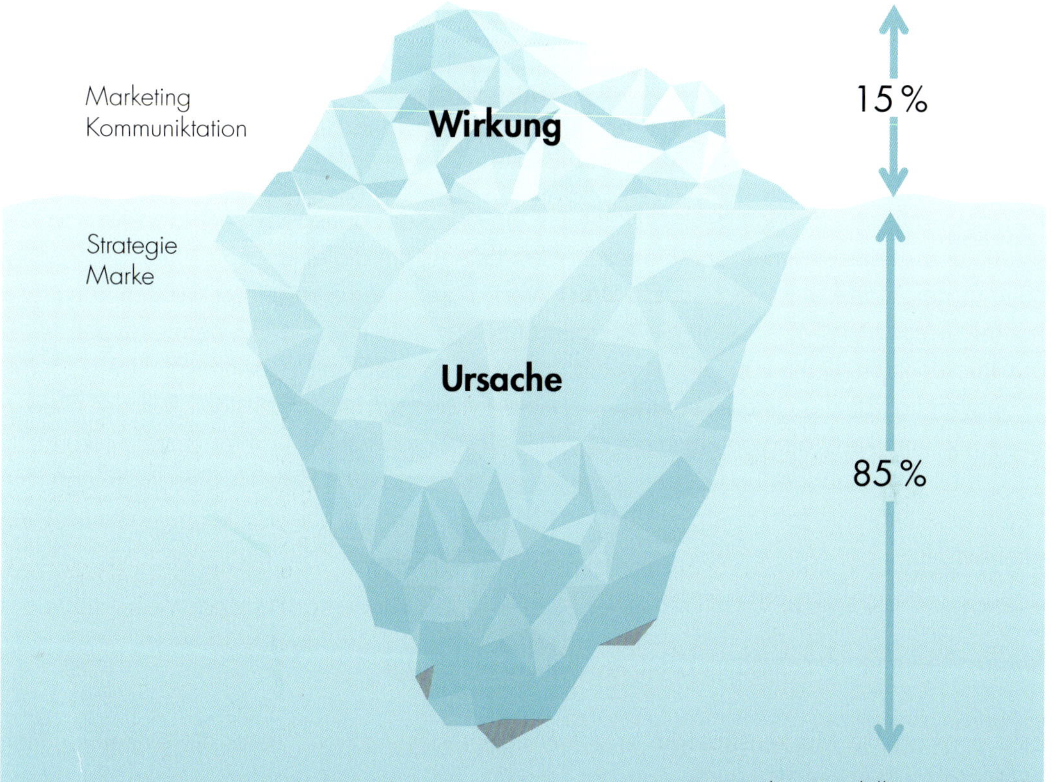

Das Eisbergmodell

Das **Eisbergmodell** eignet sich wie kein anderes, um das Thema Marke und den Unterschied zum Thema Marketing zu verdeutlichen. Was man von einem Eisberg sieht, ist seine „Wirkung". Was man davon nicht sieht, aber diese Wirkung erst ausmacht, ist seine „Ursache". Die sichtbaren Teile einer Marke kann man mit den sichtbaren Teilen eines Eisberges vergleichen. An der Oberfläche geht es um Logo und Design, es geht um Vermarktungsaktionen, um die CI (Corporate Identity) und das CD (Corporate Design). Wo eine Marke sichtbar wird, müssen die Regeln der Kommunikation greifen und den Eindruck der Marke steuern. All diese wichtigen Teile gehören in den Bereich Marketing und machen ihn auch aus. Marketing managt die Oberfläche, erzielt die notwendige **Wirkung**, schafft Identifikation und Wiedererkennungseffekte. Immer wieder merken wir in unseren Kundenprojekten, dass in den meisten Fällen verstanden wird: der Erfolg großer Marken sei vor allem auf diese Ebene zurückzuführen. Man erinnert sich an Kampagnen, man kann Logo-Veränderungen benennen und reflektiert das Verpackungsdesign. Ohne Zweifel: Marken müssen in dieser Kategorie des Oberflächenmanagements eine perfekte Arbeit leisten. Ebenso unzweifelhaft jedoch ist, dass der Erfolg großer Marken nie dem Marketing geschuldet ist, sondern immer einer exzellenten Markenstrategie.

Die Ursache ist nicht sichtbar

Die Markenstrategie hingegen managt, um im Bild zu bleiben, die **Ursache** des Eisbergs. Sie bildet unter der Oberfläche die große Substanz und mächtige Basis – für das, was an der Oberfläche sichtbar wird.

Im nicht sichtbaren Bereich geht es demnach um den Kern der Marke, um Identifikation der Werte und solche sedimentierte Eigenschaften. Es geht um die eindeutige Nummer-1-Positionierung der Marke, mit welchem **Ein-Wort-Wert** diese zusammengefasst werden kann. Die höchste Verdichtung einer Strategie ist dann erreicht, wenn man sie in einem einzigen Wort ausdrücken kann. Darin kapitalisiert sich alles, was in Strategieprozessen erdacht wurde: die Glaubwürdigkeit, die Differenzierung, die Attraktivität und die Zukunftsfähigkeit der Marke. Gute Mehrmarkenstrategien kümmern sich um eine klare Architektur ihrer Einzelmarken und ihr Verhältnis zueinander und geben jeder davon ihren eigenen Platz im Gesamtgefüge. Sie legen eine Strategie fest, nach welcher das Management entscheiden kann, wie eine Weiterentwicklung der Marke deren Substanz nicht gefährdet, sondern einen Mehrwert schafft.

Starke Markenunternehmen wissen, warum sie etwas tun

Eine durchdachte **Markenstrategie** besitzt Markenregeln, anhand derer die einzelnen Markenkontaktpunkte auf Markenkonformität geprüft und optimiert werden können. Es wurde identifiziert, wo Kunden mit der Marke in Kontakt kommen und anhand welcher Erfahrungen der Markenwert für den Kunden entsteht. Die Königsklasse der Marken weiß auch eine Antwort auf die Fragen aller Fragen: „**Warum** tun wir das, was wir tun?" Die meisten Unternehmen kennen das **Was** und **Wie** ihrer Handlungen. Aber den entscheidenden Grund – abseits der rein ökonomischen Gründe wie Umsatz und Gewinn – machen sich die wenigsten klar.

Vom Kloster lernen: Denken in Generationen

Eine verlässliche Markenstrategie wird also „unter der Oberfläche" gebaut. Ihre Prinzipien und Regeln sind solide, ihr Markenkern ein Fels in der Brandung. Mit diesem Fundament können Marken der Versuchung widerstehen, jeder Mode hinterherzulaufen. Die Manager solcher Marken wissen: Sollten wir den Kern missachten, riskieren wir unsere Glaubwürdigkeit. Chrysostomus Giner, emeritierter Probst des Kloster Neustift nahe der Südtiroler Stadt Brixen, sagte einmal zu mir, als ich ihn auf den derzeit eklatanten Priester- und Mönchsmangel ansprach: „Klostergemeinschaften denken in Generationen und Jahrhunderten – nicht in Gegenwart und Augenblicken." Er hätte den Wert einer Markenstrategie nicht besser beschreiben können. Wäre ein Kloster ein Eisberg, wäre die kleiner gewordene, etwas abgeschmolzene Spitze zu erkennen – doch die Basis ist über Jahrhunderte gewachsen und ungleich größer als die kleine Spitze vermuten ließe. So wünschte man es sich für großartige Marken.

2. Gute Markenführung ist kein Zufall

Kommt es vor, dass große Marken von ihren Gründern aus der Hand gegeben werden? Ob Henry Ford (Ford), Reinhold Würth (Würth), die Gebrüder Albrecht (ALDI), Enzo Ferrari (Ferrari), Hans Riegel (HARIBO) – um nur einige der großen Markengründer zu nennen – allen ist gemeinsam, dass sie das Thema Marke, verbunden mit ihrem eigenen Namen, immer als Chefsache behandelt haben. Sie wussten und wissen: Es geht um die Substanz ihres Unternehmens.

In Destinationen wird Markenführung gerne mit Marketing gleichgesetzt. Doch die Marke gehört auf die Agenda für strategische Unternehmensführung.

Als wir von einer großen Privatbank gebeten wurden, uns um eine „Auffrischung" ihrer Marke zu kümmern, wurde schnell klar, dass damit Grafik und Oberfläche gemeint waren. Wir sollten uns mit den Kommunikationsverantwortlichen des Hauses unterhalten, doch eine Präsentation unserer Herangehensweise auf Unternehmensführungsebene erachtete man als „nicht notwendig". Wir unterbrachen sofort unsere Angebotserstellung. Denn wenn die Marke auf der falschen Unternehmensebene gemanagt wird und es auch keine Chance gibt, diese Fehlstellung zu korrigieren, dann sind grobe Missverständnisse und Erfolgslosigkeit programmiert.

Markenmanagement zählt in renommierten Unternehmen zu den Führungsdisziplinen der Geschäftsleitung. In solchen Unternehmen werden Marken gelebt und vorgelebt. Die Führung weiß um das Grundgesetz, dass Unternehmen von innen nach außen wachsen. Die Marke ist Teil dieses Prozesses und mitunter der Wichtigste.

Touristische Strukturen: Es wird im Trüben gefischt

Ein Blick auf die Managementkultur von Destinationsmarken zeigt, dass es sehr große Unterschiede zu Unternehmensmarken gibt. Bei Destinationen handelt es sich im überwiegenden Fall um öffentlich finanzierte Strukturen, von denen man die „touristische Bewerbung" einer meist geografisch abgegrenzten Fläche erwartet. Ihre **Governance-Strukturen** könnten unterschiedlicher nicht sein: von der kommunalen Amtsdirektion bis zur privaten GmbH oder AG im öffentlichen Auftrag, die Palette ist riesengroß. Die renommierten Fachautoren Pietro Beritelli und Thomas Bieger haben sich dazu fachliterarisch mehrfach geäußert.[42] Ihr Fazit klingt ernüchternd wie einfach: Tourismusorganisationen befinden sich in einem Teufelskreis zwischen veränderten Aufgabenstellungen und starren Organisationsformen. „Teil dieses Teufelskreises ist auch, dass es Tourismusorganisationen allen recht machen wollen. Dies führt dazu, dass sie zu viele Aufgaben übernehmen, die eigentlich nicht ihrem Auftrag entsprechen. Die dabei entstehenden Kosten kann die Organisation meist nicht selbst tragen", so der Schweizer Universitätsprofessor Professor Beritelli.[43] Dem Thema Markenmanagement nähert sich die Wissenschaft vor allem von der organisationspolitischen Seite.

Pioniere sahen in touristischen Strukturen den Schlüssel zum Erfolg

Wählen wir einen anderen Blickwinkel. Einem Rückblick auf die Tourismusgenese kann man entnehmen, dass für die ersten Entwicklungen touristischer Infrastrukturen Pioniere ihrer Zeit verantwortlich waren.

Ob Theodor Christomannos, der mit seinen Straßen- und Hotelerschließungen in den Alpen diesen bis dahin als furchterregend geltenden Naturraum für das Staunen erschloss, bis hin zu John Muir, dem Vater des amerikanischen Nationalparksystems,[44] der zu Beginn des 20. Jahrhunderts den Wert des Schutzes großartiger Naturwunder verstanden hatte: Es waren Einzelpersonen mit starken Überzeugungen, die an der Wiege großer Reiseziele standen. Als Folge ihrer **Pionierleistungen** entstanden vielerorts kollektive Verantwortlichkeiten: Reiseclubs wurden gegründet, in London der erste Herren-Alpinclub der Geschichte (mit John Ball, dem Erstbesteiger des Monte Pelmo in den Dolomiten, als Präsidenten), private Stiftungen (National Geographic Society), örtliche Verschönerungsvereine (Kurverein St. Moritz), touristische Berufsgruppen (Hotelier-Verein), städtische Verbünde (Bädervereine) bis hin zu den heute noch existierenden Tourismusvereinen, Verbänden und Zweckverbünden. Jüngeren Datums sind Strukturen öffentlichen Eigentums und ebensolcher Finanzierung, die mit der wachsenden Bedeutung des Tourismus als Erwerbs- und Wirtschaftszweig auf Staats-, Länder-, Regions- und Ortsebene eingeführt wurden – vor allem, um eine Art Dach über die örtlich sehr verzweigten und an Ortsinteressen gebundenen Strukturen zu bieten.

Lokal unterschiedliche Führungssysteme mindern Effizienz

Fakt ist: Tourismus entsteht örtlich und dies weltweit. Insofern ist es wenig verwunderlich, wenn sich die Leitungsstruktur einem Aderngewirr gleicht, dem das pulsierende Herz fehlt. Dementsprechend sehen heute die Verantwortlichkeiten und Entscheidungswege aus. Alles ist sehr lokal organisiert, sehr kleinteilig gedacht, sehr eng fokussiert. Die Governance-Struktur vieler Destinationen gleicht einem Unternehmen, in dem jede noch so kleine Abteilung seine eigene Geschäftsleitung hat, seine eigene Website und seine eigene Vertriebsstruktur. Unternehmensberatungen würden ein klares Urteil fällen: nicht finanzierbar und ineffizient.

Fakt: Viele Destinationen können die Frage, wer zwischen nationalen, überregionalen, regionalen, überörtlichen und lokalen Strukturen für was zuständig ist, nicht zufriedenstellend beantworten.

Viele touristische Organisationssystemen sind irgendwie gewachsen, unorganisch und den jeweiligen Aufgaben und Nutzen geschuldet. Weil es Aufgaben gab, brauchte es Strukturen. Neue setzten sich auf die bereits Bestehenden, wurden mit Koordinierungsaufgaben und Ähnlichem betraut und aus den öffentlichen Töpfen zumindest querfinanziert.

Was mit guter Absicht geschah und auch historisch gut begründbar ist, erweist sich immer mehr als Hemmschuh. Spätestens wenn Destinationen über **Markensysteme** nachdenken, wird klar: Mit den bestehenden Strukturen können derartig komplexe Führungsaufgaben nicht bewältigt werden. Es fehlt an der fachlichen Kompetenz, es fehlt an den notwendigen Mitteln, es fehlt am organisatorischen Durchgriff.

3. Touristische Marken greifen oft zu kurz

Neben den touristischen Strukturen haben sich in vielen Regionen weitere Vermarktungsstrukturen angesammelt. Viele Städte und Regionen haben erkannt, dass sie sich auch für betriebliche Ansiedlungen und zuziehende Fachkräfte einen guten Namen machen müssen. **Standortmarketing**-Strukturen wachsen wie Pilze aus dem Boden. Sie binden Mittel und Kompetenzen in neuen Organisationseinheiten, die mit jenen des Tourismus meist wenig gemeinsam haben. Scheinbar. Beim genaueren Hinsehen jedoch entpuppen sich diese Aufgaben oft als stark miteinander vernetzt, so dass man die Existenz verschiedener, jeweils öffentlich finanzierter Strukturen infrage stellen muss. Meist wäre beiden Anliegen sehr gedient, wenn sie von einer Hand gemanagt würden, ohne ständig in zeit- und energieraubende „Abstimmungstreffen" zu gehen. Das zweigleisige Fahren fällt meist erst dann auf, wenn sich die politische Führung auf einer Messe auf zwei aufwändig gestalteten Messeständen treffen soll und die Geldverschwendung offensichtlich wird.

Der Kunde agiert orientierungslos: wer, was, wann, wo?

Ähnlichen Irrsinn erlebt ein Konsument, wenn er aus den Unmengen an Prospektmaterial, Websites und Social-Media-Plattformen Informationen zu einer Destination finden soll. Zuerst einmal werden seine geografischen Kenntnisse der Welt ordentlich gefordert: In Frankreich sind Unterkunftsverzeichnisse nach Departements eingeteilt, in Italien nach Provinzen, in Österreich nach Tourismusverbänden, in Deutschland nach Orten und Regionen, in den USA nach Bundesländern … – die Liste ließe sich lange fortsetzen. Ähnlich ist es bei Veranstaltungen, bei Sehenswürdigkeiten, bei Rad- und Wanderwegen. Die geografischen und damit meist **administrativen Grenzen** der touristischen Strukturen bestimmen das Denken und die Organisation.

Den Kunden ist jedoch kaum geholfen, wenn sie sich zuerst darüber kundig machen müssen, welcher geografischen Einheit welcher Ort oder welches Gebiet angehört, bevor er sich mit den richtigen Informationsmaterialien eindeckt. Ihre Hilflosigkeit lässt sich an Messeständen, Tourismusinformationsbüros und anderen Auskunftsstellen erkennen: Sie stehen vor Tonnen an gedrucktem Informationsmaterial und ahnen: Orientierung wird sich auch nach intensivem Suchen und Stöbern nicht einstellen. Durch einschlägige Untersuchungen ist bekannt, dass Kunden bei Überforderung weniger kaufen:[44a] Die zu große Auswahl – in der Fachliteratur unter dem Begriff „**Choice Overload**" bekannt – überfordert Interessenten: Wenn es zu viel an Auswahl und Information wird, verlieren sie die Lust an der Wahl. Dann wird nicht gekauft, sondern gehadert und am Ende verweigert. Dieser Effekt stellt sich besonders dann ein, wenn die zur Auswahl stehenden Produkte nahezu identisch sind. Der französische Philosoph Jean Buridan hat schon im 14. Jahrhundert die menschliche Freiheit als Wahl zwischen verschiedenen Möglichkeiten definiert. Sind diese identisch, vermutete Buridan, versagt der Wille.[45] Als Beispiel führte er eine Geschichte der Antike an: Ein Esel steht vor zwei Heuhaufen. Beide sind gleich groß und gleich weit entfernt. Er ist unschlüssig: Welchen soll er zuerst fressen? Der Esel überlegt. Und überlegt. Und überlegt. Bis er verhungert.

Suchsysteme helfen dem Kunden in seiner Not. Die Suchmaschine Google, die weltweit agierenden Hotelreservierungsplattformen, Bewertungsportale und gute Reiseblogs bieten besseren Informations- und Orientierungsservice als die meisten touristischen Organisationen. Trotzdem bleibt die Frage für Markendestinationen, mit welcher Organisationsform sie für welches touristische Angebot agieren sollen. Wer eine Markendestination sein will, darf das Feld der Informationen und Inspirationen nicht der Beliebigkeit überlassen. Suchmaschinen finden immer irgendetwas.

Erfolgstreiber: Die wichtige Aufgabe für Destinationen mit Markenanspruch ist, das Netz mit den für die Markenbildung entscheidenden Informationen und Angeboten zu füttern. Aus diesen bildet sich das Markenbild einer Destination beim Kunden und dafür lohnt es sich, die Hand draufzuhalten.

4. Ein Bild im Kopf des Kunden erzeugen

Das fraktionierte Handeln der – meist geografisch denkenden – Verantwortungsträger führt zu intensiven Diskussionen darüber, was denn nun das „richtige" Bild ihrer Destination sei. Während die einen meinen, es sei das Ortsbild des Hauptortes, meinen die anderen, es sei doch eher das idyllische Bild des Nachbarortes mit der Bergkulisse im Hintergrund, weil es auf potenzielle Gäste die größte Attraktivität ausübe. Ob nun der Dom Perugias oder das sanfthügelige Umland der Grund für einen Besuch in Umbrien ist; ob die blühenden Lavendelfelder oder die Silhouette Avignons im Abendlicht die Website für die Provence zieren soll; ob die Strände mit türkisblauem Wasser oder die antike Hochkultur mit Tempelstelen und Amphitheatern für Griechenland werben sollen: Die Auseinandersetzungen in den Entscheidungsgremien touristischer Destinationen sind legendär heftig.

Früher ging es um die richtige **Bildauswahl** für Prospekte, heute wird über die Möglichkeiten der elektronischen Medien diskutiert. Dies beruhigt zwar die Gemüter und internen Grabenkämpfe in der Destination. Für den Kunden bringt es aber keinen Mehrwert, mehr Bilder einer Destination vorgeführt zu bekommen. „Welches Bild unserer Destination sollen wir denn zeigen?" ist die falsche Fragestellung. Denn sie geht von der Perspektive der Destination aus und geht von der Annahme aus, Attraktivität im Überfluss zu besitzen.

Gut zu wissen: Man wird als Destination nicht besser und schon gar nicht eine Marke, wenn sich Winter-, Sommer-, Herbst- und Frühlingsbilder aus den verschiedenen Orten und Regionen „politisch korrekt" abwechseln.

Eine Marke beendet Geschmacksdiskussionen schnell

Markenorientierte Manager hingegen nähern sich der Frage von einer anderen Perspektive: Sie fragen sich, welche Lebensknappheiten bedient werden sollten, damit eine größtmögliche und anhaltende Begehrlichkeit entsteht.

- Welchen Mangel muss eine Marke beheben, damit sie zum höchsten Preis angenommen wird?
- Was ist der Wert, den die Marke stiftet?
- Welche Elemente einer Marke besitzen das Potenzial, damit sich Menschen mit dieser identifizieren und so Teil der Marke werden?

Die Frage muss deshalb lauten: „Welches Bild, welches Gefühl sollten Konsumenten von unserer Destination (Marke) haben?" Die Florettkämpfe um die richtigen Bilder auf Messeständen, Prospekttiteln und Websites hätten damit ein Ende. Geschmacksfragen haben ausgedient, politische Einflussnahmen ebenso. Die Furcht von Teilregionen, zu kurz kommen, verliert an Relevanz. Wenn es um die Frage geht, ein Bild für eine identifizierte Lebensknappheit zu entwickeln, braucht es langfristiges Denken und eine gehörige Portion Mut. Es geht um die Substanz und konsequente Governance, ohne die eine valide Markenstrategie nicht zu bewerkstelligen ist.

Wenn eine Destination sich für ein Thema entscheidet, für das sie genügend Kunden zu finden glaubt, bedeutet dies, dass sie sich auch gegen anderen Themen entscheiden muss.

Genau davor fürchten sich Destinationen sehr. Weil die Organisations- und Entscheidungsstrukturen in den meisten Fällen auf Mitsprache und Vertretung ausgerichtet sind und nicht auf kurze und effiziente Entscheidungswege, erlebt der Kunde das übliche Fiasko an überbordenden Informationen unklarer Ausrichtung. In vielen Hotels ist es übrigens ähnlich wie in Destinationen. Der Grund dafür sind weniger die fehlenden Governance-Strukturen als vielmehr die Angst, längst überfällige Entscheidungen könnten die Stammkunden vergraulen.

5. Starke Destinationsmarken verknappen ihre Strukturen

Weil es im österreichischem Bundesland Nordtirol im Jahre 1996 über **250 Tourismusverbände** gab, schrillten bei den politisch und administrativ Verantwortlichen die Alarmglocken. Man war sich darüber im Klaren, dass es mit der damals erstarkenden Destinationsmarke „Tirol" nichts werden könne, wenn die Entscheider auf Regions- und Ortsebene nicht auf einer solideren Organisationsbasis zusammenarbeiten würden. Es waren nicht nur finanzielle Gründe, die zum mutigen Schritt führten: Tirol verordnete qua Gesetz den Zusammenschluss vieler touristischen Orts- und Gebietsvereine zu 34 größeren Tourismusverbänden, „um mehr Kompetenz aufzubauen".[46] Denn das Tiroler Tourismusabgabegesetz mit einer Steuer für alle tourismusaffinen Wirtschaftstreibenden hätte wohl die Vielzahl der Strukturen finanzieren können.

Flurbereinigung in Tirol: von 250 auf 34 Verbände

Es waren vor allem Effizienzgründe, die Tirol für seinen unpopulären Flurbereinigungsschritt ins Feld führte. Kleinheit sei in Zeiten global denkender und international anzusprechenden Kunden nur bedingt ein Vorteil, so das Argument. Nach vielen Jahren des Aufschwungs sackten die Nächtigungszahlen vor allem im Sommer ab und auch die Wintersaison schwächelte. Die Krise schien der Reform in die Hände zu spielen. „Damals half es auch nicht mehr, wenn die Blasmusik zwei-, dreimal öfter ausrückte",[47] sagte Tirolwerber Joe Margreiter über die Notwendigkeit, an größere Veränderungen zu denken. Größere Einheiten und Budgets erbrächten in jedem Fall eine höhere Attraktivität, hatte man analysiert. Zudem sei von erstarkten Einheiten ein höherer Professionalitätsgrad zu erwarten.

Natürlich war der Aufschrei groß. Vor allem als kräftige **Marken** agierende Orte wie Kitzbühel, Ischgl oder Sölden wollten von einem Zusammenschluss mit schwächeren Ortschaften nichts wissen. Die eigene Marke könnte geschwächt werden, mutmaßte man – ein Argument, das aus Markensicht nicht gänzlich entkräftet werden kann. Dennoch war die Gesamteinschätzung goldrichtig, dass die führende touristische Markendestination Österreichs seine Zukunft nicht mit Strukturen fortsetzen könne, die nur örtlichen Interessen Genüge tun.

Privatisierung des Marketings in Südtirol

In Südtirol, dem südlichen Teil Tirols, wurde im Jahr 2000 die bis dorthin als öffentliche Sonderverwaltung geführte Struktur des „Landesverkehrsamtes" in eine private GmbH überführt, die zu jeweils der Hälfte vom öffentlichen Träger Land Südtirol und von über 20 verschiedenen Gesellschaftern als Ausdruck privater Unternehmerschaft gehalten wurde. Politisch wollte man durch diese Veränderung „mehr Flexibilität und Entscheidungsgeschwindigkeit in das touristische Marketing bringen",[48] wie es damals in der Verlautbarung zum Gesetz vermerkt wurde, das zur Gründung der Südtirol Marketing Gesellschaft (SMG) führte. Allein das in Italien vorgeschriebene kameralistische Buchhaltungssystem und die notwendigen Beschlussfassungen nach den Regeln der öffentlichen Verwaltung hatten erkennen lassen, dass sich mit einer solchen Schwerfälligkeit kein effizientes Marketing für eine Region gestalten ließ, die mit immerhin 20 Millionen Übernachtungen schon damals zu den Größen im Alpentourismus zählte. Die Finanzierung blieb, trotz der privaten Rechtsform als GmbH, mit den von der Vollversammlung gewählten Entscheidungsorganen öffentlich und wurde über einen jährlichen Führungsbeitrag an die Südtirol Marketing Gesellschaft GmbH gewährleistet. Bereits damals hatten die Südtiroler Strategen im Kopf, den Tourismus mit anderen Wirtschaftsbereichen enger zu verknüpfen.

Immerhin stellt Südtirol mit seinen lokaltypischen landwirtschaftlichen Produkten Millionen an **Markenkontaktpunkten** genau in jenen Märkten her, welche die Quellmärkte für das touristische Geschäft sind: Äpfel aus Südtirol kommen in Deutschland und in Italien millionenfach auf den Tisch, ebenso der durch eine Europäische Verordnung geschützte Südtiroler Speck oder Milchprodukte wie Joghurt und Käse. Aus diesem Grunde wurde der Begriff „Tourismus" aus dem Namen der Südtiroler Vermarktungsgesellschaft gestrichen und stattdessen die Weichen dafür gestellt, dass es zur Konzeption einer **Dachmarke Südtirol** kommen konnte. Dieses Konstrukt sollte in den kommenden Jahren zum Erfolgsmodell für Destinationsmarketing aufsteigen und als Vorbild für viele Nachfolgekonzeptionen in anderen Regionen dienen (siehe Kapitel 4).

Holdingidee: aus vier wird eins

Zehn Jahre später hatten sich in Südtirol, neben der SMG, noch eigene Vermarktungsgesellschaften für Spezialbereiche wie den Exportbereich, die Betriebsansiedlungsoffensive und die Innovationsförderung gebildet. Man hätte sie ohne Weiteres als eigene Bereiche der bereits gegründeten Vermarktungsgesellschaft Südtirol SMG organisieren können, weil dies im Statut vorgesehen gewesen wäre. Allein die politische Ressortaufteilung verhinderte dies, weil jeder Landesrat seinen Bereich (Export, Innovation, Wirtschaftsförderung) neben dem wichtigen Bereich Tourismus als eigenständigen ansehen wollte. Erst im Jahr 2015 wurde dieser Logik Genüge getan, nachdem der Landeshauptmann sich alle relevanten

Wirtschaftsbereiche als seine Kompetenz sicherte und damit das erste Mal die Möglichkeit gegeben war, die persönlichen Ambitionen der Landesräte hintanzustellen.

Seit dem 1. Januar 2016 gibt es in Südtirol eine von der Handelskammer – als Ausdruck des gemeinsamen öffentlichen und privaten Wirtschaftsinteresses der Wirtschaft und des Landes – geführte **Südtirol AG** mit dem Namen „IDM" (für Innovation, Development, Marketing[49]). Sie ist dafür zuständig, dass alle wirtschaftlich relevanten Bereiche von einer Hand und Strategie gesteuert werden können. Bei Kommunikationsaufgaben wird in Zukunft kein Unterschied mehr gemacht, ob es sich um eine Marketingaktion für Äpfel oder Speck oder den touristischen Südtirol handelt. Die vielen Jahre des „Dachmarkendenkens" haben ihre Wirkung nicht verfehlt. Man weiß in Südtirol, dass der Anspruch, von den Kunden als der „begehrteste Lebensraum in Europa" wahrgenommen zu werden, nicht eine rein touristische Ambition sein kann. Dieses Ziel kann nur durch die geballte Kraft des gesamten Südtirol erreicht werden, das als einheitlicher Wirtschafts- und Lebensraum gedacht ist und entwickelt wird.

Erfolgstreiber: Wer seine Destination als Marke denkt und entwickeln will, muss dem Wildwuchs an Ideen und Organisationsstrukturen Einhalt gebieten.

Marken haben es in sich, für Klarheit und Sicherheit zu sorgen. Dieser Zustand wird nicht erreicht, wenn sich möglichst viele an vielen Stellen um die Entwicklung einer Region oder Stadt kümmern. Es braucht die eine ordnende und entscheidungsfreie Hand dazu.

6. Strukturen mit Überzeugungen aushebeln

Ich erwähne Tirol und Südtirol vor allem deshalb: Strukturen müssen Ideen, Überzeugungen und Projekten folgen – und nicht umgekehrt. Alle Initiativen, die sich rein an der Veränderung bestehender Strukturen versuchen, werden scheitern, eingefahrene Verwaltungssysteme fürchten keine Reformen. Sie wissen, dass sie solche Angriffe trotz guter Argumente von mehr Effizienz oder sicherer Kosteneinsparung überdauern können. Am Ende wird es niemand riskieren, sich mit einer Strukturreform mehr Feinde als Freunde zu machen.

Das Einzige, was eingefahrene Systeme aushebeln kann, ist eine neue Idee und Überzeugung. „Man kann einer ganzen Armee widerstehen, aber keiner Idee, deren Zeit gekommen ist", schreibt der französische Autor Victor Hugo 1869 in seinem Roman „Der Mann mit dem Lachen". Andererseits können neue Ansätze nicht mit dem **Strukturbestand** bewältigt werden, der vorgefunden wird. Irgendwann braucht es für das Neue auch die Erneuerung der Organisationsform.

Standort- und Tourismusvermarktung in einer Hand

Wenn touristische Zweckverbände mit Wirtschaftsförderungsgesellschaften des gleichen Landkreises ihre gemeinsamen Aufgaben erkennen, dann kann dies für einige Zeit als Kooperation laufen. Wenn dazu eine gemeinsame Entwicklungs- und Vermarktungsstrategie (im Sinne eines Markensystems) dazukommt, wird die Frage nach neuen Organisationsformen virulent. In Deutschland wurden dazu in den Landkreisen Starnberg/Ammersee und Berchtesgadener Land interessante Entscheidungen getroffen. Mit der Gründung neuer GmbHs wurde die bisherige Arbeitsteilung zwischen Tourismusmarketing und Wirtschaftsförderung der Gemeinden und Landkreise aufgehoben.[50] Ähnliche Überlegungen gibt es derzeit in Österreich in Vorarlberg und Tirol sowie auf Bundesebene.[51] Es wird immer deutlicher, dass das bisherige arbeits- und kompetenzteilige Agieren Energien und Geldmittel verschleudert – für ein suboptimales Ergebnis.

Als Beispiel seien die gigantischen Geldsummen genannt, die der Suchmaschinenbetreiber Google verdient, wenn touristische Leistungsträger einer Region mit SEM (**Search Engine Marketing**) in Konkurrenz zueinander treten und die Suchbegriffe dadurch börsenähnlich in ihrem Kaufwert steigen. Bei Google steigen die Preise, wenn die Nachfrage größer wird. Die Google-Gründer Larry Page und Sergey Brin hatten schon 1996 erkannt: Je öfter eine Website mit einer anderen verlinkt ist, desto besser wird ihr Inhalt eingeschätzt. Auf dieser Grundlage entwickelten die beiden eine Suchmaschine, die neben dem hohen Kundennutzen auch große Gewinne durch Werbung eröffnete. Das ist gut für Google und äußerst nachteilig für die Inserenten. Wenn hingegen eine **Organisationseinheit** diese das **Suchmaschinenmarketing** für eine ganze Destination übernimmt, sind die Einsparungs- und Effektivitätspotenziale gigantisch groß. Diese Trumpfkarte können nur jene spielen, die sich dafür intelligent organisiert haben. Alle anderen zahlen sich bei Google in sündteure Höhen hinauf.

Zur Perfektion gebracht: das Erfolgsgeheimnis eines Orchesters

Es geht das Gerücht um, die Berliner Philharmoniker hätten einmal über einen als schwach eingestuften Gastdirigenten gelästert: „Wir spielen laut Programm die 5. Symphonie von Beethoven – was er dirigiert, ist dann nicht so wichtig." Egal, ob die Anekdote stimmt – sie klärt zwei wichtige **Prinzipien**.

- Das erste: Wer als Kollektiv für den großen Applaus eines heterogenen Publikums antritt, muss sich für ein einziges Stück entschieden haben. Wenn dieses klar ist, darf es schon mal Mängel in der Organisation geben, bis hin zum zeitweiligen Ausfall des Chefs. Wenn eine Destination es geschafft hat, als Kollektiv von Gastwirten, Hoteliers, Politikern und anderen öffentlichen Verantwortungsträgern sich für das „eine Stück" zu entscheiden, und imstande ist, es bis zum Ende durchzuspielen, ist die Herkulesarbeit getan.

- Das zweite: Es ist weniger wichtig, wer dem Kollektiv gerade vorsteht. Wichtiger ist es, dass das „Stück" so lange geprobt wurde, dass es sitzt.

Gut zu wissen: Destinationen sind dann am erfolgreichsten, wenn sie der Versuchung widerstehen, immer wieder ein neues Stück einzustudieren, bevor sie das alte zur Perfektion gebracht haben.

In Destinationen, die sich dauernd an Neuem versuchen, werden ständig Schuldige für den Misserfolg gesucht und gerne in den „Dirigenten" ausfindig gemacht. Diskussionen arten dann zur „Fussballstadien-Intelligenz" aus, wo jeder der Zuschauer gewusst hätte, wie der eben verballerte Torschuss des Stürmers doch noch ins Tor hätte gelenkt werden können. Mit der gleichen Arroganz glauben so manche, sie könnten aus der komfortablen Zuschauersicht kräftig mitreden, was im Destinationsmarketing zu tun wäre. Die Folgen derartiger Demokratisierungen von Strategiediskussionen sind absehbar: Alles wird zerredet, nichts wird auf den Punkt gebracht und am Ende werden die Verantwortlichen gesucht. Derartige Situationen sind immer ein untrügliches Zeichen dafür, dass es an klarer Strategie und einer darauf abgestimmten Governance fehlt.

Beziehungssystem statt hierarchischer Architektur

Zu den wesentlichsten Fragen in einer Tourismusregion gehört, wie sich einzelne Verantwortungsträger und Strukturen zueinander verhalten sollen. Von international bis lokal – die Tourismusbranche ist „durchorganisiert" wie keine andere Wirtschaftsbranche. Es gibt die WTO (World Tourism Organisation), die nationalen Tourismusstellen, die Bundesländer-Regionalstrukturen, Städte-, Regions- und Ortstourismus-Organisationen und ab und zu sogar Organisationen für einzelne Ortsteile. Diese äußerst kapillare Kompetenzstruktur schafft nicht unerhebliche Abstimmungsprobleme. Wer tut wann was bei wem und für wen? Die Gleichung hat nicht eine, sondern gleich mehrere Unbekannte – und derartige Gleichungen sind etwas für die höhere Mathematik. Die häufigsten Fragen sind:

- Welche Vertriebswege sollen gemeinsam beschritten werden, welche nicht?
- Wann lohnt sich Co-Marketing zwischen Unternehmen und Destinationen?
- Wie werden die verschiedenen Logos in eine effiziente Struktur gebracht?
- Wann lohnt sich ein gemeinsames Auftreten, wann irritiert ein solches?

Diese Fragen stellen sich alle Destinationen, die Mittel und Kräfte sinnvoll bündeln wollen. Allerdings gibt es darauf keine befriedigenden Antworten, wenn man auf der üblichen „Architekturebene" bleibt und danach vorgeht, wer in der Hierarchie oben und wer unten ist. Es geht jedoch um wirksame Rangordnungen von Orts-, Regions- oder Destinationsnamen. Die üblich vorgegebene Hierarchie von Region zu Orten bzw. Sehenswürdigkeiten werden sehr oft durch die unterschiedliche Strahlkraft der Namen durchbrochen. Obwohl geografisch die Region/Destination das Umfassendere wäre, stechen einzelne Orte oder Subregionen durch eine stärkere Attraktivität heraus.

Die in den Destinationen erwünschten **Dachmarkenstrategien** scheitern zu oft an der Annahme, die Unterordnung aller Marken wäre die optimale Markenarchitektur. Eine solche Logik funktioniert schon gar nicht bei **Standortmarken**, die Unternehmen zur Destination in Beziehung setzen müssen. Markenarchitektur heißt: in Destinationen ein System etablieren, das Marken auf unterschiedlichen Ebenen in Beziehung zueinander bringt und damit den größtmöglichen Partnernutzen erzeugt.

Tourismus entsteht geschichtlich lokal – meist an einem Ort, in einer besonderen Landschaft, einer besonderen Initiative. Erst mit dem Massentourismus entstehen mehr Strukturen auf verschiedenen Ebenen: Weil es nicht mehr um die Organisation des Aufenthaltes vor Ort geht, sondern um das Werben für einen Ort oder eine Region, verschieben sich die Aufgaben. Die Geschichte touristischer Dachorganisationen auf überörtlicher Ebene beginnt mit dem Ansinnen, Werbung auf eine geografisch breitere Ebene zu stellen. Dazu kommt oft politischer Druck, getrieben von Finanzierungsnotwendigkeiten und dem geflügelten Wort „Gemeinsam ist besser als einsam".

Dachmarken funktionieren in touristischen Destinationen selten

Das Resultat sind „Dachmarken", fast ausschließlich geografisch gedacht und oft mit Kunstnamen (Fünf-Seen-Land, Heidi-Land) oder mit den Namen politischer Verwaltungseinheiten (Berchtesgadener Land, Ötztal) versehen. Ob Kunden sich unter diesen Begriffen etwas vorstellen können und ob diese (verwaltungstechnisch gewollten) Gebilde auch **Markenkraft** entwickeln können, spielt in dieser Entstehungsphase kaum eine Rolle. Das Problem liegt darin, dass der Name der Managementgesellschaft für das Gebilde gleichzeitig als Dachmarke fungieren muss.

Das kann sinnvoll sein, ist es jedoch in den wenigsten Fällen. In den meisten Fällen wird übersehen, dass Ortsmarken (Sölden, Ischgl, Starnberg, Hochgurgl, St. Moritz, Arlberg) mehr Begehrlichkeit erzeugen als die Dachmarke. Aber Kunden entscheiden nach Begehrlichkeiten. Demnach sind sie wohl kaum bereit, Sölden als Ötztal-Unterbegriff zu akzeptieren. Kitzbühel soll Teil der Kitzbühler Alpen sein und Ellmau zum Wilden Kaiser gehören: Warum, fragt der Kunde. Weitere Beispiele: Venedig überstrahlt das Veneto bei Weitem, die Colli Euganei haben gegen Abano Terme keine Chance.

Problem Nr. 1: Kunden denken nicht in Verwaltungseinheiten

Fakt ist: Bei Dachmarkendiskussionen steht die touristische Perspektive viel zu wenig im Fokus und dabei wäre sie entscheidend.

Problem Nr. 2: Dachmarken können das Potenzial ihrer Stars einschränken

Ohne Zweifel spielen renommierte Orte, die zu Dachmarken gehören, in anderen Kategorien als die Dachmarke selbst: Weimar, Salzburg, München erreichen eigene Kunden als ihre Dachmarken Thüringen, Salzburger Land und Bayern. Wenn es großen Druck gibt, alles (vor allem Geld) über eine regionale Dachmarke zu spielen, dann wird Wachstumspotenzial verspielt. Im Vertrieb werden dabei die größten Fehler gemacht: von ungeeigneten gemeinsamen Messeauftritten bis zu undifferenzierten Vertriebspartnerschaften – das Dachmarkendenken steht oft sehr im Weg. Mit Salzburg kann ich in der **Liga der Kulturstädte** der Welt gewinnen, jedoch mit dem Salzburger Land niemals. Mit St. Moritz gewinne ich die Liga der Hotspots für Betuchte, mit dem Engadin und Graubünden niemals. Das eine vor das andere zu stellen, ist deshalb kaum hilfreich, wenn es solche Leuchttürme gibt.

Problem Nr. 3: Hierarchien schaden der Wahrnehmung

Dachmarken werden in Destinationen oft als Hierarchie verstanden. Wer ist oben, wer darunter und wer noch weiter unten? Bundesland, Region, Ort, Sehenswürdigkeit – Thüringen, Thüringer Wald, Eisenach, Wartburg. Doch genau so funktioniert die Entscheidungsfindung der Kunden nie. In diesem Fall wohl eher so: Wartburg, Eisenach, Thüringer Wald, Thüringen. Die Verantwortlichen hätten es immer gerne anders. So sehen dann Websites, Suchsysteme und Informationsmaterialen aus und dementsprechend Vertriebsinitiativen und Kommunikationskampagnen. Das kostet zu viel Geld, Aufwand und Energie.

Homogenität: Voraussetzung für funktionierende Dachmarken

Geografische Dachmarken können in der Kommunikation funktionieren, wenn es ein sehr homogenes Gebiet mit einer sehr kompakten Leistungspalette ist, ohne herausragende Leuchttürme. Sowohl Angebot als auch die Geografie strahlen dann eine Begehrlichkeit aus, von der sich Kunden angezogen fühlen. Sie erkennen keine gravierenden Unterschiede zwischen den einzelnen Orten und den Angeboten. Südtirol ist dafür ein gutes Beispiel, Kärnten auch. In diesen Fällen spielt die Dachmarke die Hauptrolle, sowohl als Unternehmensmarke als auch als Produktmarke. Das ist jedoch viel seltener der Fall als angenommen.

Der Regelfall ist, dass man es mit **heterogenen Gebieten** zu tun hat. Örtliche Gegebenheiten können eine höhere Wirkungskraft haben als die Region, einzelne Sehenswürdigkeiten können ein gesamtes Gebiet an Bedeutung überstrahlen. Dachmarken funktionieren in solchen Fällen gut, wenn sie im Hintergrund stehen und die Produktmarken in den Vordergrund spielen. Die Dachmarkenorganisation ist dann der „Konzern" und die Dachmarke die Unternehmensmarke – während die vom Konzern gestalteten Produktmarken die Kunden beeindrucken. Dazu arbeiten Kommunikation und Vertrieb nicht mit dem Dachmarkennamen, sondern rücken die **Leuchttürme** ins Rampenlicht. Die Dachmarke wird dann höchstens als „**Ingredient Brand**" eingesetzt, der die Produktmarken stützt. So wie es eine Bergjacke von Salewa (Produktmarke) gibt, die mit „Goretex" (Stützmarke) ausgestattet ist, kann es auch die Region Arlberg geben, die in Tirol und Vorarlberg angesiedelt ist. Damit wird zwar die verwaltungstechnische Hierarchie auf den Kopf gestellt und die Ortsmarke den Regionsmarken vorangestellt – doch für den Besucher zählt die Attraktivität Arlbergs (nobler Skiort), ein gedanklicher Umweg über die verwaltungstechnischen Hierarchiestufen wäre ihm nicht zuzumuten. Für derartige Entscheidungen braucht es im Dachmarkenmanagement ein strategisches Verständnis der Verantwortlichen (kaum gegeben) und einen Entscheidungsspielraum der Geschäftsführer (selten gegeben).

Das „Destination Brand Relation System"

Sollte die Markenarchitektur einer Destination am besten ein Dachmarkensystem sein (**Branded House**), ein Familienmarkensystem (**House of Brands**) oder ein Produktmarkensystem (**Single Brands**)? Um das herauszufinden, entwickelten wir bei bei BrandTrust das Destination Brand Relation System (DBRS). Damit wird gemessen, inwieweit sich Einzelmarken einer Destination (Orte, Regionen, Sehenswürdigkeiten, Betriebe usw.) gegenüber einer Regionsmarke als Einzelkämpfer durchsetzen könnten oder nicht. Ob dies der Fall ist, wird anhand von zwei Achsen gemessen.

Der Wertepassungsindex

Auf dieser Achse wird gemessen, inwieweit sich eine Einzelmarke mit der Regionsmarke auf Werteebene verträgt oder nicht. Ist man Teil der Familie und wie hoch ist der Verwandtschaftsgrad? Destinationen legen fest, welche der Orts-, Regions-, Veranstaltungs-, und Unternehmensmarken dermaßen gut zu seinem Wertesystem (Markenkern) passen, dass sie als Einheit wahrgenommen werden. Nur dann ist es erlaubt, sich mit starken gemeinsamen und kaum unterscheidbaren Merkmalen in Stilistik, Angebot und Marketingaktionen zu präsentieren. Dann sind eine skalierbare Stilistik, Nomenklatur, Angebotsentwicklung und gemeinsame Präsentations-, Marketing- und Vertriebssysteme sinnvoll. Eine „Bauchladen-Optik" wird vermieden und die Marke vom Kunden als nachvollziehbare Einheit wahrgenommen.

Der Bedeutungsindex

Auf dieser Achse wird gemessen, inwieweit sich eine Einzelmarke in einem eigenen Markt alleine durchsetzen könnte. Könnte diese eine eigene Position einnehmen und sich gegen die Konkurrenten durchsetzen? Oder wäre es für sie sinnvoller, im Set der Regionsmarke zu bleiben und dort mit einem hohen Spezialisierungsgrad besondere Zielgruppe anzulocken? Je nach Ergebnis kann man für die betreffende Marke eine Rolle innerhalb der Regionsmarke definieren (Spezialisierung) oder eine eigene Identität als Einzelmarke. Besitzt eine Einzelmarke innerhalb einer Kategorie eine starke Position, muss die Destinationsmarke dafür sorgen, dass sie darin noch mehr Platz bekommt. Dann sind Produktentwicklung und Spezialisierung gefragt – und nicht Kompromisse für ein gemeinsames Auftreten. Gemeinsamkeiten in Stilistik, Vertrieb und Marketing sind dann schwieriger gestaltbar, aber trotzdem zu ermöglichen.

Dieses **Portfoliosystem** ergibt am Ende ein sehr klares Bild davon, welche Markenarchitektur – oder welches Markenbeziehungssystem – in einer Destination aufgebaut werden soll. Die Ergebnisse durchbrechen sehr effizient eingeschliffene Denkmuster, die nur hierarchische Markenarchitektursysteme akzeptieren wollen und am liebsten einer einzigen Dachmarke alles andere unterordnen möchten. Dies kann sinnvoll und geboten sein. Aber es kann sich auch als ein großer Fehler entpuppen.

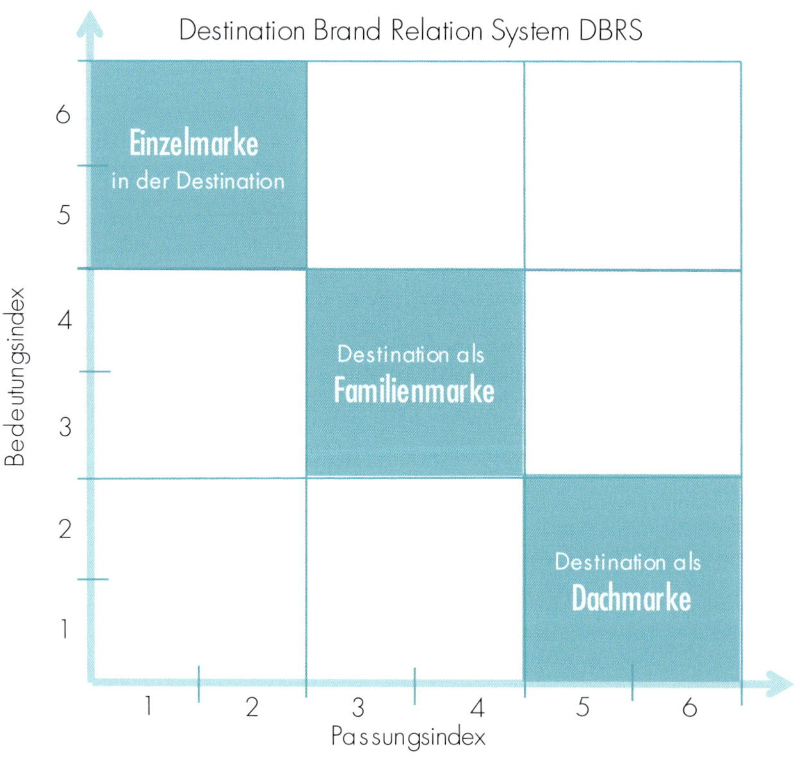

Welche Markenarchitektur man auch als die beste identifiziert: Entscheidend ist, dass es eine gemeinsam vereinbarte strategische Ausrichtung gibt, die von allen Leistungsträgern verfolgt wird. Dazu braucht es einen „Stahlpakt" zwischen Politik, Unternehmerschaft und Vermarktern. Über Logos zu reden und eine gemeinsame Visualisierung und Vermarktung ist wichtig, darf aber erst die Folge der vereinbarten Strategie sein. **Destinationsmarkenmanagement** bedeutet, Leistungen zu orchestrieren und mit klarem Kopf und harter Hand Regie zu führen.

Erst wenn eine Destination all diese Fragen beantwortet hat, darf sie die „Oberfläche" – das Marketing – in Angriff nehmen. Viel zu oft ist es umgekehrt und die gemeinsam geführte Kommunikation scheitert dann an der Realität, weil die Destination nicht einhält, was sie verspricht.

Resümee für Schnellleser

- Erfolgreiches Destinationsmanagement braucht eine Marken- und eine Marketingstrategie sowie die Fähigkeit, das eine vom anderen glasklar zu unterscheiden. Markensubstanz bestimmt die Arbeit an der kommunikativen Oberfläche.
- Die sich ändernde Vermarktung von Destinationen erzwingt neue Organisationsmodelle. Diese müssen sicherstellen, dass eine beschlossene Strategie umgesetzt werden kann.
- Neue Ideen, nicht Kosten- oder Effektivitätsargumente, verändern etablierte Strukturen. Wer eine Destinationsmarke führen will, braucht ein geeignetes Organisationssystem und eine sinnvolle Markenarchitektur.

Gemeinsam überall gleich

Kapitel 8
„Ich habe eine Idee – wir machen es so wie die anderen!“
Das Kopierfieber in Destinationen

So mancher in Tourismus und Hotellerie kürt den Erfolg eines anderen zum eigenen Maßstab – und ahmt dessen Vorgehen einfach nach. Es wäre jedoch besser, sein eigenes passendes Geschäftsmodell zu formen und mit ihm das hervorzuheben, was sein Angebot so besonders macht.

Im weltweiten Tourismus fällt auf, dass sich vieles gleicht. Ein Gang durch die Internationale Tourismusbörse in Berlin (ITB) mit über 10.000 Ausstellern aus 185 Ländern bestätigt dies Jahr für Jahr: Die Bildwelten, die Besucher anziehen sollen, gleichen sich wie ein Ei dem anderen. Einsame, leere Sandstrände und gebogene Palmen sollen Besucher locken. Destinationen in den Bergen werben mit dramatischen Perspektiven. Das glückliche Paar mit verliebtem Blick im warmen Kerzenschein fehlt auf keinem Werbebild für Hotelrestaurants. Ebenso wenig die über grüne Wiesen wandernde Modell-Familie mit lachenden Kindern, die für die Wanderregionen dieser Welt begeistern sollen. Städte beeindrucken durch ihre nachts beleuchteten Skylines, Kreuzfahrtschiffe durch winkende weißgekleidete Kapitäne auf der Reling. In Hotelzimmern stehen Blumen und Champagner, die blendend weißen Bettlaken sind mit gestreuten Rosenblättern aufgehübscht.

Noch mehr von solchen Klischees? Nie fehlt der sanft lächelnde Concierge auf Bildern der Grand- und Luxushotels, nie die schmucke Bedienung im Dirndl-Outfit in der Werbung für eine Berghütte. Wohnmobile stehen allein auf den Klippen der Steilküste, Models liegen auf den Massageliegen dieser Welt. Während des Abendessens geht meist die Sonne unter, das sonnenbestrahlte Hafenbild trübt keine Wolke, in den Innenstädten schwenken junge Frauen glücklich ihre prall gefüllten Einkaufstaschen mit einem süßen Lächeln im Gesicht. Jeder, der sich einmal durch die Bildwelten der Tourismuswerbung geblättert hat, kann diese Liste um viele weitere Stereotypen ergänzen. Alles gleicht gewaltig auffällig dem anderen – weltweit.

Das Gleiche gilt für die Texte: Auch sie machen den Gleichschritt deutlich, mit dem die Tourismusbranche unterwegs ist. Momente sind „unvergesslich“, „Seelen baumeln“ in Hotels und Destinationen, der Service ist „unaufdringlich“, die „familiäre Atmosphäre“ gesichert, die „Strandpromenade nah“, die Region „gut erschlossen“, die „idyllische Lage“ garantiert, der Strand „naturbelassen“, das „Einkaufserlebnis vielfältig“, das Zimmer sauber, die Kulisse

„atemberaubend". Die Hotels sind „direkt am Meer" oder „an der Skipiste", die Wanderwege „weitverzweigt", das Frühstücksbuffet „lässt keine Wünsche offen", die Speisekarte „international", der Ortskern „historisch", das Nachtleben „aufregend", das Shoppingerlebnis „einzigartig", das Freizeitangebot „breitgefächert", die Seilbahn „höhenschnell", die Panorama-Straße „faszinierend", das Restaurantangebot „überragend".

Es soll nicht darum gehen, werbliche Floskeln zu brandmarken. Diese gibt es in jeder Branche und weltweit. Vielmehr geht es um die Beobachtung: Touristische Destinationen und Infrastrukturen beschreiben mit stoischer Ruhe und Kant'scher Konsequenz die immer gleichen Dinge – und benutzen dafür fortwährend die immer gleichen Attribute.

So gut das ewig Gleiche für die **Markendichte** sein kann, weil sich daran ein positives Vorurteil (siehe dazu auch Kapitel 1) knüpft, das sich zu einem Wert sedimentieren kann, so hinderlich ist es für die notwendige Spezifik und Differenzierung. In diesem Fall wird ein Stereotyp zum Nachteil, weil er eine inflationäre Wirkung entfaltet und die Glaubwürdigkeit aufs Spiel setzt. Viele Werbesprüche können schnell widerlegt werden und taugen deshalb nicht für den Aufbau einer Sehnsuchtswelt. „Keinem Menschen fällt es ein, Vorurteile in die Welt zu setzen, die sich sofort widerlegen lassen. So würde niemand behaupten, alle Deutschen seien Zwerge", meint Sir Peter Ustinov in seinem Buch „Achtung! Vorurteile".[52]

Der Grundsatz, wonach Marken nie etwas behaupten dürfen, ohne es beweisen zu können, gilt im Tourismus uneingeschränkt.

Das Reisen ist ein Luxusgut

Die Gründe, warum es ausgerechnet in Bereich des Tourismus so viel vom Gleichen und damit vom Austauschbaren gibt, sind vielschichtig. Zum einen ist diese Branche relativ jung: Als wirtschaftlich relevantes Phänomen tritt das Tourismusgeschäft erst im 20. Jahrhundert auf den Plan. Weil das Reisen nichts mehr mit Nomadentum und Überleben zu tun hat, wird vorausgesetzt, dass alle anderen Grundbedürfnisse weitgehend gesättigt sind. Aus diesem Blickwinkel heraus ist die gesamte Branche im Bereich der Luxusgüter anzusiedeln: In der Bedürfnispyramide von Abraham Maslow, dem Begründer der humanistischen Psychologie, wäre die Branche in der vierten und fünften Ebene anzusiedeln – in den Ebenen der Individualität und Selbstverwirklichung. Denn wer sich aus freiem Willen aus seinem angestammten Wohnort auf eine Reise begibt, hat seine Grundbedürfnisse von Überleben, Sicherheit und sozialer Einbindung (die untersten Kategorien) erfolgreich befriedigen können. Der Reisende findet seine Motivation für den temporären Ortswechsel in dem Wunsch, seine Individualität oder Selbstverwirklichung zum Ausdruck zu bringen.

Je nach Ebene sind die Reisemotive unterschiedlich: Wer auf **Individualismusstufe** reist, will seine Stärke, seinen Erfolg, seine Unabhängigkeit, sein Prestige, seine Freiheit und seine Wichtigkeit demonstrieren. Dazu gehört, von anderen Menschen empfangen, bedient, verwöhnt oder geführt zu werden. Laut Maslows Einschätzung erreichen nicht mehr als zwei Prozent der Weltbevölkerung die **Selbstverwirklichungsstufe**. Reisende in dieser Kategorie wollen die Reise dazu nutzen, das eigene Potenzial auszuschöpfen, sich selbst zu finden, den eigenen Standpunkt zu verdeutlichen – man will durch die Reise zu dem werden, was man ist. Die Geschäftsmodelle des Tourismus sind auf dieser Stufe noch kaum angekommen. Es geht immer noch um eine reine Dienstleistung für den Gast und noch sehr selten um Inspiration für den eigenen Findungsprozess.

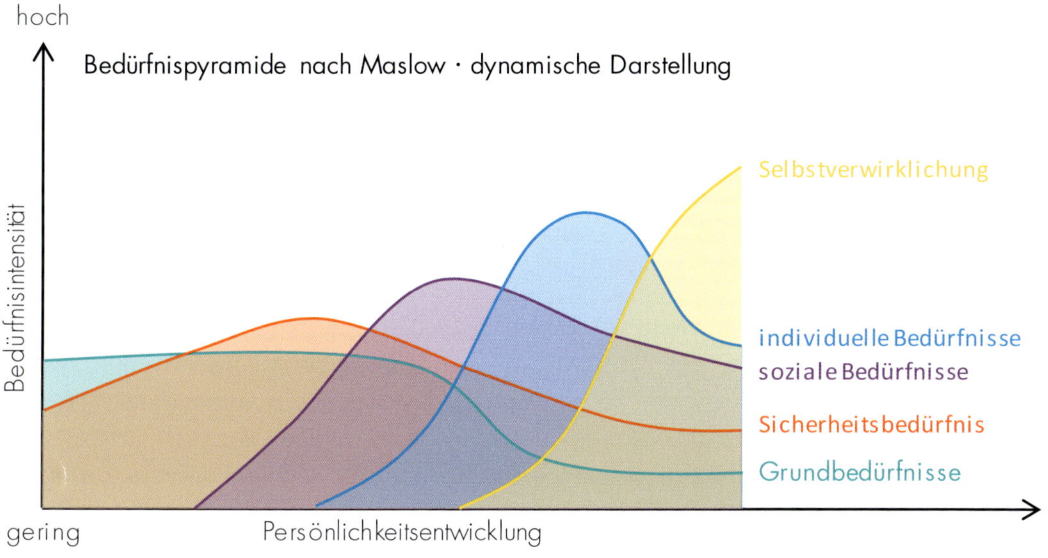

In Anlehnung an Krech, D., Crutchfield, R. S., Ballachey, E. L. (1962), Individual in Society. McGraw-Hill, New York. (S. 72 und 77)

Die mangelnde Erfahrung jahrhundertealter Branchenmuster und Erfolgsmodelle, wie sie zum Beispiel die Landwirtschaft oder das Handwerk aufzubieten hat, treibt den Tourismus in das Wiederholen seiner noch spärlich verfügbaren Geschäftsmodelle. Wo noch keine Erfahrung mit Unterschiedlichem da ist, verlässt man sich auf das Bewährte. Denn Experimente muss man sich leisten können, es braucht Mut und den Willen, auf Neues setzen zu wollen.

Wachstum entsteht nie in der Komfortzone. Wo man alles kennt und sich die Gesetzmäßigkeiten zu Systemen verdichtet haben, sinken die Aussichten auf Wachstum von Tag zu Tag. Die nächste Stufe erreichen Unternehmen und Branchen nie durch Beharrlichkeit.

Neben der Tatsache, dass der Tourismus ein junger Wirtschaftszweig ist, in dem erfolgreiche Pionierleistungen neugierig beobachtet werden, wächst Tourismus aus dem lokalen Engagement in die globale Bedeutung hinein: Obwohl Tourismus Teil der Exportwirtschaft ist und ein internationales Geschäft, ist ein erheblicher Anteil der Kunden die lokale Bevölkerung. Die heutigen Hotels des Alpenraums zum Beispiel entstehen aus der Notwendigkeit heraus, die schwindende Bedeutung der Landwirtschaft mit einem neuen Geschäftsmodell zu substituieren. Die Weiden des Viehs dienen im Winter auch als Skipisten, die alpine Landschaft wird mit Hütten und Wanderwegen für den Zugang der Städter erschlossen, aus dem ehemaligen großen Hof entsteht ein Hotel. Die Hotelbetreiber nutzen die Landschaft anders als die Bauern für ihren geschäftlichen Erfolg – aber die Landschaft ist es immer, um die es geht.

„Die Tourismusbranche stagniert"

Lokales Wirtschaftsdenken bestimmt die ersten Entwicklungen der Tourismusorte, ob an den Küsten oder in den Bergen. Man hat gelernt, wie man mit lokalen Ressourcen arbeitet und daraus seinen Lebensunterhalt bestreiten kann. Die ersten Inspirationen kommen aus dem Nahbereich, aus der eigenen Ecke, aus dem „eigenen Stall". Dies ist keine besondere Gesetzmäßigkeit für den Bereich Tourismus; in anderen jungen Branchen wie der Öko- oder der Gesundheitsbranche ist es ähnlich. Die Pioniere treffen sich zur ersten Schicksalsgemeinschaft, verteidigen ihre Ansätze und Produkte und lernen im ersten Moment voneinander. Der Blick über den eigenen Tellerrand findet erst dann statt, wenn die eigene Sicherheit stark genug ist.

Problematisch wird es jedoch, wenn sich in einer Branche das Kochen in der eigenen Suppe zum Dauerzustand etabliert. „Die Tourismusbranche stagniert" titeln immer wieder Medien dieser Welt – und in den wenigsten Fällen werden konjunkturelle Gründe angeführt. Ariane Ehrat, die Tourismusdirektorin des Nobelortes St. Moritz in der Schweiz, ließ sich zu einer mutigen Aussage hinreißen, als sie einem Journalisten der „Zeit" in den Notizblock diktierte: „Eine Krise ist irgendwann vorbei. Wir aber erleben im Schweizer Tourismus eine Zeitenwende und müssen uns ganz neu ausrichten."[53] Welches ist nun der Unterschied, ob man von einer Krise oder einer Zeitenwende spricht? Ist der Unterschied nur temporär, weil Krisen sich auf kürzere Zeiträume beschränken als es eine Zeitenwende täte? Oder ist es ein qualitativer Unterschied, weil eine **Zeitenwende** das bisher Geglaubte und Bewährte ausradiert, während es eine Krise nur korrigiert? Es gilt das eine vom anderen klar zu unterscheiden. Deshalb lohnt es sich, das Geschäftsmodell „Tourismus" genauer unter die Lupe zu nehmen.

Kopieren ist kein geeignetes Geschäftsmodell

Michael Eugene Porter fiel als junger Professor an der Harvard University auf, als er 1979 mit seiner Veröffentlichung „How Competitive Forces Shape Strategy"[54] die Lehre der Wettbewerbsstrategie gründete. Stark verkürzt und zusammengefasst schreibt Porter: Unternehmen haben nur drei Arten eines profitablen Geschäftsmodells.

- **„More for Less" – die Kostenführerschaft:** Ein Unternehmen kann sich als das Stärkste in der Kostenführerschaft etablieren. Damit wäre es in der Lage, Produkte und Dienstleistungen zu den niedrigsten Kosten vor allen anderen Konkurrenten anzubieten und könne damit immer mehr Kunden wegen der sinkenden Preise binden. Qualität und Service geraten bei diesem Modell in die hintere Reihe, während sich das gesamte Unternehmen darauf konzentriert, bei allen Kostenpositionen im Unternehmen die beste Performance zu liefern. Wer als Konkurrent mitspielen will, muss noch günstiger sein oder größere Marktanteile aufweisen. Voraussetzungen, damit man mit diesem Geschäftsmodell erfolgreich sein kann, sind Zugang zu Kapital (für Investitionen), einfache Produktions- und Vertriebsweisen, eine intensive Kostenkontrolle.

- **„Less for More" – die Differenzierung:** Hierbei stechen Unternehmen ihre Konkurrenten mit Zusatznutzen und Qualität aus. Die Kunden sind bereit, Preisaufschläge zu zahlen, weil sie dafür mehr Nutzen oder Qualität bekommen – und die höheren Preise decken die höheren Kosten. Weil dieses Geschäftsmodell auf Einzigartigkeit baut, müssen Konkurrenten diese Einzigartigkeit erst einmal erschüttern, um Kunden zu übernehmen und deren Loyalität zu knacken. In diesem Geschäftsmodell sind hochqualifizierte Arbeitskräfte, Forschung und Entwicklungsinvestitionen sowie ein exzellentes Marketing die kriegsentscheidenden Elemente.
- **„More with Less" – die Konzentration:** Ein Unternehmen wählt eine Nische mit wenigen Konkurrenten und baut darin seine Kompetenz aus. Die Folge ist eine hohe Fangemeinschaft in einem kleinen Kundenkreis. Umsatzmaximierung kommt schneller an die Grenze als in den anderen Modellen, die Margen sind jedoch höher. Wer in diesem Modell Erfolg haben will, braucht Mut zur Begrenzung und den unbeugsamen Willen, die Nische mit hoher Leistungsspezifik zu beherrschen und zu durchdringen.

Unter den drei Porter-Modellen kommt jenes der **Nachahmung** nicht vor. Das bedeutet: „More of the Same" taugt höchstens für ein kurzfristiges Strohfeuer. Als langfristig gültiges Geschäftsmodell scheidet es aus, damit würden sich die Marktteilnehmer ausschließlich einen Preiskampf liefern, der irgendwann beim Porter-Modell Eins, der Kostenführerschaft, endet. Der Kostenführer setzt sich durch, alle anderen scheiden aus.

Wer kopiert, hat wenig kapiert. Tourismusmanager haben Inspiration falsch verstanden, wenn sie sich darauf konzentrieren, etwas Fremdes ohne intelligente Adaption für den eigenen Erfolg zu nutzen. Allerdings ist die Tourismusbranche für derartiges Verhalten höchst anfällig.

Ist das Frühstückbüffet ein Muss?

Beispiel Frühstücksbuffet: Obwohl die Rituale für das Speisen am Morgen weltweit sehr unterschiedlich ausgeprägt sind, hat sich in den meisten Hotels dieser Welt die Buffet-Form etabliert. Tee neben Kaffee, Schinken neben Ei, Müslibrei neben gebratenem Speck, Orangensaft neben Milch – was einmal als „erweitertes Gabelfrühstück" begann, füllt inzwischen meterlange Anrichten.

Dieses Angebot ist im Grunde die Antwort auf zwei Notwendigkeiten:

- Die Organisation einer hohen Gästezahl, denn mit Selbstbedienung werden Personalkosten gespart,
- der Beweis für großzügigste Verfügbarkeit diverser Speisen.

Als ich einmal in einer deutschen Frühstückspension mit acht Zimmern allein vor dem nur für mich aufgebauten Frühstücksbuffet saß, wurde mir der „Kopierwahnsinn" dieses Angebots bewusst. Was hat ein Frühstücksbuffet in einer persönlich geführten Frühstückspension zu suchen, wo die Eigentümer jeden einzelnen Gast nach seinen Vorlieben mund- und geschmacksgerecht auf Nachfrage bedienen könnten? Man sparte sich Aufwand und Kosten, man würde mit Persönlichkeit und Aufmerksamkeit punkten. Und trotzdem gibt es das individuelle Bestellfrühstück in Europa kaum noch. Alle haben sich der „Notwendigkeit" gebeugt, selbst in den kleinsten Betrieben viel zu arbeitsaufwändige Buffets aufzubauen. Weil es die Großen haben, wollen es auch die Kleinen – ohne sich darüber Gedanken zu machen, ob das zu ihnen passt.

Ähnliches geschah mit der österreichischen Erfindung der **Dreiviertel-Pension**. Nach dem sinkenden Interesse an der Vollpension wurde ein kostenloses Kuchenbuffet am Nachmittag eingeführt, um die Gäste mit einem Rundum-Sortiment im eigenen Haus zu halten. Nun kann ein solches Angebot für ein abgespecktes All-inclusive-Angebot durchaus Sinn machen. In vielen anderen Fällen wäre die Ausdehnung der Halbpension weder notwendig noch sinnvoll gewesen. Aber der Druck des Nachmachens hat in vielen Betrieben im Alpenraum einen zusätzlichen Kostenfaktor erzeugt, der kaum noch abzuschaffen ist. Zudem hat sich das Angebot inflationiert und damit seine Anziehungskraft weitgehend verloren. Es wird als nutzbare Zusatzleistung natürlich gerne genommen – doch ein entscheidender Buchungsgrund ist es kaum.

Badezimmer werden luxuriöser

Die Gleichförmigkeit macht auch vor der Innenarchitektur nicht halt. Der Trend zu größeren Bädern dauert in Hotels nun schon eine ganze Weile an. Die Großzügigkeit des Raums wurde als Luxusgut erkannt, Zimmer und Bäder werden in Hotels immer großflächiger. Was früher als Nasszelle – ein Fortschritt zum Etagenbad – bezeichnet wurde, ist heute zum Wohnbad avanciert. Aktuell setzt sich durch, dass Bäder und Zimmer durch eine Glaswand getrennt sind oder keine Tür haben. Man hat den freien Blick vom Bett in das Bad und umgekehrt.

Der Raum wirkt dadurch großzügiger – neue Materialien lassen diese neuartige Gestaltung auch zu. Während sich diese Gestaltungsform für Stadthotels mit einer 95-prozentigen Einzelbelegung pro Zimmer durchaus eignet und dort ihren Ursprung genommen hat, muss die Nachahmung in der Ferienhotellerie hingegen in Zweifel gezogen werden. Die oberflächliche Kopie dieses Gestaltungskonzepts zeigt, dass die Konsequenzen für ihre Klientel nicht bedacht wurde. Es ist nun wirklich nicht jedermanns Sache, sich gegenseitig beim Duschen im vollen Blickfeld zu haben – und in den meisten Fällen mussten zum Beispiel nachträglich eingebaute Vorhänge die Fehleinschätzung sanieren.

Kein Erfolg ohne Wellnessanlage?

Ähnlich verhielt es sich mit den Wellnessanlagen. Sie haben inzwischen palastähnliche Größenordnungen angenommen. Nicht wenige Hotels innerhalb und außerhalb des Alpenraums haben zum „Wellness-m^2-Halali" geblasen. Größer, schneller, weiter – die Gesetzmäßigkeiten des horizontalen Wachstums hat die Hotellerie mit ihren Wellnessanlagen schon lange beschlagnahmt. Zweifelhaft, ob die Rechnung dieser erheblichen Investitionen aufgehen kann: Mit Preiserhöhungen ist dieser Wellnesswettbewerb kaum zu finanzieren, weil der Gast ab einer bestimmten Kategorie dieses Angebot voraussetzt. Kostenseitig sind diese Anlagen energie- und personalintensiv – und die meisten mittelständischen Betriebe sind damit bereits am Anschlag. Trotzdem wurde auf Teufel komm raus kopiert, weil „man so etwas einfach haben muss, wenn noch Gäste kommen sollen", kommentierte ein Hotelier meine Frage, ob sich diese Investitionen durch höhere Preise refinanzieren ließen.

Fakt nach vielen Jahren des Wettrüstens: Die Anlagen sehen mehr oder weniger gleich aus, sie bieten die gleichen Anwendungen und Infrastrukturen, sie bedienen sich bei den gleichen Lieferanten und kopieren sich gegenseitig in Design und Architektur. Die Hot-Stone-Massage gibt es von Bali bis nach Gütersloh, Ayurveda-Behandlungen von St. Moritz bis nach Sylt, Salz-Peelings in Bad Reichenhall und in Berlin-Mitte, Heubäder in Tirol und in Slowenien, Lomi-Lomi-Nui-Massagen am Gardasee und auf Hawaii, Salzgrotten in München und in Amalfi, Kräutersaunen in Kitzbühel und in Marseille … – eine unüberschaubare Flut vom immer Gleichen.

Das große Missverständnis besteht darin, dass der Erfolg des einen auch der Erfolg des anderen sein muss. Spezifik und Glaubwürdigkeit, die zwei für eine erfolgreiche Markenbildung unverzichtbaren Elemente, bleiben in solchen Kopierkonzepten weitgehend auf der Strecke. Man begnügt sich damit, das Neue und scheinbar Erfolgreiche zu übernehmen, und schiebt es zum leicht günstigeren Preis als das Original auf den Markt.

„Motel One" hat viele Nachahmer

Das Konzept des „Motel One" kann ohne Umschweife als die Pionierleistung der Low-Budget-Design-Hotellerie bezeichnet werden. Dieter Müller und seine Frau Ursula Schelle eröffneten im Jahr 2000 ihr erstes Budget-Hotel mit hohem Designanspruch in Offenbach. Die Innenausstattung des Hotels bestach durch modernes Design in den Farben Braun und

Türkis. Die 16 Quadratmeter großen Zimmer verzichteten auf Schrank, Telefon, Minibar und Zimmerservice und punkteten mit einer großen Komfortdusche, bester Bettwäsche und Handtüchern und einem Flachbild-TV mit freiem Internet. Der Erfolg dieses Konzepts, das zur begehrten Marke „Motel One" mit 55 Hotels und 15.000 Zimmern in mehreren Ländern Europas[55] geführt hat, war durchschlagend. Aber die Kopisten ließen nicht lange auf sich warten. Nahezu alle Budgetmarken der Stadthotellerie von B&B bis zu IBIS und Hampton lernten bei Motel One, dass eindringliche Farben (wie das Motel-One-typische Türkis) und ansprechende Formen aus einem Basiszimmer mit Bett, Bad und Schrank eine neue Kategorie erschufen, die nicht nur bei den Spar-Kunden gut ankam.

Besonders dreist ist der Fall eines im Jahr 2015 eröffneten Low-Budget-Hotels in Nürnberg, das neben der Zimmerarchitektur und dem Farbkonzept (hier anstatt türkis/braun eben hellgrün/braun) auch noch den Namen verwechslungsbewusst gewählt hat: „NumberOne". Trotzdem: „Wo viel kopiert wird, wird wenig kapiert" sagt der deutsche Philosoph und Pädagoge Andreas Tenzer,[56] und seine Feststellung wäre in dem vorliegenden Fall mehr als bewiesen. Im „NumberOne" wollte man auf den Schrank mit den üblichen diebstahlgesicherten Kleiderbügeln und einen Safe nicht verzichten, dafür jedoch auf den Markenduschkopf und die Qualitätshandtücher. Es sind genau jene Elemente, die den preiswerten Eine-Nacht-Aufenthalt bei Motel One zum Erlebnis machen, während man auf einen Schrank und Safe ohne Weiteres verzichten kann.

Regionalität – auch in der Großstadt?

Die Kopier-Tour der Tourismusbranche beschränkt sich nicht nur auf infrastrukturelle und innenarchitektonische Konzepte. Auch bei Trends und Inhalten setzen Destinationen und Unternehmen des Tourismus sehr schnell auf gleiche Themen. Ohne Bedenken wird im gleichen Teich gefischt. Als Beispiel dafür will ich den Trend nach „Regionalität" näher beleuchten.

Carlo Petrini, Gründer und unerschrockener Verfechter der „Slow Food"-Idee, ist es zu verdanken, dass der Internationalitäts- und Ethnofood-Trend durch den Regionalitätstrend einen ernst zu nehmenden Gegenspieler erhielt. Seitdem kann man die Welt der Gastronomie in drei große Gruppen einteilen:

- zum einen die **Systemrestauration**, die mit Convenience Food und Franchise-Konzepten unterschiedliche Themen und Essverhalten weltweit bedient,
- zum anderen die **Restaurationsableger** der verschiedenen Nationen, die der Welt „Italiener", „Griechen", „Koreaner", „Japaner" und viele andere Esskonzepte aus fremden Welten bescheren und schließlich
- die Verfechter der **Petrini-Idee**, dass Gastronomie vor allem die lokalen Produkte und Gerichte abzubilden hätte, um die größtmögliche Individualität zu wahren. In Italien wurde das Konzept Petrinis „chilometro zero" (Null Kilometer) zum geflügelten Wort der

Esskultur-Fetischisten. Auf der Speisekarte steht, was in der unmittelbaren Umgebung wächst und deshalb umweltschonend und frisch angeliefert werden kann.

So eine großartige Idee entsteht in einem Land, dessen mediterranes Klima bis in große Höhen das Wachstum von Gewürzen, Früchten und Gemüsesorten in Fülle garantiert. Noch dazu weiden Rinder in den Bergen und das Meer liefert die Zutaten für den „Risotto ai frutti di mare" (Risotto mit Meerestieren). Mit Abstrichen lässt sich die Philosophie Petrinis auch in vielen anderen Regionen der Welt anwenden – sie wurde als Widerstandsidee gegen die ausufernden Warentransporte geboren: wenn Wasser von den Fidschi-Inseln in Pet-Flaschen gefüllt in die wasserreichen Alpenregionen der Schweiz geflogen wird oder die Nordseekrabben zum Pulen nach Marokko und wieder zurück.

Regionalität hat viele Facetten

Der Regionalitätstrend treibt allerdings haarsträubende Blüten. Schuld daran ist wiederum das bedenkenlose Kopieren einer großartigen Idee. Man findet „Regionalmenüs" auf den Speisekarten der Spitzenrestaurants in den Großstädten dieser Welt, deren Ausdehnung Anbauregionen lokaler Lebensmittel locker übertreffen. Welchen Mehrwert und welchen Sinn hat das „Regional Menu" in der Flächenstadt Los Angeles oder in London, wenn also die „Local Farmers" so weit entfernt sind wie im engen Europa der nächste Staat? Was macht Regionalität für einen Sinn, wenn der Nationalstolz des „Produced in the US" oder „Deutsches Rindfleisch" bedient wird, es aber an den Grenzen dieser Staaten der Regionalität eher entspräche, die Produkte aus dem unmittelbar angrenzenden „Ausland" zu beziehen? Was hilft es, wenn der Regionalitätstrend zur Enge im Denken führt, weil man die Milch der Südtiroler Kühe als „authentischer" empfindet als jene der zehn Kilometer entfernten Nordtiroler oder Osttiroler Kühe, nur weil eine Staatsgrenze dazwischen liegt?

Diese wenigen Beispiele verdeutlichen, wie das Gedankengut Petrinis auf den Kopf gestellt und ad absurdum geführt wird, wenn das blinde Kopieren überhandnimmt. Welche Form der Regionalität wäre für eine internationale Weltstadt sinnvoll? Könnte sich jede Bevölkerungsgruppe der Stadt mit ihrer Küche abbilden (und niemand asiatisch kocht, sollte er nicht dieser Bevölkerungsgruppe angehören)? Wäre es im Sinne Petrinis regional genug, wenn man sich in den Alpen zu einer alpinen Identität bekennen würde, anstatt Kleinkriege mit benachbarten Regionen auszufechten?

Um solche Fragen zu beantworten, sollte man auf die Essenz der Marke schauen: Der Markenkern ist die **Glaubwürdigkeitsgrenze**, an der sich auch ein Regionalitätskonzept ausrichten muss.

In vielen Branchen herrscht die große Gefahr, dass über den Markenkern und die Glaubwürdigkeit hinausgegangen wird. Bei Destinationen ist es eher umgekehrt: Der Tourismus zieht seine Grenzen meist zu eng. Natürlich ist es emotional schön und spannend, wenn die

Milch vom benachbarten Bauernhof kommt; für die Glaubwürdigkeit von Regionalität ist dies jedoch nicht notwendig. Viel entscheidender ist, ob man über die Herkunft des Produktes Bescheid weiß und sich mit seinem Ursprung ausreichend beschäftigt hat. Dann kann das Aromaöl für die „Alpen-Massage" genauso gut von einem Betrieb aus der französischen Provence stammen, wenn dieser derselben Wertewelt angehört.

Regionalität hat nur bedingt mit geografischer Nähe zu tun. Sie steht für die Übereinstimmung in den Werten, den Produktionsmethoden, den Traditionen, den Überzeugungen, den Glaubenssätzen. Wenn es darin einen Gleichklang gibt, ist räumliche Distanz überwindbar und zulässig.

Trends zeigen den Weg in die Zukunft

Keine Branche – und schon gar nicht die touristische – kommt ohne Innovationen aus. Die Bedürfnisse in Gesellschaften verändern sich und somit auch die Angebote des touristischen Geschäfts. War Urlaub in Zeiten harter körperlicher Arbeit Erholung, wurden Ferien in Zeiten der stressigen Arbeitsbelastung immer mehr zur Phase des geistigen Ausspannens. Aus dem dreiwöchigen Haupturlaub wurden viele verlängerte Wochenenden. Aus der Fernreise über die Ozeane wurden Abenteuerreisen in unentdeckte Welten. Aus dem Jahresurlaub wurden längere Auszeiten zur Neuorientierung des eigenen Lebens.

Anstatt der ständigen „Kopieritis" erfolgreicher Konzepte empfiehlt sich ein aufmerksamer Blick über den Tellerrand:

[1] in Richtung Trendforschung
[2] in andere Branchen

Trendforschung – ein Quell der Inspiration für den Tourismus

„Trends sind weniger singuläre Beobachtungen, sondern vielmehr komplexe Gebilde, die in Verbindung zu vielfältigen und -schichtigen Veränderungen stehen", definiert das Zukunftsinstitut seinen Forschungsgegenstand.[57] Der Tourismus muss seine Antennen stets ausgefahren haben, um die Veränderungen der Gesellschaft zu erkennen. Denn dort arbeitet man mit Menschen, ihren Bedürfnissen und Wünschen. Verändern sich diese, müssen sich das gesamte touristische Produkt und das bisher gültige Geschäftsmodell danach ausrichten.

Viel zu oft wird dieser Tatsache nicht Rechnung getragen. Die Vergangenheit und die einmal bewährten Methoden geben den Takt an, anstatt neugierig die Veränderungen zu beobachten, welche die Zukunft der Branche bestimmen werden. Ein positives Beispiel dafür ist die Stadt Amsterdam. 2013 beschloss der Stadtrat, ab dem Jahr 2025 in den Grachten nur noch elektroangetriebene Boote mit einer Maximallänge von 14 Metern zuzulassen. Man wolle, so heißt es in der Begründung der Maßnahme, eine Vorreiterrolle im energetischen Umbau einnehmen, dass man es mit dem Wechsel auf alternative Antriebssysteme ernst meine und tue dies auch, indem man das Versorgungsnetz der Aufladestationen der Stadt von derzeit 1000 auf 4000 erhöhe.[58] Gleichzeitig wolle man durch kleinere Boote den Anschein von Massentourismus bekämpfen. Amsterdam befindet sich damit in guter Gesellschaft mit Reykjavik, Oslo und Kopenhagen. Diese Städte des Nordens wollen im Wettkampf mit dem kanadischen Vancouver zu den energiesparendsten Städten der Welt aufsteigen. Die Lagunenstadt Venedig hingegen verlässt sich darauf, ihre glorreiche Vergangenheit zu verwalten: dieselgetriebene „Vaporetti" schieben sich laut- und geruchsstark durch den Canal Grande und liefern sich mit den vielen privaten Motorbooten und den traditionsreichen handgeruderten Gondeln einen Wettkampf um die höchste Welle. Zwar hatte man auch in Venedig mit großer Publikumswirksamkeit bereits 2011 das erste öffentlich nutzbare elektrische Motorboot zu Wasser gelassen;[59] eine Verordnung mit einem klaren Zeitplan für den Ersatz aller anderen Boote gibt es allerdings bis heute nicht. So unterschiedlich können Städte ihre Strategien für die Zukunft auslegen – und die Geschichte wird zeigen, wer am Ende die Nase vorne haben wird, wenn es um die Gunst der Besucher geht.

Die Wintersportindustrie verschläft die Zukunft: Sie hängt in der Vorstellung fest, gesteigerte Kapazitäten der Liftanlagen und Wochenkarten mit sieben Skitagen seien das richtige Geschäftsmodell für die Zukunft. Aufmerksame Beobachter der Skisportentwicklung hingegen sehen, dass sich das Urlaubsprodukt Winter kontinuierlich verändert hat: Weniger fanatische und konditionell vorbereitete Skifahrer, eine zunehmende Zahl der Alpinski-Verweigerer, ein Boom der fitnessorientierten Tourengeher, eine Renaissance von Rodeln und Winterwandern, eine höhere Nachfrage nach bester Gastronomie auf Skihütten. Das ehemalige Erfolgsprodukt Skifahren kommt in Bedrängnis und mit ihm die gesamte an ihm hängende Skiindustrie – von der Skibekleidung bis zum Skiliftproduzenten.

Ein Blick auf die Trends der Zukunft eröffnet das Chancenszenario: Die Sehnsucht nach Ruhe und beruhigenden Landschaften steigt rapide an, sanfte Bewegungsformen für ein gutes Körpergefühl entwickeln sich zum Mainstream, die individuelle Gestaltung des eigenen Lebens wird zum elitären Traum. Damit läge das Produkt Winter voll im Trend. Dazu bliebe es der Branche allerdings nicht erspart, viele Erfolgssysteme des Wintersports gründlich zu verändern. Den perfekten Wintersporttag werden in Zukunft weniger die bewältigten Pistenkilometer ausmachen als die erlebten Aussichtspunkte, gleich mit welchen Mitteln und Routen man diese erreicht hat. Die Winter-Tageskarte des Gebiets muss weit mehr offerieren als die reine Liftbenutzung, weil unterschiedliche Wintersportgeräte und Programme eine sehr individuelle Auswahl für die Tagesgestaltung zulassen. Trends sind die Wegweiser künftiger Lebensknappheiten – und Marken haben dafür ein scharfes Auge.

Aus Erfahrungen anderer Branchen lernen

Als zweite Methode, um nicht in den eigenen Gesetzmäßigkeiten stecken zu bleiben, empfiehlt sich der Schulterblick auf andere Branchen. Immer öfter erleben wir, wie die großen Innovationen und Unternehmerideen von Quereinsteigern erbracht werden. Wer eine Branche mit dem frischen Blick eines Nicht-Insiders betrachtet, hat offenbar den weitesten Horizont, um notwendige Veränderungen zu erkennen. Weder Larry Ellison (Gründer von Oracle) noch Ray Kroc (Gründer von McDonald's) hatten ihre Branche von der Pike auf gelernt. Der Modedesigner Ralph Lauren hat nie Design gelernt oder studiert und der legendäre Beatles-Schlagzeuger Ringo Starr nie eine Musikausbildung genossen. Angela Merkel beweist als ausgebildete Physikerin perfektes Diplomatie- und Führungsgeschick, Abraham Lincoln schaffte es ohne Schulabschluss zu einem der großen Präsidenten der Vereinigten Staaten.

Diese Beispiele mögen beweisen: Erfolg kann seine Ursachen in völlig anderen Feldern haben als erwartet. Die beiden McKinsey-Autoren Tom Peters und Robert Waterman hatten vor rund zehn Jahren nach den Erfolgsfaktoren für die Spitzenleistungen vieler amerikanischer Unternehmen geforscht.[60] Dabei hatten sie acht Faktoren identifiziert:

[1] Ausprobieren statt studieren
[2] Auf die eigenen Kunden hören
[3] Eigene interne Ideen fördern
[4] Den Fokus auf den Mitarbeitern haben
[5] Ein Wertesystem leben
[6] Bei seinem Business bleiben
[7] Keine Komplexität zulassen
[8] Locker und streng führen zugleich

Diese einfachen Gesetzmäßigkeiten bieten Destinationen und Betriebe der Tourismusbranche jede Menge Chancen, um Kapital herauszuschlagen. Wer ist schon näher an den Kunden als die Unternehmen der Tourismusbranche? Wer kann leichter experimentieren mit unmittelbaren Ergebnissen? Wer ist mit seinen Mitarbeitern, mit ihren Ideen und Anregungen enger in Kontakt als die vielen tausend kleinen touristischen Betriebe? Wer kann besser und unmittelbarer seine Geschichte und seine Werte vermitteln, wenn nicht touristische Anbieter im direkten Kundenkontakt? Es gibt deshalb keinen Grund, notwendige Innovationen aufzuschieben und durch ständiges weltweites Kopieren zu behindern. Starke Marken agieren anders: Sie tun alles, um der **Gewöhnlichkeit** zu entfliehen.

Lassen Sie uns festhalten: Die gesamte Touristikbranche agiert weit unter ihren Möglichkeiten. Doch mit etwas mehr Professionalität auf allen Ebenen könnte sie zu einer Leitbranche der modernen Wirtschaftskultur aufsteigen. Damit dies gelingt, sind jedoch neue Geschäftsmodelle nötig.

Auf der Suche nach den Erfolgsfaktoren halte ich folgende Entscheidungsoptionen und Gesetzmäßigkeiten für plausibel:

1. Entweder breit oder eng

Generalist und Spezialist in einem sein zu wollen – das war noch nie ein guter Nährboden für Erfolg. Wer zu viel will, bekommt am wenigsten. An dieser Gesetzmäßigkeit sind schon Unternehmen im Handel, in der Dienstleistung und im produzierenden Gewerbe zerbrochen. Wenn eine Marke hingegen entweder das eine oder das andere bedient, dann sind die Erfolgsgeschichten zahlreich.

Beispiel Amazon: Ursprünglich als **Distributionsspezialist** für Bücher gegründet, entschied sich Amazon in den 1990ern, zum größten Händler der Welt mit dem breitesten Angebot zu werden. Heute listet das amerikanische Unternehmen aus Seattle Millionen Produkte für den weltweiten Vertrieb und wurde durch Skalierungseffekte bei Vertriebs- und Logistikkosten hoch profitabel. Wer im Tourismus Ähnliches vorhat, rollt seine Aktivitäten ebenfalls weltweit aus. Booking.com und Trivago sind dafür Musterbeispiele. Ein Vorgehen á la Amazon ist also auch in dieser Branche möglich, sofern man sein Geschäft breit genug anlegt. Wer als Buchungssystem zu lokal gedacht hatte, wurde schnell vom Markt gefegt. Kunden, besonders im Businessbereich, wollten ihre elektronische Buchungsplattform für die Hotelübernachtungen und den damit verbundenen Dienstleistungen weltweit nutzen. Zudem konzentrierte sich Booking.com auf das Reisegeschäft und schaffte damit für seine Kunden eine uneinholbar vertrauenswürdige Expertise: Man vertraut dem, der es als Spezialist kann und es bewiesen hat.

Wer sich hingegen als Spezialist etabliert, erntet den Applaus der Fans. Marken mit einem engen Kundenfokus vermeiden mit Vorsatz und konsequent Wachstum außerhalb ihrer eigenen Schublade. Für die Spezialisten findet der Erfolg in der Vertikalen statt: Durch die bewiesene Expertise kann man Kunden weitere Produkte oder Dienstleistungen anbieten, die diese wertschätzen. Die irische Airline Ryanair zum Beispiel hat ihre Millionengewinne Jahr für Jahr ihrer konsequenten Haltung zu verdanken, kosten- und preisseitig die günstigste Airline der Welt zu sein. Mit einem Durchschnittpreis pro Flug von 47 Euro (Stand 2015) verspottet Michael O'Leary seine Konkurrenten Easyjet als „Etikettenschwindler" der Low-Cost-Branche: Mit 82 Euro pro Flug seien solche Fluglinien nicht wirklich günstig. Die harte Konsequenz, in allen Bereichen Kosten- und Preisführer zugleich zu sein, hat die Erfinder der Low-Cost-Flüge in Europa zu den alleinigen Herrschern der wachsenden Kapazitäten am Himmel gemacht. Während die Fluganbieter der alten Schule über sinkende Passagierzahlen und Überkapazitäten am Weltmarkt jammern, ist der irische Low-Cost-Carrier zur größten Airline Europas aufgestiegen.

Breite braucht Masse – dieser Konsequenz müssen sich Destinationen bewusst sein, wenn sie auf das erfolgreiche Geschäftsmodell von Amazon oder Booking.com setzen wollen. Beide Anbieter hätten als regionale oder lokale Unternehmen keine Chance gehabt, ihren heutigen Status als Weltmarktführer zu erreichen. Sie mussten die Größten werden, um profitabel erfolgreich zu sein. Hätten sie dazu keine Möglichkeit gehabt, wären sie wohl gescheitert. Ob eine Destination das Potenzial hat, um auf Breite zu setzen, muss gut analysiert werden: Dies bedeutet, Hotelkapazitäten und Infrastrukturen ständig erweitern zu müssen und aus den daraus entstehenden Skalierungseffekten – trotz kleiner werdender Margen – im Volumengeschäft Profit zu machen.

Destinationen mit der Spezialistenstrategie hingegen müssen bedenken, ob sie die Voraussetzungen schaffen können, um immer wieder spezifische Leistungen zu höheren Preisen durchzusetzen. Sie wissen, dass Spezialisten von der Marge leben und Masse der Feind des Elitären ist. Ein schönes Beispiel für eine solche **Strategie der Spitze** sind Orte wie der Schweizer Nobelort St. Moritz, die deutsche Insel Sylt, Monaco oder die amerikanische Inselgruppe der Bahamas.

Auf der Suche nach einem passenden und profitablen Geschäftsmodell müssen sich Destinationen für eine breite oder eine spezialisierte Ausrichtung entscheiden – beides zugleich geht nicht. Je nach Voraussetzung kann das eine wie das andere zum Erfolg führen; die Zwischenformen jedoch erleiden meistens Schiffbruch.

2. Entweder lokal oder global

„Regio ist das neue Bio" – so drückte es die Lebensmittelbranche aus, als man nach den Erfolgskonzepten der Zukunft fragte.[61] Dabei scheitert diese Behauptung schon an der Definition, was denn als Region zu bezeichnen wäre. Allerdings: Kunden empfinden den Bezug zur Region als hohen Attraktivitätsfaktor. Sie machen sich weniger Gedanken darüber, dass aus Argentinien importiertes Rindfleisch frei herumlaufender Kühe eine größere Bio-Qualität haben könnte als ein in heimischen Ställen mit Sojabohnen gefüttertes Tier. Nachdem die Globalisierung ein Riesenthema geworden war und die Europäer von asiatischen und amerikanischen Einflüssen in Küche und Elektronik nicht genug bekommen konnten, besann sich eine elitäre Gruppe auf den Wert des Lokalen. „Slow food" gehörte hier eindeutig zu den Vorreitern, wie auch Architekten wie Matteo Thun in Mailand und Peter Zumthor in der Schweiz, welche den „Genius Loci", also den Geist des Ortes, allem anderen voranstellten. Der norwegische Architekturtheoretiker Christian Norberg-Schulz hatte den Begriff in den 1980er Jahren mit seinem gleichnamigen Buch geprägt.[62] Lokale Materialien zu verwenden, erwuchs zum Trend der Baukultur – anstatt mit Tropenhölzern und exotischen Steinen Welterfahrenheit zu demonstrieren. Alpengranit statt Marmor aus Mosambik, Fichte statt

Tropenteakholz hieß plötzlich die Devise. Das Lokale und Verwurzelte erhielt plötzlich wieder einen großen Wert.

Für viele Touristen ist das vor Ort Entstandene ein entscheidender Reisegrund. Sie wollen den Kontakt zu den Einheimischen, den Bezug zur regionalen Küche, das Verständnis für die örtlichen kulturellen Gegebenheiten, das Erleben des Alltags. In den Alpen waren diese Themen lange auf die „Heimatabende" zurückgedrängt worden, in denen man die Volkskultur mit Tänzen und musikalischen Darbietungen der örtlichen Vereinshäuser vorführte. Nachdem sich immer mehr Gäste dieser Form verweigerten, entstanden neue Konzepte, um der Regionalität einen Auftritt zu geben. Inzwischen gibt es kaum noch eine Speisekarte ohne regionalen Einschlag, kaum noch ein Hotelumbau ohne Regionalbezug der Materialien, kaum noch ein Veranstaltungsprogramm ohne den Versuch, das Örtliche den Sehenswürdigkeiten im Umkreis vorzuziehen.

Einen klaren Kontrast dazu bieten Städte. Selbst in den historischen Zentren hat die Globalisierung Einzug gehalten und die ehemals mit stationären und lokalen Händlern bestückten Einkaufsstraßen zu einer Aufreihung international tätiger Filialisten gemacht. Zara, H&M, McDonald's, Tommy Hilfiger – von Afrika bis nach Hawaii fehlen diese Marken in keiner Stadt. Zudem verfügt eine jede von ihnen über eine Armada an typischen Restaurants anderer Länder: Italiener, Griechen, Asiaten, Franzosen und Afrikaner bringen ein wenig Exotik und Lebensgefühl anderer Länder und Kulturen. Regionalität ist in Städten hingegen oft auf den lokalen Bauernmarkt beschränkt. Und die Souvenirs lassen sich kaum noch dem Ort zuordnen – zu stark verfolgen sie den Geschmack und den Geldbeutel der Massen.

Standards – Fluch und Segen gleichzeitig

Auf dem Feld der globalen Geschäftsmodelle agieren Hotel- und Restaurantketten. Ihre Stärke ist die kompromisslose Dichte des weltweit ausgerollten Standards. Als die Hilton-Hotels ihren Erfolgslauf um die Welt antraten, waren sogar die verwendeten Türgriffe der Notausgänge amerikanischer Herkunft. Man hatte weniger im Blick, dass diese den gewohnten Standards und Sicherheitsgewohnheiten der örtlichen Bevölkerung entsprechen mussten – dass dies wichtiger war als die Idee, den amerikanischen Level und Stil imperialistisch weltweit durchzusetzen. In Europa hatte der 1913 in Texas von Conrad Nicholson Hilton gegründete Konzern 1955 mit dem Hilton Istanbul Premiere. Drei Jahre später folgte der erste deutsche Vertreter in Berlin. Hilton war das erste Hotel, das mit Fernseher und Direktwahl-Telefon einen neuen Qualitätsstandard für Hotelzimmer setzte. Kunden konnten sicher sein: in einem Hilton-Hotel finden sich diese Annehmlichkeiten, egal in welchem Land.

Es gehört zu den Erfolgsfaktoren der globalen Anbieter, Sicherheit zu verkaufen. Diese erreichen sie durch eine hohe und vor allem konsequente Standardisierung. Diese ist jedoch nicht immer wünschenswert.

- Standards sind wichtig für Businessreisen: Dann hat ein Geschäftsreisender nichts davon, sich immer wieder mit neuen Schaltsystemen der Zimmerbeleuchtung, mit einer neuen Navigation des Room-Entertainments oder mit unterschiedlichen Härtegraden der Matratze zu beschäftigen.
- Standards sind aber Gift, wenn das Reisemotiv Inspiration und Erlebnis heißt. Schon das Gefühl, in einem der 1000 gleichen Zimmer einer Bettenburg am Strand von Malibu zu liegen, tötet die Hoffnung auf spannende Urlaubstage.

Viel zu oft werden diese Wahrheiten verwechselt und vermischt. Das Ergebnis sind standardisierte Hotelstrukturen in Freizeitgebieten und kreative Business-Hotels für Geschäftsreisende.

Die vier Eigenständigkeitsmodelle

Auf der Suche nach einer Systematik kann man die vier Attribute „lokal", „global", „eng" und „breit" in eine Portfolio-Matrix eintragen. Daraus würden sich folgende vier Modelle ergeben:

1. Lokal und breit: der Themenführer

Dieses Modell setzt voraus, dass eine Destination oder ein Betrieb sich einem örtlich verankerten Thema verschreibt. Mut zur Konzentration ist dafür notwendig. Je größer die Spezifik auf ein Thema, desto breiter wird die geografische Zielgruppe. Interessenten für ein ortsgebundenes Thema gibt es weltweit. Die Themenhotels der Spielerstadt Las Vegas spielen in dieser Kategorie genauso wie die Themenparks der Disney-Gruppe. Festspielstädte können dafür gute Beispiele sein, wie auch Beachcomber-Hotel-Resorts auf Mauritius mit einer harten Konzentration auf die lokalen Einzigartigkeiten.

2. Global und breit: der Systemanbieter

Geeignet ist dieses Modell, wenn man sich Masse wünscht und für diese gute Voraussetzungen hat. Dann ist man gerüstet für einen weltweiten Auftritt und für eine sehr breite Zielgruppe. Solche Systeme bieten Sicherheit und Einfachheit – die gesamten Ketten ziehen daraus ihren Erfolg, zum Beispiel auch Airlines und Modeanbieter. Der Kunde vertraut dem System, weil er sich selbst vor Unwägbarkeiten schützen will. Viele Clubsysteme der Freizeitwirtschaft leben davon, ebenso Autovermieter und elektronische Verkaufsplattformen.

3. Lokal und eng: der Alleinherrscher

Früher hätte man ein solches System „Platzhirsch" oder „Dorfkaiser" genannt – heute sind es jene Unternehmen, die eine hohe lokale Spezifik mit einer räumlich sehr eng umschriebenen Zielgruppe perfekt kombinieren. Es ist oft das Geschäftsmodell von Skigebieten, von etablierten großen Freizeithotels, von renommierten Restaurants oder frequentierten Thermen.

Diese Betriebe beherrschen den lokalen Markt und das unmittelbare Umfeld über Größe und Kompetenz gleichermaßen. Im internationalen Kontext ist deren Rolle vernachlässigbar, im lokalen Kontext hingegen entscheidend.

4. Global und eng: die Spezialisten

Wenn ein Thema nicht lokal getrieben ist, sondern seine Fans in allen Teilen der Welt hat, dann kümmern sich die Themenspezialisten um die eigene Gemeinschaft. Destinationen oder andere touristische Einrichtungen können sich mit einem klaren Fokus darauf als Homebase solcher Themenfans etablieren. Man kennt sich untereinander, etwa wegen der gleichen beruflichen Kompetenz oder wegen derselben Neigung zu einer Sport- oder Kulturform. Davon lebt die gesamte Industrie von Fachkongressen und thematischen Weiterbildungen. So gehen Topdestinationen für Taucher, Mountainbiker, Golfer, Extrembergsteiger, Kulturexperten oder Kitesurfer vor.

Diese vier Modelle haben eines gemeinsam: Ihre Protagonisten haben entschieden, der Verführung zu widerstehen, in alle Richtungen zu wachsen und bei allen Zielgruppen punkten zu wollen. Sie haben sich für ein Segment entschieden. Der Tourismusberater Manfred Kohl hat in seiner langen Erfahrung mit Destinationen festgestellt: „Destinationen mit signifikant besserem Erfolg sind nach außen stark marktgetrieben und nach innen qualitätsgetrieben. Sie wachsen nicht auf Kosten des Preises, sondern durch den Mut zum Profil."[63]

Das bedeutet: Horizontales Wachstum – also mehr vom Gleichen oder das Kopieren von den Erfolgreichen – führt über kurz oder lang in den unerbittlichen Preiskampf. Es ist das Gegenteil des nötigen Markendenkens. Dieses ist beseelt davon, vertikales Wachstum zu erreichen und deshalb die jeweils nächste Ebene in seiner Kategorie zu erklimmen oder eine neue Kategorie zu begründen. Wer **markenstrategisch** denkt, misstraut allen Anleihen aus bestehenden Erfolgsmustern. Er will mehr kapieren als kopieren – und daraus seine eigene Strategie bauen.

Definition Markenstrategie:

Die Markenstrategie beschreibt den Weg, wie aus dem Markenkern heraus die Markenpositionierung erfüllt wird. Sie fasst zusammen, wohin sich die Marke auf Basis dieser Erkenntnisse langfristig – das heißt in den nächsten zehn Jahren – entwickeln soll und wie sie aufgestellt sein muss, um dies erreichen zu können. In der Markenstrategie wird detailliert festgelegt, in welchen Bereichen des Unternehmens, zu welchem Zeitpunkt, welche Maßnahmen von wem zur Umsetzung zu ergreifen sind, um die strategischen Ziele zu erreichen und den Geschäftserfolg des Unternehmens zu sichern. Die Markenstrategie liefert Vorgaben für die Struktur und die Prozesse eines Unternehmens. Sie mündet in Maßnahmen, die sich zu normativen Programmen verdichten – ausgerichtet auf alle Kontaktpunkte zwischen Marke und Kunden sowie zwischen Marke und Mitarbeitern.

Als die Tourismusbranche in Südtirol Ende der 1990er Jahre bemerkte, dass der ehemalige Währungsvorteil einer schwachen Lira zu einer starken Deutschen Mark, einem starken Österreichischen Schilling und einem starken Schweizer Franken mit der Euro-Einführung deutlich zu bröckeln begann, musste sie sich fragen: Was nun? Sie hatte lange von der Wechselkursdisparität gut gelebt – und waren deshalb in den Augen der Staaten rund um Südtirol als sehr günstiges Urlaubsland bekannt und begehrt. Doch nun war das erfolgreiche Geschäftsmodell an seine Grenze gekommen. Seit dieser Erkenntnis entwickelte sich Südtirol in die Richtung Themenführerschaft. Mit einer starken Konzentration auf die lokalen Gegebenheiten, versammelt in einer klaren Strategie und zusammengefasst in der Dachmarke, zieht Südtirol heute Kunden und Fans für das Thema „begehrlichster Lebensraum" in seinen Bann.

Die alpinen und mediterranen Kulturerfahrungen vereinen sich zu einem besonderen Lebensgefühl – Kontraste werden sichtbar und spürbar. An Angeboten der Gastronomie erkennt man diese Themenführerschaft genau so wie in einem neu erschaffenen Architekturstil, der die beste Wärmedämmung mit großzügigen Sonnenterrassen perfekt kombiniert. Innerhalb von 20 Jahren hat sich damit das Image Südtirols völlig gewandelt: Das Billig- und Günstig-Image wurde abgestreift, die Anziehungskraft auf das Thema Kontraste gelenkt, die Erfahrungsmöglichkeiten vom Wandern in den alpinen bis mediterranen Landschaften bis zum gastronomischen Hochgenuss in Restaurants und Berghütten konsequent verbunden. Diese Spezifik wird der Region heute zugestanden – und sorgt für steigende Gästezahlen und Pro-Kopf-Ausgaben.

Resümee für Schnellleser

- In der Tourismusbranche wird gerne kopiert, deshalb leidet ihr Angebot signifikant unter dem einfallslosen „Mehr vom Gleichen". Wer erfolgreich sein will, muss verstehen: Das Erfolgsmodell eines Marktteilnehmers taugt nicht automatisch als Erfolgsmodell für andere.
- Erfolgreiche Destinationen zeichnen sich dadurch aus, dass sie mit einem klaren Profil und dem Mut zur Konsequenz eine eigenständige, einzigartige Positionierung aufbauen. Es gilt, das Besondere der eigenen Region oder seines Betriebs herauszuarbeiten und durch spezifische Angebote zu verdeutlichen.
- Destinationen müssen sich entscheiden: Sie können Spezialisten sein, Themenführer, Systemanbieter oder Alleinherrscher – aber nicht ein bisschen von allem. Danach müssen sie ihr Geschäftsmodell aufbauen und die Richtung konsequent beibehalten.

Saisonsrhythmus

Kapitel 9
Ohne Hoffnung auf die nächste Saison
Erfolgreiche Destinationen gehorchen anderen Regeln

Tourismus und Mode hatten einmal etwas gemeinsam: Sie organisierten sich in Saisonen. Während die Modebranche sich mit neuen Geschäftsmodellen weitgehend von dieser Tradition verabschiedet hat, blieben Destinationen und Hotels im äußerst volatilen Verlauf von Jahreszeiten und Zeitabschnitten hängen. Zahlreiche praktische Erfolgsbeispiele zeigen jedoch: Es geht auch anders. Fünf Modelle stellen jene Faktoren vor, mit denen Saisonen hinter sich gelassen werden können.

„La saison" – französisch für „die Jahreszeit". Ursprünglich hatte das Wort große Bedeutung in der Landwirtschaft, weil Früchte und Gemüse Jahr für Jahr zu einer bestimmten Zeit reif wurden. Spargelernte im Mai, Kirschen im Juni, die Weinlese im Herbst – in diesen Monaten ist Erntezeit und damit „Saison". Am häufigsten wird dieser Begriff allerdings von Touristikern verwendet. Man kennt eine Winter- und Sommersaison, eine ebensolche im Frühling und Herbst, es gibt eine Festspiel-Saison und eine Museums-Saison, München freut sich über die Nächtigungszuwächse in der Oktoberfest-Saison und andere Orte sind besorgt über einen schwächelnden Saisonsbeginn der Schwimmbäder. Die Hotelpreislisten sind gegliedert nach Zwischen-, Vor-, Haupt- und Nachsaisonen und die Speisenkarten der Restaurants locken mit saisonalen Menüs. Nach der Weihnachtssaison folgt die Faschingssaison.

Das Wort Saison hat in der touristischen Fachsprache breiten Raum eingenommen. In meinem Berufsleben als Direktor des Hoteliers- und Gastwirteverbandes und als Marketingchef von Südtirol wohnte ich unzähligen Versammlungen von Tourismusvereinen, -verbänden und Hoteliersvereinigungen bei, die meist mit dem Standardsatz „Hoffen wir auf eine gute Saison!" beendet wurden. Ich bin mir sicher, dass dies auch woanders, in Tausenden ähnlicher Veranstaltungen der Tourismusbranche, sich ebenfalls so abspielte. Die Touristiker hoffen also auf eine gute Jahreszeit – so wie früher in den landwirtschaftlich dominierten Gebieten des Alpenraums, als die Menschen um gutes und günstiges Wetter für die Ernte gebetet und geläutet haben.

Geschäftsmodell auf Wetter und Lage gebaut

Es ist bezeichnend, dass sich eine Wirtschaftsbranche so stark auf endogene und kaum beeinflussbare Faktoren verlassen will. Mit der Hoffnung auf eine gute Saison werden einerseits günstige meteorologische Rahmenbedingungen verbunden wie ein schneereicher

Winter und ein wolkenloser Sommer, andererseits auch steigende Gästeströme. Die Vermutung liegt nahe, dass die Tourismusbranche seit jeher sehr stark auf die landschaftlichen Vorzüge als **Reisemotiv** abgezielt hat – und weit weniger auf die Leistungskraft der eigenen Infrastruktur. Die dem Gründer der weltweiten Hotelkette „Hilton" Conrad Nicholson Hilton zugeschriebene Einschätzung, „Lage, Lage, Lage" seien die drei Erfolgsfaktoren für Hotels, weist in dieselbe Richtung: Dass die **Umgebungsfaktoren** im Tourismus eine große Rolle spielen.

Dem zu widersprechen, fällt schwer. Eine zentrale Lage in der Nähe historischer Sehenswürdigkeiten oder ein unmittelbarer Standort neben einem stark frequentierten Flughafen, ein Ausblick auf den Meereshorizont oder dramatische Bergkulissen, eine klimatisch sorglose Umgebung mit vielen stabilen Sonnentagen und über das Jahr stabilen Witterungsverhältnissen – diese günstigen Voraussetzungen helfen Destinationen und Hotels, erfolgreich zu sein. Und doch beweisen viele andere Beispiele das Gegenteil. **Restaurants** zum Beispiel werden oft umso erfolgreicher und ausgezeichneter, je weiter sie von den besten Lauflagen entfernt sind. Wie viele der im Michelin-Führer ausgezeichneten Gourmettempel muss man sich aufwändig mit dem Navigationssystem erfahren, weil sie eben nicht in den Zentren von Städten und an vielbefahrenen Verkehrsrouten liegen? Stellvertretend für so viele in dieser Kategorie sei das Restaurant „Maison Bras" des Ausnahmenkönners Michel Bras nahe des französischen Ortes Laguiole genannt. Die aufwändige Anfahrt über 160 Kilometer vom nächsten größeren Ort Clermont-Ferrand lohnt sich für das Gourmeterlebnis, das dem Gast bevorsteht. Das Restaurant gilt als Frankreich entlegenstes und trotzdem mit drei Michelin-Sternen und 19 Punkten im Gault&Millau als eines der besten. Nur die Spitzenleistung ist hier für den konstanten Erfolg ausschlaggebend, die Lage ließe gastronomisches Niemandsland vermuten.

Spitzenleister pfeifen auf eine Spitzenlage

Und wie viele Hotels haben sich in der Gunst ihrer Stammgäste – trotz unmöglicher geografischer Umstände – durchgesetzt? Weil sie sich durch eine außergewöhnliche Leistung eine „Spitzenlage" in deren Erinnerung erschafft haben und damit so oft weiterempfohlen werden, dass sie auf herkömmliche Werbung mehr oder weniger verzichten können? Es gibt sehr viele Hotels, welche die These des großen Stadthotelexperten Hilton gründlich widerlegt haben. Stellvertretend sei das Hotel „Hochschober" auf der 1800 Meter hoch liegenden Turracher Höhe in Kärnten angeführt. Wahrlich keine perfekte Lage für einen Ganzjahresbetrieb, der sich mit intelligenten Angeboten und Infrastrukturen dazu entwickelt hat. Im beheizten See-Bad schwimmen Gäste des Hauses das ganze Jahr über an der frischen Luft und in reinem Seewasser, die Ein- und Auscheckzeiten sind dauerhaft verlängert, das gastronomische Angebot vom Feinsten, ein außergewöhnliches See-Spa das gesamte Jahr über in Betrieb. Das Hoffen auf eine gute Saison hätte diesem Betrieb nie und nimmer geholfen und die Lage wäre eher ein Argument dafür gewesen, sich eine bessere zu suchen, anstatt die bestehende mit großem Risiko und anspruchsvollen Investitionen zu einem besonderen Ort zu entwickeln.

Blendgefahr: Hochsaisonen sind Leuchtraketen

Der Tourismus entstand historisch als „Fluchtgeschäft" vor den Tücken der Jahreszeit. Die vielen Jagd-, Sommer- und Seeresidenzen im Alpenraum, oft als Anwesen oder Schlösser gebaut, erzählen noch heute von diesen Absichten. Wenn es gekrönten Häuptern und Adeligen an ihren angestammten Wohnorten zu kalt, zu warm, zu langweilig oder zu ungesund wurde, verlagerten sie ihren Lebensmittelpunkt samt Gefolge temporär in andere Klima- und Landschaftszonen. Die österreichische **Sommerfrische** bezeichnet bis heute die Flucht der Städter in die kühleren Orte auf den Bergen, wenn die Sommerhitze in den Niederungen so kräftig zuschlägt, dass man dort kaum noch schlafen und arbeiten kann. In Italien steht zu „ferragosto", der Zeit um den 15. August, in den großen Städten und Unternehmen mehr oder weniger das Leben still. Meer und Berge sind in dieser Hochsaison gleichermaßen gefragt, die Hotel- und touristischen Dienstleistungspreise sind dann gerne doppelt so hoch.

Jahr für Jahr wird ein zweites „touristisches Weihnachten" mitten im Sommer eingeläutet. Ähnliche Beispiele gibt es weltweit: Die Ernte landwirtschaftlicher Erzeugnisse, das Kulturfestival, das Brauchtum, die Sonnwendfeier, die Jahreszeit, religiöse Feste – sie machen einen bestimmten Zeitabschnitt im Jahr zu einer besonderen Zeit. Im touristischen Geschäft mutieren diese Perioden zu Saisonen und bilden sich in Preislisten und Auslastungszahlen ab.

Preiserhöhung ohne Leistungssteigerung

Das ökonomische Grundgesetz, wonach der Preis von Angebot und Nachfrage bestimmt wird, rechtfertigt ein derartiges Geschäftsmodell. Stadthotels steigern ihre Übernachtungspreise zu Messezeiten bis zum Dreifachen des üblichen Preises. Dabei wird die Leistung um keinen Deut verbessert – allein die erhöhte Nachfrage und die Not der Kunden, für ihre Präsenz eine Übernachtungsmöglichkeit zu finden, ermöglichen solche **Mitnahmeeffekte**. Was sich unter geschäftspolitischen Gesichtspunkten der Branche kaum kritisieren lässt, kann aus Markensicht betrachtet zu ganz anderen Ergebnissen führen. Die kaum diskutierten, aber dennoch allzeit präsenten Fragestellungen sind:

- Was denkt ein Kunde von einer Marke, wenn diese seine Situation einseitig zu ihren Gunsten ausnutzt?
- Schenkt er einer Marke und ihrer zugeordneten Spitzenleistung Glauben, wenn sich diese mit völlig unterschiedlichen Preisen darstellt, die nur der Angebotsverknappung geschuldet sind?

- Darf eine Marke ihre Preise temporär erhöhen ohne jegliche Leistungssteigerung?
- Darf sich eine Marke auf das Niveau von Lebensmitteln begeben, deren Preise natürlich von Saisonalitäten und Verfügbarkeiten bestimmt sind?

Ich möchte die Saison-Logik hart infrage stellen. Wer als Marke denkt und sein Unternehmen aus diesem Verständnis heraus führt, muss zu anderen Schlüssen kommen, als Saisonen als **touristische Gesetzmäßigkeit** hinzunehmen. Marken denken in wahrnehmbarem Wert und beweisbaren Spitzenleistungen. In diesem Denkmuster leistet ein Stadthotel jeden Tag den gleichen Wert, nämlich eine Übernachtungs- und Aufenthaltsmöglichkeit fern der eigenen vier Wände zu garantieren. In einem Ferienhotel kümmern sich gleich viele Mitarbeiter um eine umfassende Aufenthaltsqualität der Gäste, unabhängig von Jahreszeit und Ferienperiode. Die Leistung ist damit konstant – und der Wert ebenso. Unterschiedliche Preise lassen hingegen vermuten, dass diese Leistung entsprechend variiert. Damit schwindet das Vertrauen in die Marke erheblich. Aus diesem Grund ruft das mehrfach ausgezeichnete Konferenzhotel „Schindlerhof" an jedem der 365 Öffnungstage den gleichen Zimmerpreis auf und garantiert seinen Gästen damit eine große Sicherheit. Die Eigentümerfamilie Klaus, Nicole und Renate Kobjoll garantieren ihren Gästen, dass niemand in den 93 Zimmern des Hauses einen anderen Preis zahlt und damit die „Gastfreundschaft zu einem anderen Preis oder einer anderen Qualität erhielte".[64] Damit schafft es dieses Hotel, die eigenen Preise durchzusetzen und den Kunden zugleich das Gefühl zu geben, die gebotene Leistung sei zu allen Zeiten und Umständen diesen Preis wert.

Unüblich: Preismodelle von Motel One und Schindlerhof

In ähnlicher Art und Weise agiert die Hotelkette „Motel One". Das Konzept dieser Marke ist, dem Kunden über das gesamte Jahr hinweg eine komplette Übersicht über die verlangten Preise zu geben und zu garantieren, dass an maximal 15 Prozent der Jahrestage die Budget-Zimmerpreise von 59 oder 69 Euro (je nach Lage und Generation des Hotels) auf Messepreis-Niveau angehoben sind (höchstens ein Aufschlag von 100 Euro). Damit wird das in der Branche üblich gewordene **Revenue-Management**, Zimmerpreise nach Auslastungsgrad der Hotels nach oben oder nach unten zu treiben, durchbrochen und durch Transparenz ersetzt.

Die beiden Garantiemodelle widersprechen dem Modell des **Hotel-Revenue-Management**, das dem Yield-Management der Luftfahrtindustrie entlehnt ist und von Marriot International als erster große Hotelkette angewandt wurde.[65] Was als Saison mit jahreszeitlich bedingten Preisschwankungen entstand, wurde durch dieses System auf den Tag und den Auslastungsgrad des jeweiligen Hotels übertragen. Die gleichbleibende Leistung wird zu dauernd unterschiedlichen Preisen an Kunden verkauft, wobei die Verfügbarkeit der Zimmer den Preis steuert und nicht die Leistung. Diese extreme Nachfrageorientierung setzt das Markengesetz außer Kraft, wonach **Marken führen und nicht folgen**. Dieses Gesetz muss jedoch bei Marken auch für den Preis gelten.

Definition: Hotel-Revenue-Management

Das System entstammt dem Yield-Management der Luftfahrtindustrie. Wie es dort Flugsitze gibt, die zu einem festgelegten Zeitpunkt (Abflug) verkauft sein müssen, ist auch ein Hotelzimmer eine Einheit, die leer bleibt, wenn sie nicht an jedem Tag bis zum Eintritt der Nacht einen Benutzer findet. Für eine optimale Auslastung des Hotels werden Nachfrage und Kapazität mit flexibler Preisgestaltung in Einklang gebracht. Die Digitalisierung der Buchungsbestände durch große Vermittlungsportale hat diesem Geschäftsmodell neue Möglichkeiten geschenkt. Auf Knopfdruck können die Übernachtungspreise verändert werden. Angebot und Nachfrage bilden sich damit für den Kunden in Echtzeit ab und haben Auswirkungen auf den Preis.

Die Gesetzmäßigkeiten der Erfolgreichen

In der Branche grassiert die Überzeugung, der Erfolg von Destinationen und touristischen Betrieben sowie Infrastrukturen sei vor allem deren günstigen Voraussetzungen geschuldet. Wer wie Frankreich, Italien und Spanien über Küsten und Berge, Kulturstädte und eine Kulinarik-Tradition der Extraklasse verfüge, der könne am touristischen Erfolg kaum gehindert werden, meinen die einen. Dass dies nur ein Teil der Wahrheit ist, beweisen letzthin touristisch erfolgreiche Länder und Regionen, die sich nicht der klimatischen und kulturellen Vorteile des Südens rühmen können: der Norden Europas mit Lettland, Island, Grönland, Dänemark und bisher unscheinbaren Regionen wie Schottland, Lofoten, Lappland. Dies ist Grund genug, um den Erfolgsfaktoren näher auf den Grund zu gehen, die eine **saisonale Unabhängigkeit** bedingen können.

Mit diesen fünf Unternehmensmodellen könnten es Marken der Destinationsbranche schaffen, die Gesetzmäßigkeiten der Saisonen und günstigen natürlichen Voraussetzungen zu durchbrechen:

1. Persönlichkeit: Mit hoher Energie führen

Nichts Großartiges dieser Welt geschieht ohne Leidenschaft. „Wenn die Passion fehlt, fehlt alles. Ohne Leidenschaft ist nichts zu erreichen."[66] Italiens erfolgreichster Schriftsteller der Nachkriegszeit Alberto Moravia (*1907 – †1990) wusste um die Kraft der Emotion, damit ein großer Wurfs gelingt. In den Hotels dieser Welt wird diese Wahrheit jeden Tag aufs Neue bewiesen. Als Gast spürt man sofort, ob es in einem Hause die Energie der Passion gibt oder ob sie fehlt. Ist jemand für die Gastfreundschaft nur angestellt und führt ein so hoch emotionales Produkt wie eine Übernachtungsfabrik, dann wird Erfolg schwierig.

Es ist das Markenschicksal der so vielen System- und Kettenhotels, die sich auf trainierte Abläufe und herzlose Hardwarekomponenten beschränkt haben und sich ausschließlich am Ertrag pro Zimmer orientieren. Die gesamte Branche kennt so viele bekannte Namen von großen Hotelketten und trotzdem ist die Branche so arm an großen Marken.

Ganz anders in der Ferienhotellerie, wo die Beziehung der Gastfamilie zum Gast viele der Häuser zur zweiten Heimat der treuen Stammgäste gemacht hat. Hotelmanagement ist Beziehungsmanagement und die **Love Brands** der Branche ziehen ihren Erfolg daraus.

Destinationsmarken brauchen Leitbetriebe

Destinationen verfehlen den Markenstatus, wenn sie im betrieblichen Angebot nicht genügend Exzellenz aufweisen. Eine **über allem liegende Durchschnittlichkeit** von Beherbergungsbetrieben ist die größte Bremse von Ländern, Regionen und Städten, die sich auf den Erfolgsweg einer Marke begeben wollen. Immer noch wird unterschätzt, dass man zuerst etwas Valides vorweisen muss, bevor man laut darüber reden kann. Könnte Südtirol nicht auf so viele unterschiedlich exzellente Hotelbetriebe zurückgreifen – auf großartige Restaurants mit passionierten Köchen, auf ein international führendes Angebot der Kategorie „Urlaub auf dem Bauernhof", auf alpenweit begehrte Aufstiegsanlagen und Wanderwege, auf Persönlichkeiten und landwirtschaftlich hergestellte attraktive Erzeugnisse – mit allen Marketingmethoden dieser Welt hätte ich keine Destinationsmarke Südtirol auf den Weg bringen können. Die Produkte einer Destination machen, weit ab von allen anderen klimatischen und landschaftlichen Vorteilen, ihre Begehrlichkeit aus.

2. Perfektion: Das Unscheinbare managen

Destinationen und Hotels basieren auf komplexen Managementaufgaben. Damit ein Gesamterlebnis spürbar wird, müssen viele Stellschrauben gut gedreht sein. Was nützt es, wenn ein Design-Hotel optisch beeindruckt und Basisleistungen wie Sauberkeit und Serviceleistung als nur mittelmäßig eingestuft werden? Welchen Wert hat es in einer Destination, die ihrem hohen kulturellen Anspruch verpflichtet ist, wenn sich die öffentlichen Toiletten in einem katastrophalen Zustand befinden? Es geht um Linie und Konsequenz. Touristische Unternehmen, die sich für eine Haltung und Linie entschieden haben, für einen Wertekanon stehen und mit diesem in Attraktivität und Differenzierung klar punkten, erkennt man an der erfolgreichen Durchsetzung dieser Prinzipien in den **wahrnehmbaren Details**.

Die Plastikblume vermittelt eine Haltung

In einem schönen geräumigen Hotelzimmer mit hohem Designanspruch, das ich 2015 besuchte, standen Orchideen aus Plastik. Die Betreiber dieses renommierten Boutique-Hotels unterschätzen offenbar, dass Kunden sich angesichts eines solchen Schwindels fragen, was denn sonst noch in diesem Zimmer nur so tut, als wäre es echt. Sind denn die Artemide®-Lampen an der Wand ebenfalls nur Nachbauten, die Wasserhähne nicht von der ausgewiesenen Marke, die Duschgels billige Nachahmungen der großen Marken, der Designerstuhl von Vitra® eine Kopie des teuren Originals? Jede unansehnliche Toilette in einem Restaurant lässt den Kunden vermuten, in der Küche sähe es ähnlich aus. Jeder Versuch, den Kunden beim Frühstücksbuffet in einem Vier-Sterne-Hotel mit billigem Pressschinken zufriedenzustellen, „weil er es ja eh nicht merkt", – darauf lässt sich kein dauerhafter Erfolg gründen. Sondern höchstens eine effektvolle Leuchtrakete abschießen, deren Zauber sehr bald verpufft sein wird.

Erfolgstreiber: Destinationen müssen es nicht nur besser machen als andere, damit sie im Wettbewerb bestehen. Sie müssen vor allem klarmachen, wofür sie stehen und dies in allen Kontaktpunkten verdeutlichen. Das Maß an Akribie und Konsequenz, mit der sie ihre Positionierung steuern, ist entscheidend dafür, ob diese von den Kunden wahrgenommen und in Wertschätzung und Respekt umwandelt wird.

Als entschieden war, dass für die Marke Südtirol das Attribut „**kontrastreich**" genutzt werden sollte, bestückten wir bei öffentlichen Auftritten die Tische mit dem alpinen Schüttelbrot und den mediterranen Grissini. Dieses Detail – um zwei völlig unterschiedliche Methoden zu demonstrieren, wie Brot haltbar gemacht werden kann – steuerte die gesamte Aufmerksamkeit auf das Positionierungsthema. Die markenstrategische Vorgabe, auf Speisekarten Südtirols alpine und mediterrane Gerichte gemeinsam zu listen, brachte viele Berghütten und Gourmetrestaurants dazu, Knödel und Spaghetti in bester Qualität und Zubereitungskunst zum Markenelement der Südtiroler Gastronomieszene zu entwickeln. Diese Erfolgsregel für Destinationsmarken, das Management relevanter Kontaktpunkte im Sinne der eigenen Marke mit hoher Aufmerksamkeit zu steuern, verdient große Beachtung.

3. Reduktion: Sich an Wenigem verausgaben

Das Prinzip des Brennglases ist einfach: Viele Strahlen, durch die Glaskrümmung auf einen Punkt gebracht, bündeln sich zu hoher Energie. **Konzentration** bringt die vorhandene Kraft auf den Punkt. Erfolgreiche touristische Betriebe schaffen es besser als andere, sich einer Klarheit zu verschreiben. Man kann diesen Unternehmen ansehen, welcher Idee sie verpflichtet sind und mit welcher Spitzenleistung sie Kunden zu Fans machen wollen. In Destinationen erkennt man diese Qualität, an den Themen und Schwerpunkten, mit denen sie sich vor dem Energieverlust durch Dispersion – die vorhandene Kraft wirkt nicht fokussiert, sondern in der Fläche – schützen. Die Gefahr, sich in der Vielfalt zu verlieren und damit ein diffuses Bild der Mittelmäßigkeit abzugeben, ist immer sehr hoch. Der fehlleitenden Idee, die eigene Attraktivität mit einem möglichst vielfältigen Angebot (siehe dazu Kapitel 5) beweisen zu wollen, ist kaum beizukommen.

Fehler: Das gesamte Angebot in die Auslage stellen

Eine Auslage, die mit dem kompletten Warenangebot überfüllt ist, hat noch keinem Handelsgeschäft zu höchster und hochwertiger Anziehung verholfen. Im Gegenteil: Der Wert verliert sich in der Vielfalt schnell und umfassend. Die Angst, Kunden würden durch eine zu hohe thematische Konzentration abgestoßen oder verwirrt, ist unbegründet.

Fakt: Destinationen mit hohem Mut zu klaren Angebotsschwerpunkten gewinnen gegen die **Vielfaltsanbieter** das Rennen um die höchste Begehrlichkeit. Gleiches gilt für Hotels.

Das Portal Tripadvisor wertete Millionen von Bewertungen aus. Die weltweit größte Reise-Community erstellte dadurch eine Rangliste mit den beliebtesten Reisezielen der Welt.[67] Auf Platz 1 landet die marokkanische Stadt Marrakesh. Auf den weiteren Plätzen finden sich Siam Reap in Vietnam und Istanbul in der Türkei. Alle drei Reiseziele zeichnen sich durch eine hohe Spezifik aus. Das orientalische Flair Marrakeschs mit seinen verwinkelten Gassen, bunten Souks und dampfenden Garküchen machen es zu einer der spannendsten und meistbesuchten Destination der Welt. Die Stadt liegt im Trend, sowohl bei Prominenten, die sich immer häufiger Zweitwohnsitze in Marrakesch zulegen, als auch bei Urlaubern.

Markengesetz: Je eindeutiger, umso attraktiver

Marken sind immer eindeutig und lassen keine Missverständnisse über ihr Leistungsversprechen zu. Die Sorge vor Aussagen wie „Man kann ja nur wandern" oder „Man kann ja nur in der Sonne liegen" verstellt die Aussicht, dass die Destination in einer dieser Disziplinen der weltweit anerkannte Champion sein könnte: „Dort kann man richtig schön wandern."

Damit dies erreicht wird, schwingen sich Destinationen und Hotels zu **Spezialisten ihrer Kategorie** auf und schützen sich damit vor dem Verdrängungskampf ähnlicher Angebote. Der Spagat, Kinder- und Wellnesshotel für Paare in einem zu sein, gelingt zu selten. Die Erfolgsgeschichten der Kategoriespezialisten hingegen lassen sich in enthusiastischen Kundenbewertungen und gewinnbringenden PR-Artikeln nachlesen. Genauso wenig verträgt es sich, wenn Städte und Regionen gleichzeitig für Kultur und Sport einstehen wollen. Man kann dies tun – allerdings werden Kunden weder das eine noch das andere als uneingeschränkte Spitzenleistung mit Markenwert zuordnen. Mittelmäßigkeit in Wahrnehmung und Wertschätzung sind die Folgen der selbstverschuldeten Unklarheit.

Die eigenwillige Architekturaussage der Hotels Burj Al Arab in Dubai (einem Segel nachempfunden und 321 Meter hoch) und Marina Bay Sands in Singapur (146 Meter langer Pool auf 191 Metern Höhe) katapultieren diese beiden Komplexe der Luxushotellerie auf die ersten Plätze der Kategorie „Luxus und Architektur" und verhindern damit den Konkurrenzkampf in der viel breiteren Kategorie „Luxushotels". Beide Bauherren wollten **architektonische Marken** setzen und dafür die weltweite Aufmerksamkeit ernten. Dies ist ihnen – mit gigantischem Investitionsaufwand – auch gelungen. Einer ganz anderen Besonderheit hat sich in der sizilianischen Stadt Ortygia (in der Nähe von Syrakus) ein Hotelbetreiber verschrieben, der unter dem Namen „tworooms.it" nur zwei Zimmer als Luxusprodukt vertreibt. Seine Markenaussage ist Exklusivität durch Reduktion, was ihm eine begehrenswerte Eindeutigkeit sichert.

4. Zeitlosigkeit: Den Moden trotzen

Es gehört mitunter zum Schwierigsten, den Unterschied zwischen vorübergehenden Moden und weltverändernden Trends im richtigen Augenblick zu erkennen. Beides kann fatal für Destinationen sein: einer Mode aufzusitzen und einen Trend zu verpassen. Als Erfolgsregel könnte man ausmachen, dass die besten touristischen Produkte es immer vermieden haben, bei sich anbahnenden Veränderungen ihre Erfolgsfaktoren abrupt und zu früh zu verlassen. Es lohnt sich, **Innovationen** kritisch gegenüberzustehen und den als unvermeidbar angekündigten Veränderungen zu misstrauen. Wie viele Hotels dieser Welt sind schon der Versuchung erlegen, Lichtschalter und Badarmaturen den als modern eingestuften „Touchscreens" zu opfern? Nicht nur die genervten Rezeptionisten, sondern auch der Großteil der meist technikunkundigen Gäste wünschten sich, das Licht einfach an- und ausschalten und die Wasserhähne mit gelernten Drehbewegungen bedienen zu können.

Fakt: Keine große Marke entsteht durch eine Innovation als solches. Gleichzeitig muss sie den Kundennutzen beweisbar und wahrnehmbar steigern. Kompetenz schlägt Innovation, Sicherheit schlägt Hoffnung.

Auf der Suche nach den Erfolgsregeln großer Destinationsmarken stößt man unweigerlich auf das Thema **Kernkompetenz**. Zu den stärksten Attraktivitätstreibern gehört nach wie vor, dass Kunden die versprochenen Spitzenleistungen einem Hotel oder einer Region auch zutrauen.

Nur das tun, was man nachweisbar beherrscht

Das edle und exklusive Poloturnier auf dem zugefrorenen See traut man dem schillernden Nobelort St. Moritz zu und nicht einem „No-Name-Ort" in den Alpen. Die höchste alpine Erlebnisdichte schreibt man dem Salzburger Land, das die höchsten Almendichte Europas hat, viel eher zu als dem ebenso naturnahen Kärnten. In dieses österreichische Bundesland fahren Urlauber wegen seiner südlichen Lebensqualität und gelassenen Lebenseinstellung, während sie mit dem schweizerischem Wallis die gewaltigsten Bergkulissen der Alpen verbinden, sofern sie dort Matterhorn und Jungfrau verortet wissen. Für ihren Erfolg müssen Destinationen ihre Schubladen lieben, in die sie – aufgrund ihrer DNA und seit Jahrzehnten bewiesenen Kernkompetenz – von ihren Kunden gesteckt werden. Es wäre sträflich, dieses große Plus an aufgebauten Spitzenleistungen verlockenden Innovationen und Moden zu opfern. Trotzdem passiert es zu oft. Zu verlockend ist es, für etwas Neues zu kämpfen und einzustehen. Sofern der Fokus auf die eigentlichen Spitzenleistungen dadurch nicht verstellt wird, ist nichts dagegen einzuwenden. Wenn dem jedoch nicht so ist, laufen touristische Unternehmen und Organisationen Gefahr, sich in Gegebenheiten wiederzufinden, die sie nicht beherrschen.

Flop: Musical auf dem Land

Weil die Königsschlösser in Bayern – allen voran das märchenhaft pittoreske Schloss Neuschwanstein – seit Jahrzehnten zu den großen Publikumsmagneten für ausländische Gäste gehören, glaubte man, diese Attraktivität für ein Musical nutzen zu können. In Füssen entstand ein eigens für „Ludwig II. – Die Sehnsucht nach dem Paradies" gebautes Theatergebäude – ein Konzept, das in vielen deutschen Städten mit Cats, König der Löwen und Starlight-Express erprobt erschien. Allein: der erhoffte Besucherstrom blieb aus und der Spielbetrieb wurde eingestellt, ebenso wie der Nachfolgeversuch „Ludwig – der Mythos lebt" ab 2005, der schon 2007 wieder abgesetzt wurde. Auch der dritte Anlauf, die Idee zum Erfolg zu führen, scheiterte kläglich.[68] Heute dient das Festspielhaus Füssen als Veranstaltungshalle für Fremdmieter.

Die Destination bot etwas an, was sie nicht beherrschte – und fiel gehörig auf die Nase. Den Musicalhype aus den Städten New York und London erfolgreich in eine schwach besiedelte, ländliche Umgebung zu bringen, war nur ein Wunschtraum.

Fakt: Erfolgreiche Destinationsmarken sind bis zu einem bestimmten Grad innovations- und moderesistent. Sie ergänzen das Bewährte mit passenden Innovationen und meiden das Risiko, die eigene Kompetenz durch Fremdartiges, das von außen herangetragen wird, zu untergraben.

Top: Architektur im Wald

Als positives Beispiel erfolgreicher Innovation kann die österreichische Region „Bregenzer Wald" in Vorarlberg gelten. Sie gilt als Zentrum für zeitgenössische Alpenarchitektur. Das Bauen mit Holz, in Kombination mit neuesten Erkenntnissen von Dämmung und Stilistik, haben dem Tal eine neue, besondere Note gegeben. „Ein lebhaftes Miteinander von Tradition und Moderne: Traditionell die alten Maisäß-Häuser mit ihren kleinen Fenstern, modern dagegen die zeitgenössische Holzarchitektur, die Holz mit großen Glasflächen und Stahl kombiniert",[69] schreibt die Österreich-Werbung stolz über diese kleine und bisher recht unscheinbare Region im äußersten Westen des Landes. Das Erfolgskonzept scheint simpel: Die große Erfahrung im Holzbau paart sich mit dem neuen Trend, selbst in Städten Häuser mit Holz, Glas und Stahl als gesunde Refugien zu bauen, als Kontrast zu den bisherigen Baustilen und -techniken.

5. Durchgriff: Die Führung in der Hand halten

Eine Marke führen kann nur das oberste Management. Wer diese Verantwortung nach unten delegiert, etwa die Marketingabteilungen dafür verantwortlich macht oder die Designer, gibt das wichtigste Führungsinstrument eines Unternehmens aus der Hand. Denn die Marke ist eine **Managementdisziplin**, keine Wirkungsmethodik. Der Markenerfolg touristischer Destinationen und Betriebe ist deshalb immer sehr stark mit der Führungsstruktur verwoben: Wird die Marke auf Entscheiderebene richtig verstanden, vorgelebt und im Wert vermittelt, ist die Grundlage für das nötige Markenmanagement geschaffen. Bis eine Marke sich in einer Destination als gemeinsam gelebtes Wertesystem in Bevölkerung und Unternehmerschaft durchgesetzt hat, ist dann noch ein weiter Weg – aber ohne die Klarheit und die Überzeugung der politischen und branchenspezifischen Interessensvertreter nicht zu schaffen.

Fakt: Marken wachsen, besonders in Destinationen, von innen nach außen. Was die Einheimischen einer Destination nicht glauben, wird den Gästen nicht als Markenwert zu vermitteln sein.

Nichts anderes geschieht in touristischen Unternehmen. Ob Hotels, Infrastrukturen oder Veranstaltungen, die zu Marken werden wollen: Ohne die **kollektive Überzeugung** der Mitarbeiter und operativ Verantwortlichen wird der Begeisterungsfunke nicht auf die Gäste überspringen. Markenmanagement bedeutet in Destinationen: Identifikation und Bewusstsein schaffen. Dazu ist vieles notwendig, vor allem die gleiche Sprache und Überzeugung der obersten Verantwortungsträger. Es ist wie mit konzentrischen Kreisen, die sich aus einer starken Mitte in die Fläche entwickeln und dabei immer größer werden. Wenn das nicht gelingt, hat die Marke keine Chance, sich im Bewusstsein der Gäste festzumachen. Der dafür notwendige Aufwand, sowohl in finanzieller als auch personeller Hinsicht, wird kontinuierlich und anhaltend unterschätzt. Auf die so oft gestellte Frage, wie lange es dauert, bis eine Destinationsmarke bei gutem Management zur Realität wird, antworte ich meistens: „In Südtirol waren dafür zehn Jahre Überzeugungs- und Umsetzungsarbeit notwendig. Aber Sie können es gerne in kürzerer Zeit schaffen, wenn Sie absolute politische Mehrheiten haben und eine homogen denkende Bevölkerung, die ihren Führungskräften voll vertraut." Gelächter im Saal ist dann meistens die Folge.

Trotzdem kann es gelingen. Wäre dem nicht so, gäbe es keine starken Regionsmarken wie Tirol oder das Allgäu, keine attraktiven Ortsmarken wie Kitzbühel oder Corvara, keine aufstrebenden Städtemarken wie Graz oder Heilbronn. Allen hier aufgezählten Beispielen ist gemein, dass sie weder durch Größe der Stadt oder politische Bedeutung der Region noch durch eine besondere Historie von Weltbedeutung seit jeher im Zentrum der Aufmerksamkeit standen. Vielmehr haben es diese Orte geschafft, sich durch Spitzenleistungen von anderen Konkurrenten mit gleichen Voraussetzungen abzuheben und so ein neues Bild in der Kundenwahrnehmung geschaffen zu haben.

Hoffnung ist eine Kategorie der Religion

Glaube, Liebe, Hoffnung – Die drei göttlichen Tugenden des biblischen Korintherbriefes (1, 13) drücken aus, was bleibt, wenn alles rund um den Menschen zusammengebrochen ist. Das als Wunsch ausgedrückte „Hoffen auf die nächste Saison" ist folglich eine ungeeignete Kategorie für das Markenmanagement. Dieses ist dem Grundsatz verpflichtet, dass Marke die Verdichtung aller Spitzenleistungen ist und damit vom Beweisen lebt – und nicht vom Behaupten.

Eine gezielte und professionell organisierte Produktentwicklung überlässt es nicht dem Zufall, ob der Marke dienliche Spitzenleistungen entstehen oder nicht. Wenn eine erforderliche Spitzenleistung noch nicht existiert, muss sie konsequent auf den Weg gebracht werden; was im Ansatz da ist, muss konsequent gefördert werden. Und was bereits deutlich auf den Markenwert einzahlt, wird als exemplarische Markenleistung nach vorne geschoben.

Viel zu oft hingegen wird den Betrieben, deren Angebot eher durchschnittlich ist, das politische Wort geredet und Unterstützung versprochen – man sei im Begriff, heißt es dann, „noch mehr Werbung zu machen", damit die **Nachteile** zu den Vorzeigeunternehmen der Destination ausgeglichen würden. Das ist eine deutliche **Fehlhandlung**, wenn man zu einer attraktiven Destinationsmarke werden will. Wer es politisch nicht aushält, dass das Beste an unternehmerischer Leistung in den Vordergrund geschoben wird, der wird den Durchbruch als Destinationsmarke nicht erleben.

Fakt: Nichts steigert eine Destinationsmarke mehr in ihrem Wert als unternehmerische Spitzenleistungen. Ein bisschen Marke und alles andere ein Kompromiss – das funktioniert nicht.

Es braucht den Kategorienwechsel

Auch die Modebranche lebte einmal von Saisonen. Bis die spanische Marke „Zara" begann, in ihren 1800 Geschäften neue Ware im Zwei-Wochen-Rhythmus anzuliefern. H&M zog nach und mischte damit die Branche gehörig auf. Der Internethandel tat sein Übriges dazu: In der digitalen Welt sind Saisonen keine Messgröße mehr. In Saisonen zu denken ist „Old School". Die Tourismusbranche hat daraus schon gelernt. Immer mehr Betriebe in Ferienregionen, die sich als Marke etablieren wollen, gehen dazu über, sich zu Ganzjahresbetrieben mit über 300 Öffnungstagen zu etablieren. Sie zeigen dadurch, dass die Ferienqualität mehr von der täglich in gleichem Maß erbrachten Dienstleistungsqualität abhängt als von nicht beeinflussbaren atmosphärischen Gegebenheiten. Es wächst die Chance, dass Destinationen ihre bisherigen Angebote durch **Ganzjahresangebote** ersetzen.

Diese Entwicklung setzt das bisher gängige Geschäftsmodell unter Druck:

- Saisonale Mitarbeiter mit einer guten Ausbildung lassen sich immer schwieriger für die nächste Saison verpflichten.
- Die langen Preislisten mit hoher Komplexität empfinden die Kunden als störend. Aus Markensicht lassen sich die unzähligen saisonalen Preisschwankungen ohnehin nicht begründen. Wenn Marke für einen Wert steht und nicht für einen Nutzen, dann sind Wertschwankungen nahezu ausgeschlossen.
- Die großen Investitionen in die Infrastruktur lassen sich kaum mit kurzen Jahresöffnungszeiten bewältigen, weil die notwendigen Deckungsbeiträge ausfallen.

Gesundheit ist ein Ganzjahresthema, Bewegung ebenso

Transformationen stehen also an. Geografische Regionen mit der Qualifikation, Sommer- bzw. Wintergebiete zu sein, werden abgelöst durch Destinationen, deren thematische Expertise sie zu Ganzjahresdestinationen macht. Gesundheit ist ein Ganzjahresthema, Bewegung auch. Gastronomie kennt keine saisonalen Einschränkungen, Kultur ebenso wenig. Architektur beeindruckt über das gesamte Jahr, Lernen und Genießen braucht keine Jahreszeit. **Skigebiete** werden sich zu Infrastrukturanbietern wandeln, die den Menschen ein Bergerlebnis schaffen. Ein solches kann auch sein, dem Bergläufer und Schneeschuhwanderer den Abstieg zu ersparen. Hotels werden von hardware-zentrierten Häusern mit „2500 Quadratmeter Wellnesslandschaft" zu Orten der besonderen Erfahrung für das ganze Leben. **Strände** werden von sonnenbestrahlten „Liegestuhl-Theatern" zu Orten des anderen Lebens. Freiheit wird die entscheidende Rolle spielen, eine der größten Lebensknappheiten in einer sich stark reglementierenden Welt. Die Eroberung eines Berggipfels mit Gipfelbucheintrag wird sich zur Erfahrung am Berg verändern. Reinhold Messner, ehemals Extrembergsteiger und nunmehr Museumsgestalter und Grenzgänger, hat diesen Paradigmenwechsel sehr treffend beschrieben: „Der Gipfel ist immer nur der Umkehrpunkt, nicht das Glück."[70] Die größte **Transformation** wird sein, dass sich die gesamte Tourismusbranche vom Anbieter schneller und vorübergehender Glücksmomente zum Promotor neuer **Lebenserfahrungen** wandeln muss.

Kopenhagen: Erfolg ist das, was folgt

Destinationen mit Markenanspruch überlassen nichts dem Zufall. Die Hoffnung auf glückliche Umstände gehören nicht zu ihrem Repertoire. Was nicht beeinflusst werden kann, ist gegeben. Was aktiv und strategisch gestaltet werden kann, steht im Mittelpunkt der Aufmerksamkeit. Marke ist immer ausgedrückter Wille – und diesem Denken widerstrebt die Erfolgsverantwortung vieler Städte, Regionen, Destinationen, Hotels, Skigebiete, Museen, Spaßbäder oder Golfplätze, die Misserfolge gerne dem Wetter oder der Lage anlasten. Eines der besten Beispiele, dass es anders ist als vielfach geglaubt und erwähnt, ist die dänische Hauptstadt Kopenhagen. Im Konzert der Weltstädte hatte sie bisher keine entscheidende Rolle gespielt und vor wenigen Jahren hätte man von ihr höchstens gewusst, dass ihr Wahrzeichen eine kleine bronzene Meerjungfrau ist, nach dem gleichnamigen Märchen von Hans Christian Andersen „Die kleine Meerjungfrau". Heute ist Kopenhagen die europäische Hauptstadt der Fahrräder, des Designs und der Gastronomie.

Seit das unscheinbare Restaurant NOMA unter Rene Redzepi zur ersten Adresse für Gourmands avancierte – weil es weltweit die entscheidenden Preise und Rankings abräumte und durch ein neuartiges Konzept, ohne mediterrane Zutaten, exzellente Gerichte zu entwickeln – schaut die Fachwelt der Köche und Feinschmecker nach Kopenhagen. Mit 36 Prozent Fahrradanteil am täglichen Pendlerverkehr und einer vorbildlichen Fahrradwege-Infrastruktur liegt Kopenhagen mit Abstand an der Spitze jener Städte, die sich gerne als fahrradfreundlich bezeichnen. Die Preise der Wohnungen richten sich auch nach der Fahrraddistanz zum Zentrum. Die Stadt wächst Jahr für Jahr. Das war in den 1980ern schon mal anders, als man massiv Bürger verlor. Der klare Wille, in einigen Bereichen die Nummer 1 zu werden und darauf den Fokus zu setzen, hat die Entwicklung gedreht.

Resümee für Schnellleser

- Erfolgreiche Destinationen definieren sich mit ihrer Kompetenz als Themenführer und dem Willen zur Spitze.
- Nach der Modebranche steht auch in der Tourismusbranche ein Kategorienwechsel an: Das Denken in Saisonen geht zu Ende.
- Den Moden zu trotzen und stattdessen die eigene Schublade zu kennen, ist ein Erfolgsfaktor für starke Marken.

Nächtigungseverest

Kapitel 10
Der Preiskampf kostet zu viel Markensubstanz
Plädoyer für ein neues touristisches Geschäftsmodell

Hauptsache, steigende Übernachtungszahlen. Niemand redet darüber, zu welchen Preisen das Angebotsvolumen abgesetzt wird und ob die Kosten damit gedeckt werden können. Tourismus gerät schnell in die Preisfalle, weil das weltweite Überangebot an Hotels und Destinationen den Kunden in eine Machtposition bringt. Nicht nur die Preisgestaltung, sondern auch die Geschäftsmodelle kommen in solch gesättigten Märkten an ihre Grenzen. Doch nur wer den Wert angemessen bezahlt bekommt, schafft es zur Marke.

Disruption. Noch vor fünf Jahren hätte kaum einer dieses Wort buchstabieren oder ihm eine Bedeutung beimessen können. In letzter Zeit ist es jedoch zum Modewort der modernen Ökonomie aufgestiegen. Kaum eine Wirtschafts- oder Zukunftskonferenz kommt ohne Beispiele von Unternehmen aus, welche die bisher gültige Welt erfolgreicher Geschäftsmodelle auf den Kopf gestellt haben. Das revolutionierende iPhone von Steve Jobs kann als Muster für alle Produkte gelten, die ganze Kategorien und Gattungen ausgelöscht und durch neue ersetzt haben. Mit dem iPad erfand Jobs gleich eine neue Kategorie, die es den Laptops im Wachstum schwierig machte. iTunes bescherte der Musikindustrie ein **neues Geschäftsmodell**, das die Anfang der 1980er Jahre von Philips eingeführte Compact Disc (CD) überflüssig machte. Musik ist im Netz, nicht auf der Platte. Presswerke und Händler hatten das Nachsehen, als die Apple-Strategen mit einem einzigen Wurf die Regeln der Musikindustrie über Nacht veränderten.

Als die CD die Vinylplatte ablöste, war dies eine technische Erneuerung. Am Geschäftsmodell änderte sich nichts. Seit iTunes hat dieser Bereich eine kopernikanische Wende erfahren. Wer glaubte, dass die Welt der Musikmacher, des Musikvertriebs und des Musikhandels immer noch der Mittelpunkt des Sonnensystems sei, täuschte sich. Steve Jobs hatte für die Musikbranche ein völlig neues Sonnensystem im Angebot, das alles bisher Dagewesene revolutionieren sollte. „Der Mittelpunkt der Erde ist nicht der Mittelpunkt der Welt" – schon Jahrhunderte davor hatte der Gelehrte und Astronom Nikolaus Kopernikus mit seiner Erkenntnis, die Erde drehe sich um die Sonne und nicht umgekehrt, wie bisher von allen angenommen, für Furore gesorgt.

Uber und Airbnb: Bisherige Wertschöpfungsketten verschwinden

Disruption bedeutet aus dem Lateinischen abgeleitet: „disrumpere" wie „unterbrechen". Was bisher als gegeben angesehen wurde, wird von Neuem durchbrochen und abgelöst. Als disruptiv gelten Geschäftsmodelle, die traditionelle Wertschöpfungsketten zerstören. Was für die einen eine Katastrophe, ist für die anderen die Chance. Die Welt hätte keine Entwicklung genommen, hätte es solche Ablöseprozesse nicht gegeben. Ob in der Natur, in der Gesellschaft oder in der Wirtschaftswelt: Was heute als etabliert und gegeben gilt, war irgendwann einmal eine gewaltige Innovation. Manches davon geht als Evolution langsam. **Disruption** passiert überfallartig schnell. Als Etablierter wünscht man sich das eine und erleidet das andere. Als Mitglieder der Gründergeneration kennt man nur das Neue und stilisiert es zum eigenen Lebensgefühl. Es macht Spaß, das Geltende infrage zu stellen.

Die Fahrdienstvermittlungsplattform **Uber** bietet einen weltweit funktionierenden Taxi-Bestelldienst über eine App inklusive Abrechnungs- und Bonussystem. Während die lokalen Taxidienste, durch örtliche Stadtlizenzierungen geschützt, sich auf altmodischen Ruf- und Winkdiensten ausruhten, erdachten die Uber-Gründer Garrett Camp und Travis Kalanick ihre ursprünglich als Limousinenservice entworfene Plattform von Anfang an als weltweit agierende Plattform. So wie es ebenfalls das Vermittlungsportal **Airbnb** (*Airbedandbreakfast*: im Englischen „Luftmatratze und Frühstück") tut, das private Wohnungen als temporär nutzbare Aufenthaltsorte für Reisende anbietet. In der Zwischenzeit ist diese Plattform zu einer veritablen Größe im Reisegeschäft angewachsen: 2 Millionen Unterkünfte in 26.000 Städten und 190 Ländern (Stand Februar 2016) stehen im Plattformangebot der drei Gründer Brian Chesky, Joe Gebbia und Nathan Blecharczyk – mit immer noch starker Wachstumstendenz. „Unsere Gemeinschaft basiert auf einer großen Portion Vertrauen-Vertrauen, das dafür sorgt, dass Gastgeber sich gut dabei fühlen, wenn sie Reisende zu sich nach Hause einladen, und Vertrauen, das Gästen dabei hilft, sich überall zu Hause zu fühlen", schreiben die Betreiber der mittlerweile hochdotierten Website.[71] Der digitale Zimmervermittler überflügelt mit derzeit 30 Milliarden Dollar den Hotelgiganten Marriott, der aktuell an der Wall Street mit 21 Milliarden Dollar bewertet wird. Der „Gold Rush" aus dem Silicon Valley scheint kein Ende zu nehmen. Der unter ähnlichen Konditionen gestartete Online-Vermittlungsdienst für Fahrdienstleistungen Uber ist an der Südspitze Manhattans mit derzeit 60 Milliarden Dollar notiert[72] (Stand Ende 2015).

Handel und Tourismus stehen vor einem digitalen Umbau

Marktstrukturen werden grundsätzlich verändert, wenn die Gründergeneration zuschlägt. Die bisher etablierten Geschäftsmodelle versuchen sich oft im Oberflächenmanagement. Unter **Digitaler Transformation** wird in Unternehmen verstanden, dass sich die bisherigen Verkaufskanäle und Produkte digitalisieren. Mehr Onlineshops und mehr elektronische Sensorik sollen den „Hipp-Effekt" erbringen. An den Geschäften der Innenstädte steht dann auf einem Aufkleber: „Jetzt auch bei uns 24 Stunden einkaufen" oder auf den Hotel- und Destinations-Websites steht der Button „Online buchen" prominent auf der Navigationsleiste.

Wie ein digitalisiertes Geschäftsmodell in der Touristikbranche funktionieren kann, ist noch offen. Selbst der Netzwerkgedanke nach dem Modell Facebook hat sich noch nicht in irgendeiner Weise durchsetzen können. Wie Reisende davon profitieren könnten, dass andere Reisende gleiche oder ähnliche Erfahrungen gemacht haben, und sich damit auch noch Geld verdienen ließe: die bisherigen **Reise-Blogs** sind über ihr Image als nette Insider-Plattformen noch nicht hinausgekommen. Dabei läge es nahe, dass die neuen disruptiven Modelle aus diesem Bereich kommen. Mark Zuckerberg hat mit seiner Idee, ein Jahrbuch als Foto-Sharing-Plattform für Studierende an der Harvard University aufzubauen, seine Weltidee einer digitalen Verbindungsplattform auf ähnlichem Terrain gebaut, wie es eine Reisecommunity sein könnte.

Die Branche wuchs im Aufschwung der Nachkriegszeit

Fakt ist allerdings, dass sich im Tourismus die Grenzen des ungesättigten Reisewachstums deutlich zeigen. Die noch junge Branche – Tourismus als Massengeschäft gibt es nicht einmal 50 Jahre – konnte sich über Jahre darauf verlassen, dass es mehr Nachfrage als Angebot gab. Die rasch steigenden Einkommensverhältnisse in den Industriestaaten ließen es für immer mehr Menschen zu, einen Teil ihrer Ersparnisse für Reisen auszugeben. Jahr für Jahr waren Urlaubswochen fern der Heimat fest eingeplant. Sich einen großen Urlaub leisten zu können, bedeutete Statusgewinn im Freundes- und Verwandtenkreis. Als **Charterflüge** im großen Stil (vor allem der deutschen und britischen Veranstalter) die bis dato sehr teuren Flugreisen finanziell demokratisierten, war das Reisegeschäft im Discountgeschäft angekommen. Schnäppchenjagd und **„Last Minute"-Angebote** bedeuteten eine neue Dimension für Urlaubsanbieter und Verbraucher. Nahe Ziele, mit Bahn oder Automobil erreichbar, standen plötzlich auf der gleichen Preisebene wie weit entfernte Ziele, für die ein Flugzeug bestiegen werden musste. Zum ersten Mal waren Flugreisen von Deutschland aus günstiger zu haben als das seit 20 Jahren stammgastbesuchte Hotel in den österreichischen Alpen. Ein Schock für viele Regionen, die sich fortan die Fernreisen und das verbilligte Flugbenzin als Feinde ihres Geschäfts auserkoren.

Wo Veränderungen die pure Angst schüren, blühen seit jeher die schönsten Ausreden. Die beleidigte Seele und Ehre will ihren **Sündenbock**. Dieser hieß in der Fachsprache der ehemals etablierten Touristik in Deutschland, Italien, Spanien, Frankreich und Österreich: **Pauschalreisen mit Flug**. Die Übernachtungszahlen waren zwar nach wie vor stabil, aber die grandiosen Zuwächse der letzten Jahrzehnte blieben plötzlich aus. Daran gewöhnte man sich und es wurde vor allem wichtig, die Übernachtungsstatistik im Plus zu halten. Die Branche misst sich in dem rein quantitativen Wert „Anzahl der Übernachtungen". Dies hat sich bis heute als Maßstab für touristischen Erfolg erhalten.

Das Volumen ist nur die halbe Wahrheit

Es ist in einer Produktewelt nicht unüblich, sich im Quantitativen zu messen. Unternehmen werden nach ihrem Umsatz gefragt und nach den Steigerungen im Vergleich zu den Vorjahren. Brauereien definieren sich über den „Hektoliter-Ausstoß", Apfelproduzenten messen ihre Baummengen in „Waggons", Verbrennungsmotoren zeigen ihre Kraft in „Pferdestärken", Glühbirnen in „Leuchtstunden". Wachstum ist in ungesättigten Märkten immer mit Quantität verbunden. Insofern ist es auch nichts Besonderes, wenn sich die Tourismusbranche daran messen will, wie viele Kunden sie in Regionen, Gebiete, Staaten, Hotels und andere Unterkünfte bewegt hat. Eine bürokratische Armada wird dafür aufgewendet, damit man diese Zahlen bekommt. Meldescheine werden in Hotels dafür ausgefüllt, Museen fragen nach der Nationalität beim Ticketverkauf. In einigen Staaten sind die Visa für den temporären Aufenthalt die sicherste Informationsquelle über Gäste aus dem Ausland. Das Fatale daran ist: Diese Präsenzzahlen messen nur eine einzige Dimension.

Fatale Betrachtungsweise: Präsenzen statt Margen

Die Liste der Unternehmen mit steigenden Umsätzen und völlig ungenügenden Renditen ist ellenlang. Cashflow (Gewinn plus Investitionen) oder EBITA (Gewinn vor Zinsen, Steuern und Abschreibungen) lassen in vielen Bilanzen eine ganz andere Bewertung der Unternehmensfitness zu als die gestiegenen Umsätze. Die Apfelwaggons messen keinen Unterschied, ob der Waggon mit Qualitäts- oder Fallobstware gefüllt wurde. Viele Motoren-PS können durch ein sehr ungünstiges Drehmoment für zu wenig Schubkraft eines Fahrzeuges sorgen und die „Leuchtstunden" einer Glühbirne sagen nichts darüber aus, ob das Licht angenehm warm oder fröstelnd kalt wirkt. Quantität ist also immer nur ein Teil der Erfolgswahrheit. Wer genauer hinschauen will, wird sich mit anderen Messgrößen beschäftigen müssen. Dies ist vor allem dann nötig, wenn sich die ungesättigten Märkte in gesättigte transformieren. Dann werden Umsatzsteigerungen durch Gewinnmaximierung als Erfolgsfaktor abgelöst. Der neue Maßstab heißt **Marge**.

Das Hirngespinst aus den Bergen: 3500 Euro pro Tag

Stefano Barbini hatte über lange Zeit in der Branche der Luxusgüter gearbeitet. Zusammen mit seiner Frau Giorgia, einer gebürtigen Römerin, kannte er die Welten von Escada, Guerlain, Gucci und La Prairie wie seine eigene Westentasche. Geschäftsmodelle, Vertriebssysteme, Kundenerwartungen: Die Barbinis wussten, die Welt des Luxus funktioniert. Eines Tages entschieden sie, vor allem wegen ihrer heranwachsenden drei Kinder, ihr Leben aus dem Koffer zwischen Paris und Rom in eine neue Richtung zu entwickeln. In einem Weiler oberhalb von Bruneck in Südtirol erwarben sie einen denkmalgeschützten Hof und retteten diesen vor dem Verfall. Stefano griff zu Schaufel und Harke, um die alten Böden freizulegen und die tapetenüberklebte Holztäfelung der gotischen Stube in ihre ursprüngliche Form zu bringen. Giorgia kümmerte sich um die Details der Fenster, der Wände und der Einrichtung. Was die Barbinis eigentlich für ihre eigene Ferienzeit einrichten wollten, erwuchs nach und nach zu einer **Geschäftsidee**. Wie viel, fragten sich die Barbinis im versteckten Weiler Onach, würden ihre ehemaligen Luxuskunden dafür bezahlen, wenn man ihnen diesen fantastischen Ort der Abgeschiedenheit mit einem luxuriösen Service zum Ausspannen anböte? Wie viel wäre das Luxusgut „individuelle Auszeit an einem geheimen Ort" jenen Menschen wert, die täglich Millionen für statusfördernde Gegenstände ausgeben können?

Weil die Barbinis diese Welten so gut kannten, konnten sie ein neues Geschäftsmodell entwickeln: Das gesamte Haus, das zehn Menschen Platz bietet, würde zu einer Tagespauschale von 3.500 Euro zu haben sein, allerdings nur als Gesamtes. Unter dem Namen „San Lorenzo Mountain Lodge" ging Barbini mit seiner Idee ins Netz. In einer Region, in der das übliche Geschäftsmodell darin besteht, Betten mit Halbpension zu verkaufen, und die Vier-Sterne-Preise im Durchschnitt bei einem Zimmerpreis von 280 Euro lagen, war Barbinis Idee ziemlich abgefahren. Nicht Zimmer oder Betten zu verkaufen, sondern eine gesamte Einheit – diese Idee wurde von den Südtiroler Hoteliers ebenso belächelt wie der dafür verlangte Preis. Man habe genug Erfahrung mit Preiskämpfen und Kunden, die um jeden Euro feilschten, und kenne die Provisionsgelüste der gerade erstarkten Onlineverkaufsplattformen wie HRS, Booking.com und Hotel.de, um den Misserfolg des Quereinsteigers voraussagen zu können, hieß es in der Branche. Das war 2008. Nach sieben Jahren Erfahrung war selbst Barbini vom durchschlagenden Erfolg seines Geschäftsmodells überrascht: „Wir sind mehr oder weniger ausgebucht. Vor allem buchen Paare unsere Lodge. Für sich allein. Einige sogar für einen gesamten Monat, und Freunde kommen aus aller Welt dazu",[73] berichtet Barbini. Derzeit wird das Modell der „Mountain Lodge" zur See gefahren: Die „San Lorenzo Sea Lodge" wird gerade in einer Werft Europas gebaut, um dann in der Karibik das Gegenstück zum Berg zu werden.

Gewinn oder Wert?

Marken denken – und die Barbinis wussten das – nicht in Preisaufschlägen auf die Produktionskosten, um zu einem Gewinn zu kommen. Wäre dem so, so würde sich der Verkaufspreis einer Tasche von Louis Vuitton nicht derart eklatant von einer ebenfalls aus Leder gefertigten Tasche ohne besonderen Markennamen unterscheiden.

Marken fragen nicht:

- Wie decke ich meine Entstehungs-, Produktions-, Vertriebs-, Marketing- und Logistikkosten – und mit welchem Aufschlag entsteht mein **Gewinn**?

Marken fragen:

- Was wäre der Kunde bereit, für den Wert, den ich ihm mit meinem Produkt biete, zu bezahlen? Marken denken also in **Wert**, nicht in Gewinn.

Manfred Kohl zählt zu den Meistern unter den Tourismusberatern. Kaum ein Hotel im Alpenraum, das er nicht kennt, und kaum ein Hotelier der oberen Kategorie, der nicht mit den Preisstudien und Branchenvergleichen der „Kohl & Partner Hotel und Tourismus Consulting" in irgendeiner Art und Weise in Berührung gekommen wäre. Kohl ist vorsichtig, wenn es um die Preisgestaltung in der Hotellerie geht: „Der Kunde, vor allem der Stammkunde, reagiert sehr sensibel auf Preiserhöhungen."[74] Trotzdem verkaufe sich die Branche oft unter ihren Möglichkeiten und lasse sich durch unvorsichtiges Rabattieren in eine Preisspirale nach unten treiben. Kohl weist mit einfachen Zahlenreihen nach, dass sich eine 10-prozentige Rabattierung eines Übernachtungspreises erst mit einer 20-prozentigen Erhöhung des Umsatzes egalisiert. Erst danach rechnet sich die Aktion.

Rabatte sind eine gefährliche Droge

Trotzdem versucht die Tourismusbranche immer wieder, den Köder des billigeren Preises auszulegen, und dadurch die notwendige Auslastung von Betrieben und Regionen in die Höhe zu treiben. So sehen sich Drei-Sterne-Betriebe plötzlich von günstigeren Preisen der Vier-Sterne-Betriebe am gleichen Ort eingekesselt, weil diese ihre Umsätze für die Bankbilanzen nach oben bringen mussten. Reiseveranstalter senken ihre Preise, wenn die Auslastung ihrer Charterflieger in die Regionen schwächelt, und wälzen die entgangenen Einnahmen auf die an ihrer Logistik hängenden Hotels und Dienstleister ab. Der erfahrene Reisende weiß heute: Es gibt immer noch etwas zu einem günstigeren Preis. Dazu hat ihn die Branche verwöhnt und erzogen.

Preissenkungsaktionen funktionieren in gesättigten Märkten immer weniger. Der Gründer von BrandTrust, Klaus-Dieter Koch, formulierte zum 10-jährigen Jubiläum seines Unternehmens in Berlin folgende Einsicht: „Ein klassischer Denkfehler aus dem Wirtschaftsstudium ist die Annahme, dass man, wenn man mehr Menge verkaufen will, die Preise senken muss. Diese sogenannte Preisabsatzkurve traf – außer in stark unterentwickelten Commodity-Märkten wie dem Rohstoffmarkt – noch nie wirklich die Realität. Fakt ist: Die durch Mengenzugewinn motivierten Preissenkungen kosten so viel Marge, die durch Volumenzugewinne in der Regel nie kompensiert werden kann. Zudem werden aufgrund mangelnder alternativer Entscheidungskriterien viele Kaufmotive wie Qualität, Exklusivität, Haltbarkeit oder Wiederverkaufspreise vom Kunden am Preis festgemacht. Eine zu hohe Volatilität im Preisspektrum wird damit zwangsläufig als wertmindernd empfunden und erzeugt damit den gegenteiligen Effekt als den gewünschten: die Kaufbereitschaft wird gesenkt anstatt erhöht. Es gibt damit nur Verlierer: Den Hersteller kostet es Marge, den Händler Umsatz und den Kunden das gute Gefühl, ein wirklich gutes, langlebiges oder gesundes, schmackhaftes Produkt gekauft zu haben."[75]

Preissenkungen kosten sehr viel Marge

Für die Tourismusbranche könnte man es nicht treffender formulieren. Wenn Gäste das Gefühl haben – oder die Gewissheit –, es ließe sich zu immer günstigeren Preisen hochsternig urlauben oder fliegen, dann findet sich bald die gesamte Branche in der **Preisfalle** wieder. Tragisch ist der Wertverfall, der damit einhergeht. Das ehemalige Luxusgut Urlaub, der Prestige-Garant Reise gerät durch den Preisdruck in die grausame Schnäppchenjagd der Nimmersatten. Diese hätten am liebsten alles zum billigsten Preis, aber in bester Exklusivität.

Der Selbstbetrug äußerst sich dann in den Kommentaren über gebuchte Billigreisen. Dazu ein Fundstück aus einem Bewertungsportal: „Das Kreuzfahrtschiff war riesig [...]. An den Abendbuffets musste man sich immer anstellen [...]. Wir konnten kaum alleine sein, weil es immer überall so voll war [...]. Wir hatten uns mehr Romantik und Luxus vorgestellt."[76] Aha. Wie denn?

Der Mangel an Wertschätzung geht an die Substanz

Es sind die Auswirkungen eines jahrzehntelang ungebremsten Wachstums auf Anbieter- und Kundenseite. Um 1900 kostete eine Nacht in einem der Grand Hotels 30 Kronen, das war ein Drittel eines Monatsgehalts eines Arbeiters.[77] Damit verglichen sind die heute selbst in der Luxushotellerie üblichen Preise um die Hälfte gesunken. Wo eine Angebotsinflation, da sinken die Preise. Das ist jedoch nur die halbe Wahrheit. Die andere ist, dass die Wertschätzung für die Dienstleistung in der Tourismusbranche dramatisch verloren hat.

Die größer werdende Unkenntnis der Kunden und Gäste in einer immer komplexer werdenden Welt und ihre damit einhergehende Fixierung auf den Preis führt zu einer massiven Entwertung des Wirtschaftsfaktors Mensch. Als Folge glauben Gäste, sie hätten ein Zimmer gekauft oder ein Essen, nicht jedoch eine **Dienstleistung** des Wohlfühlens und der individuellen Betreuung. Trinkgelder scheinen schon beinahe abgeschafft, der enorme Einsatz an Kapital und Personal in einem Hotel wird kaum gewürdigt. Es gelingt der Branche offenbar zu wenig, für den verlangten Preis auch die **Wertschätzung** für ihre Leistung einzufordern. Was zählt, ist der Preis – und nur der Preis. Dabei profitieren alle Beteiligten, wenn alle Leistungen eine Wertschätzung erfahren. Der Kunde hat mehr Freude an seinem Kauf, weil er weiß, was dahinter steckt. Der Anbieter ist glücklich, weil er mehr Marge erzielt. Die Lieferanten und Hersteller profitieren, weil sie mit ihrer Leistung wieder Geld verdienen, guten Mitarbeitern eine langfristige Perspektive bieten und die nötigen Investitionen in Forschung und Entwicklung vornehmen können.

Massengeschäft bedroht immer den Wert

Vieles von dem, was schiefläuft im Tourismusgeschäft, hat sich die Branche selbst zuzuschreiben. Ähnlich wie in der Lebensmittelindustrie hat sie aus ehemaligen Luxusgütern Massenwaren gemacht. Weil der Wildfang an Lachs endlich war und der Fisch daher sehr teuer, befriedigte man die stark wachsende Nachfrage mit Zucht. Der ehemalige Edelfisch aus den kühlen Gewässern des Nordens verlor als Massengericht für jedermann seinen Wert. Und mit vielen anderen Lebensmitteln passierte exakt dasselbe: **Wertverlust** durch Massenproduktion. In der Tourismusbranche sah das so aus: Vier-Sterne-Hotels mit jeder Menge Design und Kunst, aber schlechter Dienstleistungsqualität: bitte! Kreuzfahrtschiffe als Massenverschiebung von einem Hafen zum anderen: gerne! All-inclusive-Clubs mit billigstem Angebot an Essen und Alkohol: buchbar. Campingplätze und Strände mit sardinenbüchsenhafter Anordnung der Stell- und Liegeplätze: im Angebot. Skigebiete mit höchster Kapazität an Aufstiegsanlagen und einem engen Abfahrtsangebot: willkommen im Verdrängungskampf.

In solchen Wettbewerben ist es kein Wunder, wenn Übernachtungszahlen als Massenzählmittel zur wichtigsten Kennziffer der Branche avancieren. Man braucht massenhafte Auslastung, um die getätigten Investitionen refinanzieren zu können.

Erfolgslogik: Auslastung zum richtigen Preis

Was zu wenig Beachtung findet, ist der zweite Teil der touristischen Erfolgsformel. Diese rechnet zum einen nach Auslastung. Jedes Hotel, jede Destination, jede touristische Infrastruktur braucht Gäste und Besucher. Für die **Wertschöpfung** ist jedoch entscheidend, zu welchem Preis man die Auslastung erzielt. Das ist die andere Komponente für die **touristische Erfolgsformel**: Auslastung mal Preis.

Gut zu wissen: Gute Auslastung mal richtiger Preis hat als Ergebnis Wertschöpfung und Marge. Gute Auslastung mal falschem Preis ergibt im Ergebnis nur Umsatz und Menge.

Der Massenandrang in eine Destination nützt dieser wenig, wenn der dafür erzielte Preis die Aufwendungen der notwendigen Dienstleistung nicht deckt. Die Hoffnung, die Mengen an verkaufbaren Gütern oder Dienstleistungen ließe sich noch steigern, verkommt in Zeiten gesättigter Märkte immer stärker zur Utopie.

Fakt: Es braucht wieder mehr Wertschätzung für die Leistung, aus der eine höhere **Preisbereitschaft** erfolgt. Dafür muss die gesamte Branche erst wieder ein Verständnis entwickeln.

Nehmen wir als Beispiel ein Hotelangebot: Die unterschiedlichen Zimmertypen sind ausführlich beschrieben, inklusive exakter Größenangabe, Ausstattungsmerkmale und Lage. Dazu kommt das weitere Infrastrukturangebot: der unvermeidbare Wellnessbereich, der Fitnessraum, die Restaurants mit kulinarischen Angeboten, die Beauty-Abteilung mit dem gesamten Renaissance-Programm für Körper und Geist. Was nirgendwo steht: Wie viele Mitarbeiter sich mit wie vielen Arbeitsstunden und Fachqualifikationen um den gelungenen Hotelaufenthalt kümmern? Und wie hoch die Anzahl der für einen Gast zur Verfügung stehenden Mitarbeiter ist? Damit wird nämlich die Qualität gesichert, die Spreu trennt sich hier vom Weizen. Wie soll man als Gast den Faktor Mensch wertschätzen, wenn davon nirgendwo die Rede ist? Warum wird die Wahrnehmung nicht auf diesen Wert gelenkt? Was sonst in einem Hotel gibt den Ausschlag für den Qualitätsabstand zur Konkurrenz, wenn nicht der Faktor Mitarbeiter? Was immer wieder in Seminaren und Kongressen als entscheidender Faktor in Dienstleistungsbranchen genannt wird: In der Kommunikation finden sich Mitarbeiter/innen kaum als kaufbarer Wert.

Der Paradigmenwechsel: Vom Preis zum Wert

Wer in Markendimensionen denkt, würde die touristische Erfolgsformel gerne umschreiben und seinen Erfolg gerne in „Fangemeinschaft mal Wertschätzung" messen. Zu den Fans gehören jene, die eine Destination oder ein Hotel nicht ihres Preises wegen gewählt haben, sondern wegen ihres Wertes. Diesen Wert schätzen die Kunden, honorieren ihn mit Wiederkauf und Weiterempfehlung. Aus Wertschätzung entsteht durch eine angemessene Preisbereitschaft Wertschöpfung für den Anbieter. Er bekommt für seine Leistung den passenden Preis als Wert ausbezahlt und kann dank dieser Marge sein Angebot dauerhaft und ehrlich verbessern. Eine Win-Win-Situation für beide Seiten. Ist eine Marke im Spiel, geht es beiden Spielern, dem Anbieter und dem Kunden, um den Wert und nicht nur um den Preis. Diesen Paradigmenwechsel hat die Tourismusbranche bitter nötig.

Als ich in Südtirol zunehmend Verantwortung für das touristische Geschehen übernehmen konnte, wurde mit dem Wechsel von der italienischen Lira zum Euro sofort klar: Die bisherigen Wechselkursvorteile würden verloren gehen. Italiens Wirtschaft hatte sich im internationalen Wettbewerb immer dadurch gehalten, rechtzeitig die eigene Währung im Verhältnis zu den starken Währungen der umliegenden Länder abzuwerten. Das brachte es mit sich, dass die Deutsche Mark, der Schweizer Franken und der Österreichische Schilling sowie die meisten anderen Währungen Europas nie Preissteigerungen in Südtirol spürten. In einigen touristischen Hochburgen rund um Meran mit beinahe ausschließlich deutschem Tourismusanteil waren die Preise in den Geschäften sogar in Mark angeschrieben. Mit dieser Praktik sollte mit der Einheitswährung in Europa endgültig Schluss sein. Südtirol würde seinen Günstigkeitsbonus verlieren und in Zukunft nur noch auf seine Wirtschafts- und Angebotskraft angewiesen sein.

1990: Deutsche leben im Urlaub billiger als zu Hause

Gerade zu dieser Zeit erschienen in den Südtiroler Medien laufend Leserbriefe deutscher Gäste, die sich über die gestiegenen „Kaffeepreise" echauffierten. Südtirol sei auch nicht mehr das, was es einmal war, lautete der Tenor, und man werde sich überlegen, ob man diesem Land weiterhin die Urlaubstreue hielte. Nun muss man wissen, dass in Italien der Preis für das Nationalgetränk „Café" in all seinen Variationen von „Macchiato" bis zu „Cappuccino" ein politischer ist. Dieses Genussmittel soll keinen wirklich kalkulierten Preis haben, lautet ein ungeschriebenes italienisches Gesetz, sondern einen Preis für das Volk. Schließlich ist der „Café" ein Mittel der Kommunikation. Die wichtigen Gespräche laufen neben der Tasse mit dem bitteren Sud, dem Nationalstolz der italienischen Genusskultur. In München kostete ein Kaffee schon damals das Doppelte, während deutsche Urlauber geflissentlich zur Feder griffen, um sich über die unerhörten Cafépreise Südtirols zu äußern. Ich dachte mir: Von dieser Klientel muss sich Südtirol dringend befreien. Wer sich über den – um ein Vielfaches billigeren – Preis in der Urlaubsdestination beschwert, demonstriert **Geringschätzung** und nicht Wertschätzung.

Ab diesem Zeitpunkt ermunterten wir die Leistungsträger Südtirols, ein noch stärkeres Selbstbewusstsein für die eigene Leistung zu demonstrieren und sich von solchen Kritiken nicht in die falsche Richtung treiben zu lassen. Wenige Jahre später blieben die Leserbriefe aus und die Schnäppchenjäger wohl auch. Das war ein wichtiger Meilenstein für die Markenentwicklung Südtirols.

Preis ist immer eine Information über die Qualität

Für eine Destination mit Markenanspruch kann es nicht das oberste Ziel sein, Erfolg in nackten Übernachtungszahlen zu messen. Selbst die beste Auslastung ist kein Erfolg, wenn sie nicht zum gerechten und richtigen Preis geschieht. Zu viel an Tagestourismus zu haben, kann eine solche Falle sein.

Erfolgstreiber: Wenn die Massen den Hotspot stürmen – ob nun Skigebiet oder Ausflugsziel – ist der Wert schnell dahin. Es entsteht der Eindruck von Massenabfertigung, das Gefühl vieler potenzieller Gäste sagt: Hier ist es einfach nur billig. Wer Wert sucht, wendet sich ab. Wer es billig haben will, erträgt die Masse.

Natürlich kann Masse ebenfalls gute Renditen erbringen, wenn sie stetig anwächst. Ist dies nicht der Fall, rutscht man schnell ins Abseits der gerne gemiedenen Massenziele. Als Marke wird wahrgenommen, wer Masse durch Exklusivität und Auswahl verhindert. Dafür sind Preis und **Verknappung** oft ein gutes Regulativ. Im besten Falle spielen beide zusammen und ergeben gemeinsam den Wert einer Destination. Wenn sich das Angebot nicht alle leisten können oder es nicht für alle Geschmäcker passt, dann wird die Marke einer Destination, eines Hotels, einer Region oder Stadt spürbar.

Auch Wertschätzung hat Grenzen

Nicht jede Destination eignet sich für ein Hochpreisgefüge. Dazu muss vieles passen und perfekt ineinandergreifen. Im Nobelort St. Moritz tragen die Taxifahrer Anzug mit Krawatte als Dienstkleidung. Wie sonst sollte man die höchsten Preise der Schweiz auf einer Höhe von 1.600 Metern rechtfertigen, wenn nicht durch eine durchgehende Stilistik und Noblesse. Dies mag nicht allen gefallen – aber genau diese Abgrenzung macht St. Moritz zum schillerndsten Ort der Alpen. Erfolg durch **Ab- und Ausgrenzung**. Ein solches Konzept kann sehr schnell ins Gegenteil umschlagen, wenn es nicht mit Augenmaß geführt wird. Wo die Balance Exzesse verhindert, lohnt es sich, auf Elite zu setzen. Das funktioniert im monegassischen Monte Carlo, im österreichischen Lech, auf der deutschen Insel Sylt oder im italienischen Nobelort Punta Ala. Für die meisten Destinationen, Orte und Städte ist eine solche Positionierung jedoch keine Option. Oft fehlen die dazu notwendigen Infrastrukturen, oft mangelt es an einer Tradition, oft scheitern Elitekonzepte am politischen Willen.

Ebenso wenig können Hotelpreise einfach angehoben werden, wenn man sich weniger, dafür zahlungskräftigere Kunden wünscht. Der erste Effekt kann garantiert werden, der zweite kaum. Preiserhöhungen brauchen zugleich eine neue **Wertausrichtung.** Produkte, Angebote, Sprache, Kommunikationsformen und Vertriebskanäle müssen auf eine neue Ebene gebracht werden, wenn der Schritt in eine neue Kategorie getan werden soll. Das Umetikettieren des Alten hat noch nie funktioniert.

Keine Frage: In jeder Region, in jeder Stadt und in jedem Ort gibt es für die Gäste verschiedene Möglichkeiten, ihren Aufenthalt zu höheren oder günstigeren Preisen zu gestalten. Trotzdem bekommen diese sehr schnell ein Gefühl dafür, ob die Destination zu den Preiskämpfern gehört – oder ob sie den Sprung in die Liga der Wertigkeit geschafft hat. Das Preisgefüge ist immer eine gute Antwort auf die Frage, ob man sich bei der Destinationswahl für Masse oder Klasse entscheidet.

Gut zu wissen: Destinationen werden an ihrem Preis erkannt und als Marke wahrgenommen. Entscheidend ist dafür das Preisgefüge im Gesamten.

Destinationen erkennt man an ihrem Stil

Es macht nichts aus, wenn es in Destinationen mit Günstig-Image auch einige erstklassige Hotels oder Infrastrukturen zu gehobenen Preisen gibt und umgekehrt. Das geflügelte Wort, eine Schwalbe macht noch keinen Sommer, gilt auch hier. So wie man – mit etwas Übung – einem Material seine Qualität anmerkt, ohne es zu berühren oder es im Detail zu kennen, funktioniert es auch bei Urlaubszielen. Man „sieht", ob ein Stoff von hochwertiger Qualität ist oder nicht, ob die Dame Modeschmuck trägt oder echten, ob die Aktentasche aus Leder ist oder nicht. Spätestens bei der Berührung schwört jedes Material seinen Offenbarungseid, entpuppt sich als echtes Holz oder Laminat, als Pelz oder Kunstfaser, als Seide oder Polyester.

Wer auf dem Markusplatz in Venedig sitzt, an der Strandpromenade von Nizza, auf der Almhütte im Engadin, am Paradeplatz in Zürich, an der Bosporus-Brücke in Istanbul, in der Speicherstadt von Hamburg, im Stanley-Park in Vancouver – und noch viele einzigartige Plätze und Ziele könnte man hier aufzählen: Wer dort verweilt, empfindet die dort geforderten Preise der Gastronomie und aller anderen Dienstleistungen als teuer bis überzogen. Allerdings wird der außerordentliche Wert, der zu diesen Preisen geführt hat, nicht infrage gestellt. Würde das passieren, wären die Preise nicht zu halten.

Fakt: Kein hoher Preis hält einem Wertentzug stand.

Das führt uns zu den fünf entscheidenden **Wertfragen**, die im Destinationsmanagement bei der Preisgestaltung gestellt werden:

1. Welchen Wert drückt das Preisgefüge einer Destination aus?

Ob eine Destination im Fahrwasser Preis oder im Fahrwasser Wert navigiert – dies ist zu erkennen in den Fußgängerzonen, auf den Buchungsportalen der Hotels, am Restaurant- und Verpflegungsangebot, an überquellenden Souvenirläden voller Kitsch, an den vielen Kleiderständern vor den Geschäften, an übergroßen Preisschildern mit dauerhaften Rabattangeboten und an Menüangeboten zum Schleuderpreis: Diese **Symptome** sind ein sicherer Hinweis darauf, dass in dieser Destination der Preiskampf tobt und der Wert über den günstigsten Preis definiert wird. Sind hingegen die Schnäppchenangebote für Hotels selbst auf den stärksten Buchungsportalen gering und ist die Weiterempfehlungsrate für die Hotels mit den höchsten Preisen sehr hoch, dann weiß der interessierte Kunden auf Anhieb: Hier rechtfertigt der Wert offensichtlich den verlangten Preis. Wird das Teuerste gelobt und das Billigste vermieden, ist eine Destination voll im Wertspiel.

2. Welche Maßnahmen sorgen dafür, dass der Wert wertgeschätzt wird?

Destinationen mit Wertorientierung erkennt man an ihren **Angeboten** – jene im Preiskampf ebenso. Ob Pauschalen, Veranstaltungen, Festivals, Ausflugsprogramm, Entertainment: Es sind die wesentlichen Markenkontaktpunkte einer Destination, um ihre Positionierung im

Preis-Wert-Spiel zu demonstrieren. Ob es nun Inhalte sind, die Programmgestaltung, grafische Umsetzungen oder die Preise: der Wühltisch-Charakter ist sehr schnell auszumachen. Ebenso ist ein Blick in die Buchungsportale und in die dort abgebildeten Unterkünfte sehr aufschlussreich, wenn man die Wert- oder Preisorientierung einer Destination ergründen will. Sollten die Schnäppchenschilder überall aushängen und es an jeder Ecke blinkenden Dauerrabatt geben, dann ist man sehr schnell und gut orientiert.

3. Wie können Spitzenleistungen abgesichert werden, die den Wert schaffen?

In einer Destination merkt der Kunde sehr schnell, ob Ideen und Initiativen der Vergangenheit verwaltet werden – oder ob sich die Destination dem Neuen stellt. Von den Spitzenleistungen einer längst vergangenen Zeit kann keine Destination auf Dauer leben.

Dazu gehört: wenn der Kurort nicht zum präventiven Gesundheitsangebot findet, das Alpin-Skigebiet sich nicht zum Wintersportort entwickelt, das Sporthotel nicht als Vitalhotel wiederaufersteht, der Sandstrand ohne Pflege sich selbst überlassen bleibt, die Gästeehrung für jahrzehntelange Wiederholungsaufenthalte auf ihr natürliches Ende wartet oder die Speisekarten die Renner der vergangenen Jahrzehnte listen. Spitzenleistungen bleiben keine Spitzenleistungen, wenn sie nicht dauerhaft der Zeit angepasst werden, in der sie als solche wahrgenommen werden sollen.

4. Welche Kommunikationsmittel unterstützen den Wert?

Wenn eine Destination mit Gewinnspielen, Rabattmarketing und preisorientierten Vertriebsschienen die Kundengunst anregt, demonstriert sie über diese Wahl der Kommunikationsmittel seine Positionierung als Preiskämpfer. Das Fünf-Sterne-Hotel, das sich dauerhaft auf der Rabattplattform „Groupon" seine schlechte Auslastung zu **Schleuderpreisen** aufbessert, wird seine „richtigen" Preise immer schwieriger durchsetzen können. Destinationen, die in hochwertigen Medien wiederholt dank spannender Inhalte genannt werden, werden als wichtig und kompetent eingeschätzt.

5. Welche Markenkontaktpunkte vermitteln, dass der Preis ein vom Kunden zuerkannter Wert ist?

Es können besondere Restaurants, außergewöhnliche Hotels, bemerkenswerte öffentliche Einrichtungen, stimmige Architekturen, verzaubernd inszenierte Naturerlebnisse sein: An solchen Punkten merkt der Besucher, ob sich eine Destination als **Wertführer** oder Preiskämpfer aufgestellt hat. Das Tagesausflugsziel mit der großen Masse zum billigsten Preis bringt einer Destination nur scheinbaren Erfolg. Hingegen bringen der kontingentierte Zugang zu einem Tauchgebiet (Mövenpick Resort Marsa Alam in Ägypten), einer Wanderroute (Inkatrail in Peru), einem Museum (Madame Toussaud in London) durch eine gesteigerte Anziehungskraft auch die höchste Wertschöpfung.

Die grundsätzliche Frage in allen Markenstrategieprojekten in Unternehmen lautet: Will es ein Produkt im Wettbewerb mit anderen verkaufen – oder will es einen Wert verkörpern, der den Kunden etwas bedeutet? Eine Markenstrategie für eine Destination muss Klarheit über den eigenen Wert schaffen, wenn er von den Kunden wahrgenommen werden soll. Die Preise, die in der Destination durchgesetzt werden können, sind eine Konsequenz daraus.

Gut zu wissen: Der Wert bedingt den Preis – der Preis selektiert die Kunden – die Kunden erbringen die Auslastung: Das ist die Taktung, an der eine Markendestination erkennbar wird.

Resümee für Schnellleser

- Den Erfolg einer Destination nur in Übernachtungszahlen zu messen, führt zu groben Fehleinschätzungen. Nur das quantitative Ergebnis wäre damit abgebildet – aber nicht, zu welchen Preisen und Kosten dieser Erfolg entstand.
- Erfolgreiche Destinationen zielen auf größtmögliche Wertschöpfung und verwenden dafür die Formel „Auslastung mal Preis". Der Wert der eigenen Leistungen steht im Vordergrund.
- Markendestinationen arbeiten in ihrer Kommunikation nach innen und außen konsequent daran, dass Kunden ihre Leistungswerte wahrnehmen. Wertschätzung ist die Folge, die Fixierung auf den Preis die Ausnahme.

Leistungsturm

Teil 2

Marke ist Spitzenleistung

Woraus und womit Destinationen ihre Attraktivität aufbauen

Wie oft habe ich auf Veranstaltungen von Touristikern gehört, der mangelnde Erfolg einer Region, einer Stadt, eines Ortes oder eines Tales läge an den unzureichenden **Werbebudgets**. Hätte man nur die Werbemillionen großer Marken, dann wäre man am Erfolg nicht zu hindern, lautet die meist allseits beklatschte These. Zugegeben: Die in den Vermarktungsorganisationen gebündelten Gelder sind meist völlig unzureichend, um im Kampf um Aufmerksamkeit eine Rolle zu spielen. Nähme man jedoch alle Werbeinvestitionen aller Leistungsträger zusammen, wäre das Bild ein völlig anderes: Im Tourismus ist die gemeinsame Kraft noch viel zu stark verteilt, zerstückelt in zu vielen Organisationen und für sich selbst kämpfenden Einzelakteuren.

Doch das ist nur eine Seite der Medaille. Die andere Seite ist die weit wichtigere: Diese erfordert von den Destinationen, dass sie zuerst mit ihren Leistungen brillieren müssen, bevor sie sich in der Kommunikation darüber verausgaben. Schon ein Blick in die Organisationsstrukturen der meisten Tourismus- und Destinationsbetriebe zeigt das Grundproblem: Es gibt nur Marketingleute und Marketingabteilungen – aber keine Produktentwickler. Eine derartige Konstellation wäre in anderen Branchen undenkbar.

Deshalb widmet sich das folgende Kapitel dem Schwerpunkt **Produktentwicklung und Spitzenleistungen**. Es thematisiert die Felder, die aus meiner Sicht den wirklichen Unterschied ausmachen und zeigt anhand guter Beispiele, was möglich ist.

Spitzenleistungen – die Markenessenz

Eine Marke ist der verdichtete Ausdruck unternehmerischer Spitzenleistungen. Wer hofft, dass allein exzellentes Marketing und Kommunikation aus einer Destination eine Marke formen können, hofft vergebens. Kunden kaufen keine Kampagnen und keine Werbeversprechen. Kunden werden nicht durch Werbung Fans einer Destination, sondern weil sie dort Spitzenleistungen erlebt haben, denen sie es mit Weiterempfehlung danken. Es ist wie beim Kochen: Ohne beste Zutaten wird jede Sauce fahl und wässrig. Markendestinationen lassen an ihrem Willen, mit konsequenten Spitzenleistungen ihren Wert aufzubauen, keinen Zweifel.

Kapitel 1
Sich auf das Eigenwillige konzentrieren
Abgrenzung

Die ersten Grandhotels schuldeten ihren Erfolg einer kompromisslosen Ausgrenzung. Schon Bauart, Größe und Interieur machten dem normalen Mann der Straße deutlich, dass dieses Angebot nicht für ihn bestimmt war. Wer dem Portier als Bewacher des Zugangs unangemessen erschien, wurde höflich, aber bestimmt am Eintritt in die Empfangshalle gehindert. Man wollte den meist sehr betuchten Gästen nur „ihresgleichen" zumuten und den Laden von unpassenden Kontrasten freihalten. „Indem aus dem Grandhotel die sozialen Konflikte des großstädtischen Alltags ausgegrenzt wurden, fand die Dauergeselligkeit des Hotels im Schonraum eines sozialen distinkten Territoriums statt",[78] schreibt der Historiker Habbo Knoch in seiner Sozialanalyse der damaligen Zeit. Grandhotels erschufen ihre eigene Welt innerhalb der real existierenden. Zu den Erfolgsmodellen von Destinationen gehört auch diese Methode: Abgrenzung.

Fakt: Starke Marken haben starke Grenzen.

Sich als Angebot für Wenige zu profilieren, hat nach wie vor ein großes Potenzial. Ein Brennglas bringt die Breite der Lichtstrahlen so auf den Punkt, dass man damit entzünden kann. Wer es allen recht machen will, verliert seine Kraft.

Abgrenzen durch Spezialisierung

Während sich die Skigebiete dieser Welt in der besten Pistenpräparierung üben und dank perfekt geplätteter Pisten selbst ungeübteren Skifahrern Fahrspaß garantieren, geht das Skigebiet **La Grave** mitten in den französischen Alpen ganz andere Wege. Das französische Skigebiet ist unter Insidern wohlbekannt. In La Grave wurden schon „Powder Turns" gefahren und steilste Abfahrten bewältigt, als andere Gebiete „Off-Piste" noch für ein Randthema für einige Spezialisten hielten. Im besten Varianten-Skigebiet der Welt tummeln sich heute Freerider aus aller Welt auf den unzähligen „Top Runs", während die Pistenraupen weitgehend stillstehen. Diese spitze Positionierung war anfangs ein Risiko und erwuchs zum Erfolgsmodell, weil die Gruppe der Freerider ständig anstieg. Gleichzeitig setzte die Konkurrenz auf die zahlenmäßig viel größere Gruppe der Carving-Schwinger, die breit gewalzte Pisten lieben. La Grave hielt am Insider-Konzept fest und entwickelte sich zum Mekka der Freeride-Szene.

Eine konsequente **Hochpreispolitik** ist ebenfalls eine Methode, um abzugrenzen. Weil das Angebot für den Großteil der Menschen aus finanziellen Gründen nicht erreichbar ist, reduziert sich die Zielgruppe automatisch auf eine in punkto Ausgaben sorgenfrei aufgestellte Elite. Im Ranking um das teuerste Hotelzimmer der Welt liegt ein Schweizer Angebot an der Spitze: Bestens beschützt wie ein amerikanischer Spitzenpolitiker ist man in der Royal Penthouse Suite des President Wilson Hotels in Genf. Die schusssicheren Fenster bieten einen Panoramablick auf den Genfer See und den Montblanc. Ein Steinway-Flügel, ein Billardraum oder ein privates Fitnesscenter treiben den Tagespreis für die 12 Zimmer und 1700 m^2 große Dachterrasse in die schwindelerregende Höhe von 61.000 Euro. Damit darf sie sich teuerste Suite der Welt nennen (Stand 2016).

Eine Insel für 92.000 Euro pro Tag

Für 650.000 Euro kann man auf einer Reise, die über zwei Jahre dauert, sämtliche 652 Unesco-Welterbestätten besuchen. Für 92.000 Euro gibt es eine ganze Insel für einen Tag zu mieten: Nach Grenada kommen besondere Gäste, die auf dem vorgelagerten Calivigny Island ganz unter sich bleiben wollen. Vier exklusive Villen, an sechs Stränden und zwei Pools stehen auf 320.000 Quadratmetern Inselgelände mit Köchen, Servicekräften und Zimmermädchen zu Verfügung. Diese Liste der besonders teuren Eigenwilligkeiten ließe sich beliebig fortsetzen. Sie soll nur den Beweis liefern, dass es selbst bei krassestem Zuschnitt auf eine winzige Zielgruppe Erfolgspotenziale gibt, die nicht kleiner einzuschätzen sind als eher normale Angebote, mit denen eine Destination in der Masse „mitschwimmt".

Das Seltene und scheinbar Unerreichbare hat schon immer eine große Faszination auf die Menschen ausgeübt. Was nicht für alle ist, steigt in der Begehrlichkeit. Die Welt des Kunstmarktes ist dafür ein weiterer Beweis. Was es nur einmal gibt – selbst, wenn es nur von wenigen geschätzt und verstanden wird – erzielt eine hohe Wertschätzung. Gemessen an den Potenzialen agiert die Tourismusbranche eher verhalten, wenn es um die Eigenwilligkeiten geht. Das Gros des weltweiten touristischen Angebots gibt sich als für die Masse verträglich. Wer sich vorwagt, hat gute Chancen, erfolgreich zu sein.

Golfen am Meer in Portugal

Die portugiesische Algarve-Küste entwickelte sich mit einem attraktiven Angebot von über 40 Golfplätzen im Hinterland zu einer der besten Golfdestinationen der Welt. Die ganzjährige Bespielbarkeit bringt diese Küstenregion aus der üblichen, auf wenige Sommermonate beschränkte Saisonalität heraus. Sie bringt sich für normale Sonnenanbeter aus dem Spiel und steigt dafür in der Begehrlichkeit passionierter Golf- und Strandnutzer. Wer vor 50 Jahren dieser Region prognostiziert hätte, dass sie einmal von mehr Golfern als Badeinteressierten besucht werden wird, wäre für verrückt erklärt worden. Erst im Jahr 1966 wurde der erste Golfplatz an der Algarve, Penina, von Sir Henry Cotton angelegt. Er war einer der Ersten, der das Potenzial der Region – und des gesamten Landes – als hervorragende Golfdestination erkannte.

145 Mitarbeiter für 140 Zimmer in der Schweiz

Unter den Hotelangeboten stechen jene heraus, die durch eine hohe Eigenwilligkeit dem Mainstream Widerstand geleistet haben. Das Hotel Waldhaus[79] im Engadin-Ort Sils ist seit 1908 im Besitz der gleichen Familie. Die fünfte Generation führt das stolze Haus, in dem sich große Literaten und Künstler wie Theodor Adorno und Marc Chagall die Türklinke in die Hand gaben. 140 Zimmer und 230 Betten werden von 145 Mitarbeitern (!) auf Fünf-Sterne-Grandhotel-Niveau bewirtschaftet. Im Parterre gibt es eine durch Türen von der Rezeption abgeschirmte Kasse, um die Diskretion zu wahren. Die Bausubstanz des schlossähnlichen Bauwerks ist weitgehend jene aus den Ursprungsplänen. Schon Anfang des vorigen Jahrhunderts sollten die Köche eine beste Aussicht auf die grandiose Berglandschaft der Umgebung haben. Die raumhohen Fensterfassaden sind bis heute erhalten. Als ich mich zu später Stunde einmal anschickte, auf dem in der Bar stehenden Flügel als weitgehender Dilettant in die Tasten zu greifen, verbot mir der Barist meine Idee mit den Worten: „Mein Herr, dieser Flügel ist nur professionellen Musikern vorbehalten", bevor er die Tastaturklappe wieder sanft verschloss.

Eigenwilligkeit braucht Konsequenz in jeder Situation. Eine starke Marke braucht eine starke Beschränkung und Grenze. Gewöhnlichkeit ist der Feind einer jeden Marke.

Tipp des Autors

Nicht immer klappt es mit einer spitzen Positionierung. Das Hotel „Lady's First" in der stolzen Jugendstilvilla im Züricher Quartier Seefeld bot seine 28 geschmackvollen Zimmer, die wohltuend aus dem Einerlei des globalisierten Kettenhoteldesigns herausstechen, ursprünglich nur für Frauen an und sperrte Männer konsequent aus der Hotelnutzung aus. Heute ist nur noch der Wellnessbereich den Frauen vorbehalten, während Männer für die Zimmer willkommene Gäste sind. **www.ladysfirst.ch**

Kapitel 2
Die Normalität inszenieren
Alltagskultur

Je näher an der Realität, umso besser. In Zeiten der schnellen Information, die uns lehrt, dass alles in Echtzeit funktionieren kann, wird das Gekünstelte und Inszenierte in Destinationen mehr und mehr als störend empfunden. Eine Ausnahme bilden die gewollt und transparent inszenierten künstlichen Welten der Erlebnisparks oder Thermen. Woanders jedoch wollen die Destinationsbesucher reale, ungeschminkte Erfahrungen. Wer sich in einer Region oder Stadt aufhält, möchte diese am liebsten so erleben, wie sie für Einheimische Realität ist. Wäre das Wort **Authentizität** nicht derart missbraucht und verbraucht, würde ich es hier ausführlich als Ratschlag für jede Markendestination platzieren.

Erfolgstreiber: Die zunehmend virtuelle Welt treibt die Sehnsucht nach dem Echten an.

Je weniger eine Destination Fremdes zulässt und stattdessen ihre Besonderheiten ins Spiel bringt, desto besser. Allerdings muss das Alltägliche so inszeniert werden, dass es von den Gästen wahrgenommen werden kann. Geschieht dies nicht, nehmen die Kunden dass Alltägliche auch nicht wahr. „Man sieht nicht, was man sieht. Man sieht nur, was man weiß",[80] dozierte Johann Wolfgang von Goethe für seine Nachwelt. Wer Einheimischer ist, empfindet seinen Alltag als nicht Besonderes; wer hingegen von außen kommt, hat großes Interesse an dieser Normalität.

Märkte: Mittendrin im Leben oder reine Inszenierung?

Zu den gelungenen Beispielen inszenierter Alltagskultur gehört der Fischmarkt St. Joseph im Zentrum von Barcelona. Fast ein wenig versteckt von der zentralen Achse der Straße La Rambla eröffnet der Durchgang zu einer gedeckten Markthalle die faszinierende Welt eines Gemüse-, Obst- und Fischmarktes, wie er auf der Welt sehr selten ist. Die einheimischen Käufer mischen sich unter die Gäste aus aller Welt, die sich an den gut sortierten Getränkeständen mit frisch gepressten Säften bedienen, während sich die in Barcelona Ansässigen an den Fischtresen lautstark über die Fangfrische der Ware unterhalten. Das Besondere an diesem Markt ist, dass er einerseits lokal und damit authentisch genug geblieben ist, um die einheimische Nachfrage zu bedienen – und andererseits touristisch inszeniert genug, damit sich der Gast nicht nur mit dem Besichtigen der Waren beschäftigen muss, für die er keinerlei Zubereitungsmöglichkeiten hätte. Einige Stände verarbeiten die Frischwaren zu schnellen exzellenten Imbissen, womit ein perfektes Miteinander entsteht.

Viele Märkte haben diesen Spagat aus Authentizität und Inszenierung weniger gut geschafft. Sie sind entweder nur noch für die touristische Nachfrage optimiert, wie man in Venedig oder an den meisten Weihnachtsmärkten sehr gut beobachten kann. Oder sie sind kein bisschen auf das touristische Geschehen ausgerichtet, wie viele Märkte im asiatischen Raum, die ausschließlich den lokalen Bedarf bedienen.

Der Heimatabend war mal gut gemeint

Noch vor nicht allzu langer Zeit glaubte man in vielen Alpendestinationen, den Gästen die Volkskultur mit Brauchtums- und Heimatabenden vorführen zu müssen. An unzähligen Wochenenden wurde im „Musikantenstadl-Format" alles für das Gästeglück aufgeboten – von der Musikkapelle bis zur tanzenden Trachtengruppe, von der Witze erzählenden Schuhplattlergruppe bis zum Frauenviergesang. In der Zwischenzeit sind die meisten dieser Inszenierungen wieder abgeschafft. Die stark sinkenden Besucherzahlen für derartige Vorführungen hatten klargemacht, dass Kunden auf diese gespielte Art der Authentizität lieber verzichten. Trotzdem ist die Vorstellung, am Urlaubsort – neben auf Besichtigung und Frequenz optimierten Sehenswürdigkeiten – ein Stück **Alltagskultur** zu erleben, eine wichtige Hoffnung geblieben.

Airbnb: Neuer Zugang zum Alltag

Was früher an inszenierten Abenden stattfinden musste, wird letzthin durch neue Systeme der Unterkünfte kompensiert. Das äußerst erfolgreiche Onlineportal Airbnb, das Kunden mit privaten Wohnungsvermietern in Verbindung bringt, ist dafür ein eklatantes Fanal. Es geht dabei viel weniger um das Sparen von Geld, sondern vielmehr um das Auffinden von Übernachtungsmöglichkeiten, die nahe am Alltag der lokalen Bevölkerung sind. Was ist unmittelbarer, als sich in die Privatwohnung eines Einheimischen temporär einzumieten? Und von diesem mit seinen Lebensgewohnheiten, Einkaufstipps, Restaurantempfehlungen und seinen Nachbarn in Kontakt zu kommen? Wer sich als Destination mit inszenierter Alltagskultur profilieren will, der findet in solchen Plattformen den idealen Partner – und ebenso in den Initiativen, die auf den intensiven Kontakt mit der lokalen Bevölkerung setzen.

Einheimische zeigen ihre Stadt und ihr Leben

Dazu zählt die zu einer ernst zu nehmenden Größe herangewachsene Initiative freiwilliger Reiseführer, die ohne Honorar interessierten Gästen ihre Stadt oder ihren Stadtteil zeigen.[81] Sie ist auf allen Kontinenten vertreten und entsteht mit immer neuen Gruppen in vielen Städten dieser Welt. Ähnliche Plattformen gibt es im Bereich der Verpflegung: Wer sich von Einheimischen bekochen lassen will, der findet auf der Website „cookening"[82] in vielen Städten der Welt Angebote von Hobbyköchen und ihrem privaten Speiseangebot. Das Netz hilft mit seiner unkomplizierten Verbindungskompetenz enorm, den Alltag für Gäste erlebbar zu machen. Es ist nur eine Frage der Zeit, wann diese Plattformen eine ähnliche Wichtigkeit einnehmen werden, wie es heute noch Reiseführer, institutionelle Infowebsites und Gourmetführer haben.

Fakt: Der unmittelbare Zugang zur Alltagskultur und die damit verbundene, höchste Stufe der Authentizität wird immer öfter virtuell organisiert.

Destinationen mit Markenanspruch müssen auf diese Entwicklungen ein waches Auge haben. Weil diese Angebote zu einer größeren individuellen Planbarkeit führen, eine höhere ungeschminkte Glaubwürdigkeit versprechen und auch zu einer intensiveren Reiseerfahrung führen, bedienen sie perfekt die **Erlebnisknappheiten** der Reisenden einer neuen Generation, die das Teilen von Erfahrungen schon in anderen Zusammenhängen gelernt hat. Solche Angebote in die eigene Angebotsstruktur einzubinden, ist ein guter Schachzug und ein Gebot der Stunde.

Tipp des Autors

Für den „Country Brand Index (BCI)" wurden 2007 erstmals weltweit 1500 Reisende sowie 35 Branchenexperten zu 118 Nationen befragt. Neben „klassischen" Kriterien zur Bewertung touristischer Destinationen wurden ökonomische Faktoren wie Vermögenswerte, Wachstum und Expansion der jeweiligen Reiseländer mit einbezogen. Der erste Markengewinner Australien wurde in der Zwischenzeit (im Jahr 2015) von Japan abgelöst. In der Kategorie Authentizität hatten immer die asiatischen Länder die Nase vorn: Indien wechselte sich im Rang mit Japan ab. **www.futurebrand.com**

Kapitel 3
Die positiven Vorurteile verstärken
Klischees

Glaube ist wichtiger als Wissen: Dieser Grundsatz wird seit Jahrtausenden von unterschiedlichsten Denkern in verschiedensten Kulturkreisen beschrieben. Martin Walser hat dies in seinem Roman „Muttersohn"[83] thematisiert, in der Bibel kommt der Satz „Dein Glaube hat dir geholfen" in den Lukas-, Matthäus- und Markusevangelien gleich an mehreren Stellen vor. Sogar der Wissenschaftler Albert Einstein bediente sich an dieser Quelle, als er von sich gab: „Phantasie ist wichtiger als Wissen. Dieses ist begrenzt."[84] Als geflügeltes Wort entwickelte sich „der Glaube versetzt Berge".

In einer gewissen Weise ist diese **Wahrheit** auch der Ursprung dafür, warum Marken funktionieren. Marken setzen darauf, dass Menschen Spitzenleistungen, die lange genug bewiesen wurden, irgendwann glauben. Das hat zur Folge, dass Verbraucher Produkte mit Markenstatus bevorzugen: weil sie an diese glauben – während andere Marken ihre Spitzenleistungen erst noch beweisen müssen. Dann vermuten sie einfach, dass ein Waschmittel die Wäsche weißer wäscht als ein anderes. Glauben und Vertrauen konkurrieren gegen Beweis und Leistung – im Kopf der Kunden gewinnen die ersteren.

Glaubensmuster sind das Markenkapital

Dieser Erkenntnis wollen viele Destinationen trotzen, weil ihnen ihre eigenen Klischees zuwider geworden sind. Sie haben genug von den alten Mustern, möchten sich einen moderneren Anstrich geben, sich in eine Welt neuer Kundenbedürfnisse katapultieren. Nicht nur bei Destinationen müssen wir den Zeigefinger erheben und davor warnen, durch innovationsgetriebenen Aktionismus Markenkapital zu zerschlagen. Für die Weiterentwicklung von Marken sind mitunter die wichtigsten Elemente: die Antwort auf die banale Frage „Was glaubt man uns?" sowie das Festlegen einer Glaubwürdigkeitsgrenze der Marke.

Bei Destinationen gehört das aufgebaute **positive Vorurteil** (siehe dazu auch Teil 1, Kapitel 1) zum Kapital einer Marke, auf das man besonderes Augenmerk haben muss. Ist dieses einmal identifiziert, muss die Erwartungshaltung der Verbraucher gepflegt und verstärkt werden.

Klischees sind für Destinationsmarken das, was Placebos für die Mediziner sind. Sie erzielen eine Wirkung, obwohl dies gar nicht sein dürfte. Geht man auf die lateinische Wortwurzel von Placebo, dann heißt dieses Wort in der Übersetzung „Ich werde gefallen". Weil der

Glaube an die Wirkung für den Heilungseffekt verantwortlich ist, muss man folglich den Glauben unterstützen – und nicht am Wirkstoff arbeiten. Erfolgreich gegen einen gefestigten Glauben vorzugehen ist nahezu unmöglich. Trotzdem versuchen Destinationen immer wieder, sich aus ihren Klischees heraus in eine andere Richtung zu entwickeln. Dies muss scheitern.

Destinationen hingegen, die ihre Klischees intelligent nutzen und verstärkend bedienen, sind am Erfolg kaum zu hindern. Dazu ist es nicht notwendig, im Alten verhaftet zu bleiben; es ist aber notwendig, das Markenkapital (der positive Glaube) nicht mit neuen Angeboten zu verraten. Tut man dies, sind Kunden irritiert.

Schweizer Kosmetik muss teuer sein

Gehörten die Produkte der Schweizer Kosmetikmarke wie „La Prairie" nicht zu den teuersten der Welt – sie wären wohl weitaus weniger erfolgreich. Schweizer Produkte, ob touristische oder andere, müssen sich im **Preispremium** aufhalten, weil die Marke Schweiz das Klischee „teuer" in sich trägt. Dies darf allerdings nicht darüber hinwegtäuschen, dass schweizerische Produkte ihre hohe Leistung trotzdem und dauerhaft beweisen müssen. Selbst bei vergleichbarer Leistung muss das Schweizer Produkt teurer sein als das konkurrierende aus einer anderen Nation. Wer Schweiz kauft, will es teuer haben – entspricht man als Schweizer Anbieter diesem Klischee nicht, dann gibt es für den Konsumenten keinen emotionalen Grund, sich dafür zu entscheiden.

Das Erwartete neu formen

Designhotels wurden in den Alpen erst erfolgreich, als sie ihre Designleistung mit dem Baustoff Holz bewiesen. Das positive Vorurteil, dass Häuser in den Alpen aus Holz gebaut sein sollten und nicht aus Beton, muss eingelöst werden, um mit neuen Gestaltungsformen den Nerv zu treffen und Emotionen zu erzeugen. Es geht dabei nicht darum, zum Beispiel ein altes Bauernhaus in seiner Ursprungsform zu erhalten und damit das ehemals Mögliche als Standard aufrechtzuerhalten; es geht vielmehr darum, die positiven Vorurteile einer Destination freizulegen und diese anhand neuer Interpretationen zu bedienen.

Kein noch so wertvolles Outfit hätte als Oktoberfest-Tenue funktioniert, wenn es nicht an der Tracht Anleihen genommen hätte. In der Zwischenzeit gibt es eine ganze Reihe moderner Outfits für diesen Münchener Event, aus edlen Materialien und von großen Designern, welche die Trachten-DNA dazu nutzten, diese in eine neue zeitgemäße Form zu bringen.

Auf den Bahnhöfen der Schweiz gibt es makroskopisch große Uhren mit auffälligen Sekundenzeigern – sie wurden 1944 vom Schweizer Ingenieur und Gestalter Hans Hilfiker für die Schweizerischen Bundesbahnen entworfen. Sie sind die beste Form, das positive Klischee der Schweiz von Präzision und Pünktlichkeit zu bedienen. Selbst wenn es nicht so wäre:

Die großen Uhren geben den Fahrgästen das Gefühl, die Züge führen hier pünktlicher als anderswo. Das stimmt auch in der Regel – was wiederum notwendig ist, um den Glauben daran zu bestärken. Das Image einer Marke wird vom Glauben bestimmt, nicht von ihrer Leistung. **Marken werden geglaubt.**

Zuviel Innovation zerstört, zu wenig langweilt

Aus dem Marketing kommen, was die Klischees betrifft, warnende Hinweise. Die Bildwelten würden zu wenig differenzieren und ausschließlich die Klischees bedienen, so der Vorwurf. Dabei handelt es sich um zwei völlig verschiedene Dinge: Das Bedienen von Klischees, der positiven Vorurteile und das Aufrechterhalten der dazugehörenden Rituale gehört in die Strategieebene des Markenmanagements. Die Aufgabe des Marketings ist es, mit differenzierenden Angeboten und Kommunikationsformen für die einzigartige Wahrnehmung einer Destination zu sorgen.

Erfolgstreiber: Klischees dürfen zwar oberflächlich verändert und neu interpretiert werden. Auf Inhaltsebene hingegen brauchen Glaube und Klischees Bestätigung – und keine Erschütterung.

Klischees haben die Aufgabe, den Glauben zu bedienen und dessen Rituale über einen sehr langen Zeitraum sicherzustellen. Die Bildwelten und Kommunikationsinhalte hingegen sind dafür zuständig, für eine ausreichende Spezifik und Differenzierung in der Wahrnehmung zu sorgen.

Klischees bilden den Stoff, aus dem die Träume einer Destination gestrickt werden. Wenn eine Destination Markenstatus erreichen will, muss sie diese positiven Vorurteile entweder erzeugen oder verstärken. Um damit erfolgreich zu sein, braucht sie vor allem Bewusstsein und Zeit.

Tipp des Autors

Die kleine Modefirma „Luis Trenker" ist ein schönes Beispiel, wie der Mythos aus Alpen und Persönlichkeit dank guten Designs weiterleben kann. Wer in ein solches Outfit schlüpft, hat nicht das Gefühl, in einer Tracht oder einem Bauerngewand zu stecken. Dennoch ist der Kleidung soviel an Alpen-DNA eingepflanzt, dass sich das Klischee der Bergtradition mit den Loden- und Rupfenstoffen in den neuen Kollektionen sehr gut fortsetzt. Der Namensgeber Luis Trenker war in den 1960er Jahren ein gefeierter Südtiroler Bergsteiger, Schauspieler, Autor und Filmemacher, der wegen seiner überschwänglichen Erzählkunst zu einem vielgefragten Entertainer wurde. **www.luistrenker.com**

Kapitel 4
Das Besondere auf den Punkt bringen
Spezifik

Otto Steiner ist ein Schweizer, der sich der Inszenierung von Themen verschrieben hat. Rund 270 Gestaltungsprojekte brachte er mit seinem Unternehmen in den vergangenen 40 Jahren zu Papier, rund 50 davon wurden von den Auftraggebern umgesetzt: Erlebniswelten, Ausstellungen, Besucherzentren, Besucherrundgänge, Shops, urbane Freiräume und Gartenanlagen. Eines seiner spektakulärsten, selbst finanzierten Projekte war ein Leuchtturm auf dem Oberalppass. Dort, wo der Rhein entspringt, setzte Otto Steiner mit einer mutigen **Kontextverschiebung** ein besonderes Landmark für die wenig spektakuläre schweizerische Gemeinde Sedrun. „Auf dem Oberalppass bei der Rheinquelle steht der höchstgelegene Leuchtturm der Welt. Er wurde erbaut, um den touristischen Bekanntheitsgrad der Oberalp-Region zu steigern“[85], schrieb Otto Steiner auf LinkedIn und plant, durch Crowd-Sourcing ein ganzes Schiff aus Rotterdam an diese besondere Stelle zu bringen. „Der Leuchtturm ist schon da. Das Schiff wird kommen“, heißt es auf der Spendensammel-Website www.leuchtturm-rheinquelle.ch.

Ein Leuchtturm auf dem Alpenpass

Dieses Beispiel aus dem Bereich „Raum und Gestaltung“ verdeutlicht, was Destinationen wagen müssen, um der Falle des **Generikums** zu entkommen. Nicht immer muss dies eine unerwartete Inszenierung sein, wie sie mit dem höchsten Leuchtturm der Alpen gelungen ist. Fakt ist: Eine Erklärungstafel über die Rheinquelle wäre als touristische Inszenierung mehr oder weniger wertlos gewesen, und sei sie noch so gut gestaltet. Schon tausendmal gesehen und vor allem mit keiner zündenden Idee verbunden – das Schicksal einer solchen Informationstafel wäre sehr schnell besiegelt gewesen.

Leuchttürme braucht das Land – in übertragenem Sinne gilt das für viele Situationen in Destinationen, denen es durch mangelnde Eigenart an Aufmerksamkeit mangelt. Im Kampf um die Bedeutung punkten jene Angebote einer Destination, die sich den Status des Besonderen errungen haben. Spezifik heißt in der Küche, wenn jene Gerichte auf die Speisenkarten kommen, die es in der internationalen Küche (diese wird langsam zum Trendverlierer) nicht gibt. Die regionalen Spezialitäten mit **Originalnamen** und -zutaten erobern das Herz der Gäste, selbst wenn sie die oft eigentümlichen Namen nicht korrekt aussprechen können. Dann bleibt in Österreich der „Marillenschnaps“ in seiner Originalbezeichnung, ohne zum

„Aprikosenbrand" umgetauft zu werden; die „Erdäpfel" müssen keine Kartoffeln werden und die „Buchweizentorte" wird wieder „Schwarzplentene Torte" genannt.

Regionalküche: der Aufstand gegen den Einheitsbrei

Wer das Besondere findet, ist davon fasziniert. Rebsorten für die lokalen Weine werden zu gesuchten Namen, weil man Chardonnay auf der ganzen Welt anbauen und trinken kann. „Lagrein" (Südtirol) und „Zierfandler" (Österreich), „Champagner" (Frankreich) und „San Giovese" (Italien) sind die neuen Trendsetter im Genussgeschäft, weil man sie aufgrund der geringen Anbaumenge nicht überall bekommt – oder nur zu sehr teuren Preisen.

Spezifik ist das wirksamste Medikament gegen die grassierende Krankheit der Austauschbarkeit. Die **Schlüsselfragen** dazu sind:

[1] Was macht uns besonders genug, damit wir nicht im großen Teich aller Ähnlichkeiten verschwinden?
[2] Was schützt uns vor zu viel Besonderheit, die nur eine kleine Randgruppe interessiert?

In der Balance beider Antworten liegt der Erfolg. Auch ein Zuviel an Spezifik kann tödlich sein – aber die tödliche Dosis kommt meistens von der anderen Seite: vom Zuwenig an Speziellem.

Der hohe Wert der Seltenheit

Eine der gelungensten Balanceakte ist das Neujahrskonzert der Wiener Philharmoniker an jedem Neujahrstag aus Wien. Es wird in der Zwischenzeit in 90 Länder dieser Welt live im Fernsehen übertragen und von Millionen Menschen gesehen. Die Spezifik dieser Veranstaltung und seine Vormachtstellung unter allen Millionen ebenso exzellenter Klassikkonzerte liegt in wenigen Komponenten:

- dem wiederkehrenden Datum des Jahreswechsels,
- der Konzentration auf die Wiener Komponistenfamilie Strauß mit seinen freundlich sorglosen Musikstücken direkt aus deren Geburtsstadt,
- dem gleichbleibenden Klangkörper der Wiener Philharmoniker aus dem gleichen Musiksaal unter einem jährlich wechselnden international renommierten Dirigenten.

Bei diesem Lehrbeispiel spezifischer Produktgestaltung wird alles richtig gemacht: Die leicht verdauliche Musik bedient die Ohren eines Massenpublikums, die Verknappung auf den einen Tag und den einen Ort schafft eine unwiderstehliche Begehrlichkeit – und die wechselnden Dirigenten schaffen den Überraschungsmoment, um in dem Angebot das Risiko zu mindern, langweilig zu werden.

Fokussiert auf eine Leidenschaft

Spezifik gelingt auch mit der Zuspitzung auf eine Interessentengruppe, am besten wenn diese aus dem erwarteten Kontext gelöst wird. Der Gardasee galt über Jahrzehnte als das mediterrane Tor aus dem Norden Europas und war als Frühlings- und Sommerdestination für Surfer und Sonnenanbeter bekannt – dann etablierte sich diese Region mit dem steigenden Interesse am Mountainbiken zu einer der angesagtesten Winter-, Herbst- und Frühlingsdestinationen für **Bergradfahrer**.

Direkt an Hügellandschaften und sogar steil abfallenden Felsen gelegen, bot sich diese Region dafür an – allerdings hätten die gleichen Voraussetzungen auch für eine Reihe anderer, ähnlicher Landschaften gegolten. Das Thema wurde richtig erkannt, in gute Angebote verpackt und selbst im Erfolg nicht durch eine zu große Gier nach neuen Zielgruppen aufgeweicht. Die Mountainbike-Trails würden sich fraglos genauso gut für die weit größere Gruppe der Winter- und Frühlingswanderer nutzen lassen; aber die Region widerstand dieser Versuchung. Sie bleibt die spezielle Mountainbike-Region für ein riesiges Einzugsgebiet an Radbegeisterten. An anderer Stelle wurde in diesem Buch (Teil 1, Kapitel 3) das Beispiel Las Vegas beschrieben. Die Zuspitzung auf das Thema Glückspiel hat dieser Stadt einen weltweit einzigartigen Status eingebracht – und damit eine Sonderstellung unter allen Städten dieser Welt, so wie es der eigenwillige Museumsbau für die spanische Stadt Bilbao leistet.

Es lohnt sich, wenn Destinationen sich für ihre Positionierung auf die Suche nach machbarer Spezifik begeben. Viel zu schnell werden Angebote (für Zielgruppen), Infrastrukturen (als Notwendigkeiten) oder Veranstaltungen (zur Saisonsbelebung) aus dem Boden gestampft und mit großen Geldern angeschoben, bevor folgende Frage beantwortet wird: Was daran ist das beweisbar Besondere im immer breiteren Wettbewerbsumfeld? Dabei geht es um die von Otto Steiner in den Raum gestellte Provokation: Eine immer ähnlicher werdende Welt ist nur durch **Leuchttürme** zu gewinnen.

Tipp des Autors

Helmut Peter, ehemals langjähriger Präsident der Österreichischen Hoteliersvereinigung ÖHVg, setzte im Jahre 2008 mit einem beheizten Seebad einen „Angebots-Leuchtturm" in den vor seinem Hotel „Weisses Rössl" liegenden Wolfgangsee im Salzkammergut. Das Hotel mit dem Originalnamen „Im Weissen Rössl am Wolfgangsee", als Schauplatz berühmt geworden durch die Verfilmung einer Herzschmerzgeschichte in der Operette von Ralph Benatzky mit Peter Alexander, hatte seine Badesaison auf das gesamte Jahr verlängert. Im perfekt temperierten, 30° Celsius warmen Wasser wird das gesamte Jahr im Freien geschwommen. Das Konzept fand, trotz der erheblichen Investitions- und Betriebskosten, viele Nachahmer. **www.weissesroessl.at/spa/beheiztes-seebad-wolfgangsee**

Kapitel 5
Themen und Leistungen zu einem Angebot verknüpfen
Konzentration

Als die ersten Textilmarken ihre eigenen Geschäfte eröffneten, wurde es den etablierten Händlern etwas mulmig. Was passiert, wenn der bisherige Lieferant plötzlich zum Konkurrenten in der Warenverteilung wird? Ein ganzes System, das zwischen Rohstoff, Verarbeitung und Verbreitung über Jahrhunderte klar unterschieden hatte, wurde plötzlich infrage gestellt. In der Fachsprache heißt das Phänomen **Vertikalisierung**. Wer Schuhe herstellt und mit seinem Markennamen versieht, verkauft sie auch selbst: unter eigenem Namen im eigenen Geschäft. Auch für diese Art von Handelsstruktur erfand man einen Namen: **Flagship-Store**. Apple, Geox, Nike, Puma, Adidas, Salewa, Mammut, Jack Wolfskin – die Markenproduzenten wollten Marketing und Vertrieb, den direkten Kundenkontakt und die darauf aufgebaute Erfahrung nicht mehr den Händlern allein überlassen. Die Großen der Branche steigen selbst ins Geschäft ein und erobern die Innenstädte.

Resort und Pauschalreise: Alles aus einer Hand

Was im Handel Vertikalisierung genannt wird, heißt im Tourismus **Resort**. In dieser Angebotsform wird die übliche Dienstleistungskette aus Hotel, Restaurant, Freizeitanbieter, Kulturprogramm und Transferleistungen außerhalb der Unterkunft aus einer Hand organisiert. Was anfänglich mit großen Clubs am Meer begann, sich über All-inclusive- hinzu den Boutique-Angeboten stark entwickelte, wurde nach und nach auch von Reiseveranstaltern und Destinationen als Wachstumschance erkannt. Kunden werden umso mehr an die Marke gebunden, je mehr Dienstleistungen aus einer Hand zum Gelingen der Ferien beitragen. Wer bei TUI bucht und mit TUI fliegt, will den Transfer zum Hotel nicht einem x-beliebigen No-Name-Dienstleister überlassen – und die Hotel- und Freizeitleistung ebenso nicht. Während der gesamten Kundenreise Vertrauen zur Marke aufbauen, heißt die Devise. Das Konzept gehört immer noch zu den erfolgreichsten Geschäftsmodellen der Branche: Im Reiseweltmeister-Land Deutschland sind immer noch 40 Prozent aller gebuchten Reisen sogenannte **Pauschalreisen**.[86] Weil immer noch sehr viele Reisende Sicherheit und Komfort suchen, hat dieses schon lange totgeglaubte Konzept überlebt.

Dieses Konzept wird nun auch von vielen Destinationen als Erfolgsfaktor erkannt. Obwohl die selbstorganisierten Hotelaufenthalte über die elektronischen Buchungssysteme rasant zunehmen, erwarten Kunden dennoch eine perfekte Organisation ihres Reiseerlebnisses vor Ort. Sie sind genervt, wenn sie sich bei einem Skipass-Schalter in die Schlange stellen müssen, beim Skizubringerbus ein eigenes Ticket entwerten oder gar kaufen müssen, Skiverleih und Skischule im Ort ausfindig machen und am Ende mit vielen verschiedenen Dienstleistern Verträge abschließen müssen.

1972: Dolomiti Superski gründet das „Destinationsresort"

Ich kann mich noch gut erinnern, als jeder Skilift einen eigenen Eigentümer und Betreiber hatte und die Skifahrer für jeden Lift eine neue Karte kaufen mussten, wenn sie über die Seiser Alm fahren wollten. Erst als der Organisationspionier Erich Kostner aus Corvara (er hatte 1947 den ersten Sessellift Italiens errichtet) mit Dolomitisuperski im Jahr 1972 ein Liftverbundsystem aus der Taufe hob und die Kunden mit einer einzigen Karte auf allen Liften uneingeschränkt fahren konnten, brach eine neue Ära an. Die Abrechnung übernahm die Organisation für die vielen einzelnen Betreiber. Die Pioniere wollten, dass eine Destination – trotz der vielen unterschiedlichen Leistungsträger – funktionieren sollte wie ein Resort.

Das Beispiel machte Schule. Nicht von ungefähr wurde Dolomitisuperski mit dieser Idee zu einer großen Marke des Wintersports. Das „Alles aus einer Hand"-Konzept stand auch Pate für die vielen **Card-Angebote**, die in den vergangenen Jahren aus dem Boden schossen. Ob die von Anfang an sehr erfolgreiche „Kärnten-Card" im Süden Österreichs (seit 2001) mit dem Verbund von über 100 Ausflugszielen oder die „Hamburg-Card" (seit 1990) im Norden Deutschlands: Kunden lieben es, während ihrer immer kürzer werdenden Aufenthalte für einen Pauschalpreis unbeschwerten Zugang zu Sehenswürdigkeiten und Freizeiteinrichtungen zu haben.

Stückwerk – das nervt die organisationsverwöhnten Kunden

Insbesondere für Familien erwiesen sich solche Konzepte als Glücksgriff. Trotzdem bleiben viele in ihren Anfängen stecken. Es gibt nur wenige Beispiele von Destinationen, denen es nachweislich gelungen wäre, die Dienstleistungs- und Wertschöpfungskette erfolgreich für Gast und Anbieter zu schließen und daraus ein buchungsentscheidendes Kriterium zu formen. Das Meiste bleibt loses Stückwerk. Was vor Ort (meist wegen historischer Partikularinteressen) nie gelingen wollte, werden die elektronischen Vertriebsanbieter zu ihrem Vorteil nutzen: Wer auf Booking.com einen Hotelaufenthalt bucht, wird sehr intelligent mit zusätzlichen Angeboten bedient, welche die Reise erleichtern könnten: Transferleistungen, Mietwagen, Restaurants, Museums- und Attraktionstickets stehen im „Das könnte Ihnen noch helfen"-Angebot. Umgekehrt übernehmen Low-Cost-Carrier wie easyJet oder Ryanair selbstredend Hotelbuchungen sowie alle anderen für den Aufenthalt notwendigen Leistungen.

Gut zu wissen: Wer die Komplexität für den Kunden reduziert, kann mit gutem Zuspruch und respektablen Margen rechnen.

Destinationen müssen damit rechnen, dass Kunden vor Ort auf nicht nachvollziehbare Organisationsmängel empfindlich reagieren. Sie wissen, dass es anders möglich wäre – und bringen deshalb für ein örtlich und überörtlich zerfahrenes Angebot kein Verständnis mehr auf.

An alles gedacht: Hochseefischerei in Alaska

Das Geschäftsmodell der Vertikalisierung kennt im Tourismus auch die Ausprägung der **thematischen Fokussierung**. Die volle Konzentration auf ein Thema – und damit das Vermeiden von Zufall und Qualitätsrisiko für die Kunden – hat etlichen Destinationen den Einstieg in eine neue Bedeutungsebene eröffnet. Der nicht einfach erreichbare Ort Seward, einst als Hafen und Zugang zu den Bodenschätzen Alaskas von großer Bedeutung, hat sich in den vergangenen Jahrzehnten zum absoluten Mekka der Hochseefischerei entwickelt. Aus Anchorage sogar mit der Bahn erreichbar, tummeln sich in dem kleinen Ort die Anhänger von Heilbutten und Silberlachsen, die jeden Nachmittag am kleinen Hafen zur Schau gestellt werden. Dass die Beute das eigene Heim, oft Tausende von Kilometern entfernt, in perfekter Frische erreicht, dafür sorgen die Anbieter des Hochseefischereierlebnisses: via Kurierdienst UPS werden die auf Wunsch filetierten und portionierten Fischteile im Schockgefrierzustand an einem festgelegten Tag dem Fischer ins Haus gebracht – weltweit.

Nicht weniger professionell haben sich die Nordtiroler Orte Serfaus-Fiss-Ladis zu einer europaweit begehrten Familiendestination hochgearbeitet. Was hier im Winter mit Kindern in den Skischulen und eigens dafür eingerichteten Bahnen und Restaurants an Spitzenleistung angeboten wird, ist außergewöhnlich. Die erfolgreiche Spezialisierung reicht von renommierten Familienhotels über die örtlichen Familienangebote bis zu einer U-Bahn (eine seilgezogene Luftkissenbahn im Tunnel) zwischen den Ortsteilen, sommers wie winters. Als die Gründer vor 30 Jahren damit begannen, war die Angst vor einem Zuviel an Zuspitzung groß und das damit verbundene Risiko, alle anderen Zielgruppen zu verlieren, das im Dorf bestimmende Thema. Der durchschlagende Erfolg strafte alle Skeptiker Lügen und gab Nachahmern großen Auftrieb. Weil Serfaus jedes Jahr noch eine Schippe an Spezialisierung und Spezifik zum Thema Familie draufsetzt, bleibt es der bedeutendste Familienort in den Alpen und wurde dafür mehrfach ausgezeichnet.[87] Letzthin hat man sich dem Thema Moutainbike geöffnet, ohne das Generalthema Familie aus den Augen zu verlieren.

Das Matthäus-Prinzip[88] „Wer hat, dem wird gegeben" (oder das Sprichwort „Wo Tauben sind, fliegen Tauben zu") funktioniert auch in touristischen Destinationen, die Mut zur thematischen Fokussierung aufbringen: Erfolg bedingt Erfolg.

Tipp des Autors

Eine lange erfolgreiche touristische Positionierung kann auch verloren gehen, wenn die dafür notwendigen Spitzenleistungen nicht mehr erbracht werden. Die ostfriesische Insel **Sylt** durfte sich lange als Mekka der Feinschmecker bezeichnen. Noch 2013 wiesen sechs Restaurants Michelin-Sterne auf und zehn Restaurants waren im Gault&Millau verzeichnet. Bezogen auf die Einwohnerzahl war das die höchste Dichte an ausgezeichneten Restaurants in Deutschland. 2015 war die Anzahl der Sterne-Restaurants auf drei geschrumpft, nur noch acht Restaurants konnten auf die Gault&Millau-Hauben zählen. Gemessen an den 20.000 Einwohnern ist die Auszeichnungsdichte zwar immer noch hoch; dennoch ist das Primat der Genussinsel für Gourmets in Gefahr geraten. Sterne-Koch Alexandro Pape hatte 2016 seinen Zwei-Sterne-Gourmettempel Fährhaus Munkmarsch geschlossen, um sich dem neuen Trend nach Einfacherem zu widmen. Er war damit drei Kollegen gefolgt, die diesen Schritt schon gesetzt hatten. **www.abendblatt.de/region/schleswig-holstein/article206979703/Auf-Sylt-vergluehen-die-naechsten-beiden-Michelin-Sterne.html**

Kapitel 6
Den Glauben vor Ort verankern
Überzeugungen

Marken wachsen von innen nach außen. Für Destinationen trifft das weitaus mehr zu als für alle anderen Fälle der Markenbildung. Was im Innersten nicht geglaubt, gelebt und verinnerlicht wird, kann nicht glaubhaft nach außen vermittelt werden. Destinationen sind komplexe Gesamtgefüge, in denen viele einzelne Bereiche ineinandergreifen, ja sogar voneinander abhängig sind. Markenarbeit und Markenführung ist deshalb in diesen Fällen vor allem Überzeugungs- und Führungsarbeit nach innen. Diese Tatsache wird systematisch unterschätzt. Zum einen wird von Markenprozessen erwartet, dass sie unmittelbar sichtbare Erfolge zeigen; daher wird dem notwendigen Kraftaufwand, eine Markenstrategie in die Tat umzusetzen, in der Regel viel zu wenig Zeit eingeräumt. Man hofft auf schnelle Erfolge – aber diese können kaum eintreten.

Zum anderen werden Markenprozesse entweder in zu kleinen Projektgruppen erarbeitet oder mit einer zu intensiven Beteiligung der Öffentlichkeit. Wenn die Akteure zu wenig legitimiert sind, Entscheidungen zu treffen, oder wenn diese nicht genügend bei den verschiedenen Interessengruppen abgesichert werden, dann besteht die Gefahr, dass die Ergebnisse rasch als „Konzeptpapier" in die falsche Ecke geschoben und an der Umsetzung gehindert werden. Will man sich hingegen durch eine breite Bürgerbeteiligung die Legitimation für die Markenbildung einholen, scheitert das Vorhaben am „**Stadion-Phänomen**": Würde ein Trainer einer Fussballmannschaft alle 35.000 Fans im Stadion nach der richtigen Spielstrategie befragen, gäbe es zu viele Experten und am Ende keine Klarheit. Steve Jobs hatte diese Tatsache mit einem legendären Spruch auf den Punkt gebracht: „Die Menschen wissen so lange nicht, was sie wollen, bis man es ihnen zeigt."[89]

Markenstrategien brauchen breite Schultern

Strategiearbeit ist Führungsarbeit. Diese braucht Mut zur Entscheidung und eine konsequente Durchsetzung. Während es in Unternehmen viel einfacher ist, diesen Grundsätzen zu folgen, ist es in Destinationen eine weitaus schwierigere Aufgabe. Allerdings unterscheidet sich die Komplexität einer Destination nicht wesentlich von der eines international agierenden Unternehmens. Auch ein solches muss seine Strategie und Marke oft in verschiedenen Kulturkreisen vermitteln. Worauf es ankommt: Bereits in der Entwicklung der Strategie muss der Prozess breit genug, aber ohne Streuverlust, für die notwendigen Entscheidungen angelegt sein. Dies gilt für Unternehmen wie für Destinationen. Die am Anfang vermeintlich eingesparte Zeit für Abstimmungen und Überzeugungen verliert man sonst in der Umsetzung, gleich multipliziert mit drei.

Dachmarke Südtirol: Verpflichtung der Entscheider am Anfang

Als wir in Südtirol mit der Erarbeitung der Dachmarke Südtirol starteten, beteiligten wir am Gestehungsprozess jene Institutionen und Entscheidungsträger, von denen wir annahmen, dass sie in der Umsetzung der Ergebnisse die entscheidende Rolle spielen würden. Am Strategiegruppentisch saßen also von der ersten Stunde an die **Entscheidungsverantwortlichen** für die Südtiroler Qualitätsprodukte der Landwirtschaft (Speck, Wein, Apfel, Milch), die Verwaltungsverantwortlichen für die Qualitätssiegel nach EU-Recht, politische Vertreter der touristischen Strukturen sowie die Vertrauten der Landespolitik. Die Vereinbarung galt als ungeschriebenes Gesetz: Für den Fall, dass diese Strategiegruppe sich auf eine gemeinsam für Südtirol anwendbare und in allen Bereichen durchsetzbare Markenstrategie einigen könnte, würden sich alle am Prozess Beteiligten verpflichtet fühlen, diese Strategie in den von ihnen verantworteten Bereichen umzusetzen.

Im Nachgang erachte ich diese Herangehensweise als **Schlüssel** dafür, dass die Dachmarke Südtirol sich durchsetzungsstark aufstellen konnte. In den vergangenen Jahren konnte ich viele Markenprozesse in Destinationen beobachten, welche diesen Schritt ans Ende des Prozesses gesetzt haben – und damit grandios gescheitert sind. Wenn die Überzeugung für das gemeinsam Notwendige erst ans Ende gesetzt wird, sind die Gravitationskräfte gegen jede Veränderung viel stärker als jene für den notwendigen Wandel. Jeder Entscheidungsträger kann plötzlich mit guten Argumenten begründen, warum er sich doch nicht an der gemeinsam erarbeiteten Strategie beteiligen will; die Politik bekommt Angst vor dem eigenen Mut; die Institutionen fürchten ihre eigene Basis. In einem solchen Nirwana enden viele der Prozesse, die sehr viel Energie, Geld und Zeit gefressen haben – aber an der eigenen Verpflichtungsschwäche zugrunde gegangen sind.

Erfolgsschlüssel: aktive Beteiligung an den Ergebnissen einfordern

Dies alles entbindet niemanden von der Aufgabe, die Markenstrategieergebnisse mit einer guten Kommunikations- und Überzeugungsarbeit in Interessengruppen und der lokalen Bevölkerung bekannt zu machen. Dies ist in der Regel ein äußerst aufwändiger und anstrengender Akt. Politische Oppositionsparteien, selbsternannte Marken- und Marketingexperten, vergessen geglaubte Persönlichkeiten und eine gegenüber Veränderungen skeptische Bevölkerungsmehrheit blasen zum Angriff auf die neue Markenstrategie, sobald diese die Arbeitsgruppen in Richtung **Öffentlichkeit** verlassen hat. Darauf darf und muss sich jeder Markenmanager gefasst machen – es sind kaum Beispiele bekannt, in denen es anders gelaufen wäre. Es liegt in der Natur der Dinge, dass langfristiges Denken und konsequente Ausrichtung zu den unpopulären Entscheidungsmustern gehören, obwohl Politik und Management genau dafür ausgesucht und in die Verantwortung genommen wird. Allein: Veränderung ist immer Bedrohung für den Bestand und das Bekannte immer sicherer als das Zukünftige.

Zu den größten Fehlern gehört, aus meiner Erfahrung der vergangenen Jahre: Wenn sich die Markenverantwortlichen viel zu schnell dazu hinreißen lassen, die Markenstrategie in einem neuen **Logo** ausdrücken zu wollen. Geschieht dies, bevor man ausführliche Diskussionen über die eigentliche Strategie in der Öffentlichkeit geführt hat, läuft ein Markenstrategieprojekt sehr schnell aus dem Ruder und zerbricht an Geschmacksfragen. Ob eine Graphik gefällt oder nicht, ist ein Thema, über das sich jedes Stammtischgespräch eine Meinung bilden kann. Ob jedoch eine Strategie für die Zukunft einer Destination richtig entwickelt wurde, ist eine viel schwieriger zu beantwortende Frage. Aber die eigentlich Entscheidende.

Die Destinationsstrategie – ein politischer Akt

Ein Markenmanager muss wissen: Er braucht am Ende die Zustimmung einer breiten Bevölkerung für die Strategie. Wenn diese nicht gesichert werden kann, wird auch die Politik der Markenstrategie nicht allzu lange die Stange halten können. Mehrheiten sind in Gefahr – und diese kann niemand über eine strategische Sachfrage gefährden. Deshalb braucht ein Markenstrategieprozess zwei entscheidende Momente, um erfolgreich zu sein:

[1] einen zeitlich überschaubaren **Entwicklungsprozess,** an dem sich vor allem jene Entscheidungsträger beteiligen müssen, die für die Umsetzung der Strategie verantwortlich sind.

[2] eine dem Entstehungsprozess der Strategie nachgelagerte, breit angelegte Kommunikations- und **Überzeugungsphase**, welche die Strategieinhalte vermittelt und bei Bedarf nachschärft.

Dieses Vorgehen kann übrigens auch großen Unternehmen in der gleichen Art und Weise empfohlen werden, wobei in diesem Fall die Bevölkerung durch die Mitarbeitergemeinschaft zu ersetzen ist. Wer diesen Prozess verkürzt oder gar vergisst, wird mit seiner Markenstrategie sehr schnell an Grenzen stoßen. Aus der Erfahrung in Südtirol kann ich rückblickend sagen: Dass sich die Region als kontrastreiche Symbiose von alpin und mediterran sowie als begehrlichster Lebensraum Europas positionieren sollte, war den Südtirolern aller Sprachgruppen sehr schnell plausibel.

Sprachliche Bezeichnungen werden zum politischen Spielball

Die Vermittlung der Grundsatzstrategie plus ihrer Konsequenzen wurde von Markenmanagement und Politik als gemeinsame Verantwortung erkannt und organisiert. Der viel schwierigere Teil war es, den Unterschied zwischen dem nicht übersetzbaren **Markennamen** „Südtirol" (deutsch) und den weiterhin geografischen Bezeichnungen „Alto Adige" (italienisch) und „Autonome Provinz Bozen" (offizielle und amtliche Bezeichnung) klarzustellen. In einer Region, in der die ethnischen Auseinandersetzungen parteipolitisch jeden Tag eine Rolle spielen und sich jeder in der Minderheit fühlt, ist dies nicht weiter verwunderlich – und die gewollte Vermischung von Sachargumenten mit politischen Überzeugungen nicht zu verhindern.

Dass es am Logo große Kritik gab und sogar einen von der örtlichen Tageszeitung „Dolomiten" ausgeschriebenen Bürgerwettbewerb, der beweisen sollte, dass es „jedes Kind doch besser könne", ist für die Dachmarkenerfolgsgeschichte Südtirols ein nettes Detail aus der Vergangenheit. In der Zwischenzeit hat sich das Logo zur lokalen „Love Brand" entwickelt und wird mit Stolz als Identifikationsmerkmal der erfolgreichen Region gesehen.

Südtirol-Marke wurde erst nach 10 Jahren zur „Love Brand"

Es lohnt sich in jedem Fall, um die Gunst der Einheimischen für eine Markenstrategie zu werben. Die lokale Bevölkerung gehört immer zu den wichtigsten Markenkontaktpunkten und kann einen wesentlichen Beitrag zur Markenwahrnehmung leisten. Dass dem so ist, wird sehr deutlich, wenn man den Glaubenssatz ins Negative kehrt: Marken zerstören sich von innen nach außen. Auch dies lässt sich an Destinationen noch deutlicher zeigen als in Unternehmen. Wenn die lokale Bevölkerung die Markenstrategie nicht teilt und sich konträr dazu verhält, wird sich diese Strategie niemals bei den Gästen durchsetzen können.

Tipp des Autors

2000 Logos aus 30 Ländern enthält das 400 Seiten starke Werk „**Logo Design**", herausgegeben von Julius Wiedemann (Taschen Verlag). Dazu werden im ersten Teil 13 gründliche Fallstudien zur Markenentwicklung vorgestellt: Marken wie Mini, The Guardian, die Mainzelmännchen ... und auch das Logo der Dachmarke Südtirol. Man sieht, welche Entwürfe es gab, wie das alte Logo aussah und wie das neue Logo in der Werbung eingesetzt wurde. Dazu gibt immer noch eine kurze Vorstellung des jeweiligen Designers. Der Entwicklung der Dachmarke Südtirol werden ganze 16 Seiten gewidmet. Im Buch heißt es zum Dachmarkenprozess: „Ein bis dato im europäischen Standortmarketing einzigartiges Vorhaben". Das Vorwort stammt vom renommierten Corporate-Identity-Berater Jörg Zintzmeyer. **www.amazon.de/Logo-Design-Julius-Wiedemann**

Kapitel 7
Die Vergangenheit als Attraktivitätstreiber einsetzen
Historien

Der „Klondike Gold Rush" ließ die Zeltstadt Skagway 1898 stark wachsen. Die Botschaft, man könne in Alaska durch Goldsuchen zu schnellem Reichtum kommen, hatte sich in dieser Zeit auch ohne Twitter und WhatsApp in Windeseile verbreitet. Schnell verwandelte sich die Zeltstadt in eine Siedlung mit allen Notwendigkeiten: Bars, Saloons, Versorgungseinrichtungen (inklusive Etablissements für bezahltes Männervergnügen) wuchsen wie Pilze aus dem frostigen Boden. Die Goldsucher brachen von dort zu den Fundstellen im Yukon auf, über den über 1000 Meter hohen Pass zum Blenkett See und weiter nach Whitehorse und Dawson City. Als man schließlich eine Eisenbahnlinie auf den Pass einrichtete, entvölkerte sich Skagway zunehmend. Nur zwei Jahre hatte die Hochblüte gedauert; dann wurde aus einem renommierten Ort eine Geisterstadt.

Nur zwei Jahre: Goldrausch für die Ewigkeit

Heute ist Skagway ein beliebtes Ziel vieler Kreuzfahrtschiffe, die auf der Inside-Passage-Tour durch das „Ice Field"-Meer den Ursprungsort des Goldrausches ansteuern. Der ehemalige Trail von Skagway über Dyea und White-Pass wurde zum beliebten „Chilkoot Trail" ausgebaut, auf der man in drei bis fünf Tagen die Strapazen der Goldgräber nachempfinden kann. Drei Monate waren diese dort unterwegs, um schweres Grabgerät und andere Utensilien für einen Aufenthalt im unversorgten Norden Kanadas an die Goldgräberorte zu schaffen. Seit 1987 ist dieser Trail als Nationales Erbe der USA gelistet.

Historie bietet sich immer an, um das große Interesse der Besucher an einer Destination zu befriedigen. Zum Beispiel die italienisch-österreichischen Kriegsstellungen des ersten Weltkrieges an der Dolomitenfront, der Jakobsweg bis nach Santiago de Campostela, die Landschaften Neuseelands auf den Spuren der Herr-der-Ringe-Verfilmung oder die Route 66 in den USA – die **glorreiche Vergangenheit** mit der eigenen Erfahrung in Beziehung zu setzen und so daran teilzunehmen, gehört zu den attraktivsten Erlebnissen überhaupt. Keine künstliche Erlebniswelt kann das wettmachen.

Fakt: Das Echte schlägt Inszenierung, so gut sie auch gemacht sein mag, immer um Längen.

Erinnerungsmanagement lohnt sich

Der Grund dafür liegt in der Lebensknappheit „Sicherheit". Wahre Sicherheit bietet nur das Gewesene, nie das Zukünftige. Zukunft besteht aus Hoffnung und Versprechen, Vergangenheit bietet Vertrauenswürdigkeit und Sicherheit. Markenmanagement ist deshalb sehr oft kluges Erinnerungsmanagement. Das nostalgische Gefühl der Vertrautheit, das Erinnerungen auslösen, kann durch keine noch so spannende Innovation ersetzt werden. Davon profitieren Destinationen, welche die Geschichte und Vergangenheit in erlebbare Produkte verpacken und umsetzen. Sie tun es, ohne museal didaktisch sein zu wollen. Friedrich Nietzsche arbeitet in seinem Werk „Vom Nutzen und Nachteil der Historie für das Leben"[90] den Grund für die **Faszination Vergangenheit** heraus: „Das Tier lebt nur in der Gegenwart – mit bescheidenem Glück – und damit unhistorisch. Der Mensch besitzt im Gegensatz dazu die Fähigkeit, sich zu erinnern. Dies befähigt ihn, Kultur zu schaffen."

Kein Titanic-Museum der Welt könnte die Attraktivität eines Angebotes schlagen, die historische Route von 1912 mit einem Schiff damaliger Bauart nachzufahren und dabei zwischen Holz- und Erster Klasse zu wählen. Kein 3D-Film über Michael Jackson wird jemals das Gefühl toppen, einen seiner Lebens- und Wirkungsorte besuchen zu können. Keine Aufnahme des legendären Konzertes von Simon & Garfunkel könnte den Besuch des Hyde Parks in London ersetzen, der die natürliche Bühne der Welterfolge dieses Duos formte. Keine Ausstellung der surrealistischen Werke von Salvador Dalí können die stets überbuchte Besichtigung seines kleinen Wohnhauses in Port Lligat an der spanischen Meeresküste an Intensität übertreffen, keine perfekte DVD mit Don Giovanni eine Aufführung der Mozart-Oper in seinem Geburtsort Salzburg.

Keine Inszenierung schlägt das Echte der Geschichte

Ob historische Ereignisse, geschichtsprägende Persönlichkeiten oder epochenformende Verhaltensweisen: Es sind „Nährböden" für Destinationen, um daraus nachhaltig wirkende Erlebnisse für Besucher erwachsen zu lassen. Menschen haben ein fantastisches Gefühl dafür, den Wert der Realität vom Wert der Inszenierung zu unterscheiden.

Es gibt viel zu wenig gute Beispiele, wo derartige Vorhaben so exzellent gelungen wären, um daraus virtuelle Orte „Must See Before You Die" zu machen. Historie liegt zu oft in den Händen jener, die mit der Glasglocke den Bestand erhalten wollen. Dies ist in den meisten

Fällen notwendig und geboten. In den seltensten Fällen führen jedoch museale Inszenierungen zu Erfahrungen, die man in seinem Leben wiederholen möchte. Wenn Didaktik und eine historisch minutiöse Darstellung überwiegen, anstatt das Miterleben zu fördern, dann haken Kunden solche Angebote als **Pflichtprogramm** ab. Wo es hingegen gelingt, Geschichte mit interessanten Facetten für das Nachempfinden zu nutzen, ist die Fangemeinschaft gesichert.

Zunehmend wollen Menschen in ihrer freien Zeit nicht nur besichtigen, sondern nachempfinden. „Auf den Spuren von etwas" zu wandeln wird stärker, je näher das eigene Empfinden am ursprünglichen Geschehen ist und je entfernter vom Nacherzählen durch andere.

Nutella und Lego: Kindheitserinnerungen erzeugen die Faszination

Destinationen können ihre Historie zu einem attraktiven Angebot gestalten. Die Erinnerung gut zu managen, zahlt sich aus. Die Faszination, dem Vergangenen ein Stück näher zu rücken, hat seit jeher die Neugierde der Menschen angetrieben. Was man selbst nur vom Hörensagen kennt und von dem man aber sicher sein kann, dass es einmal Realität war, reizt die Fantasie. „Der Unterschied zwischen Vergangenheit, Gegenwart und Zukunft ist eine Illusion, wenn auch eine sehr hartnäckige" wird Albert Einstein zitiert.[91] Unzählige Marken der Konsumgüterindustrie nutzen dasselbe Prinzip, um eine glorreiche Vergangenheit zum Attraktivitätstreiber zu machen: Nutella von Ferrero nutzt die Kindheitserfahrung der süßen Belohnung, Lego die erste Erfahrung von Kreativität und Selbstwert, Nivea die Sicherheit des ersten Pflegeproduktes. Viel zu oft wird vorschnell auf Neues gesetzt, während großes Markenkapital in der Vergangenheit läge. Dieses zu erforschen, um es zu nutzen, zahlt sich uneingeschränkt aus.

Tipp des Autors

Mit Ewald Pusch, einem Kreativmann der Extraklasse, wurde die ZDF-Kampagne „Mit dem Zweiten sieht man besser" zum Kult. In einer lesenswerten Kolumne setzt er sich mit dem Thema des **„Storytelling"** von Marken auseinander und bringt viele Beispiele dazu. Unter anderem sagt Pusch: „Es reicht nicht, nur Geschichten zu erzählen. Der Druck steigt, die Welt mit den eigenen Produkten zumindest ein bisschen besser zu machen." Und weiter: „Storytelling ist ein Investment in Marke und Kundenbeziehung, das sich auszahlt – dafür aber länger braucht als die klassische Adwords-Kampagne." Ich finde: Das Lesen des Gastbeitrages auf der Plattform horizont.net lohnt sich.
www.horizont.net/marketing/kommentare/Gastbeitrag-Es-reicht-nicht-nur-Geschichten-zu-erzaehlen-13693

Kapitel 8
Mit Konsequenz das Mittelmaß verhindern Angebotstiefe

„Wir jagen einem Ideal hinterher, das keiner von uns einhalten kann. Wir messen uns an einem Maß, das niemand dauerhaft erreicht. Das ist gefährlich. Denn es macht unglücklich. Am Schluss sind wir eben nicht alle spitze, sondern wir sind in der Regel: Mittelmaß, Durchschnitt."[92] sagt die Motivationstrainerin Nicola Fritze über den Drang der Menschen, sich mit ihrer Leistung an die Grenze des Machbaren zu bewegen – und damit grandios zu scheitern. Das gleiche Schicksal ereilt Destinationen, wenn sie sich in ihrer Angebotsvielfalt an zu Vielem versuchen.

Das kostet Kraft, Geld und Motivation. Es endet oft in Misserfolg und Demotivation. Der Grund dafür ist: mangelnde Klarheit darüber, in welchen Bereichen eine Spitzenleistung erbracht werden muss, damit Verbraucher die Marke wahrnehmen.

Erfolgstreiber: Destinationsmarken, die keinen Fokus haben und keine darauf ausgerichtete Strategie, verlieren sich im Meer der Möglichkeiten.

Wenn hingegen Klarheit darüber herrscht, welche Positionierung die Marke erreichen soll, kann **Mittelmaß** konsequent verhindert werden. Eine jede Marke braucht einen Brennpunkt, an dem Spitzenleistungen verdichtet sichtbar und erfahrbar werden. Das ist das eine.

Markenstärke zeigt sich im Detail

Das andere ist, dass es in Destinationen zur Markenbildung eine stringente **Konsequenz** braucht, die gewählte Strategie in möglichst vielen Bereichen deutlich zu machen. Eine Markenwahrnehmung, die sich an zu wenigen Vorzeigeprojekten, Schlüsselbereichen oder Leistungsträgern festmacht, greift zu kurz. Keine Region wird zur oft gewollten und in Werbeaussagen versprochenen „Genussregion", wenn sich dort zu wenige ausgezeichnete Restaurants tummeln und der Rest der Verpflegungsleistung grausamer Durchschnitt ist.

Keine Stadt wird sich als Kulturstadt durchsetzen, wenn sich dieser Begriff auf ein einziges renommiertes Festival oder einige respektable Kultureinrichtungen beschränken muss. Ein ganzes Land wird sich nicht als Zentrum der Spiritualität durchsetzen, wenn sich diese nicht in vielen verschiedenen Angeboten oder in der gelebten Alltagskultur der Einheimischen abbildet. Wenn dies jedoch gelingt, dann erleben Kunden und Gäste eine Destination wie aus einem Guss – obwohl sich die Inszenierung und die Spitzenleistungen nur auf einen strategischen Bereich beziehen.

Das Muster wahrnehmbar machen

Das Geheimnis, warum es manche Destinationen zur Marke schaffen und andere nicht, liegt in der **Skalierbarkeit** der Markenstrategie auf die verschiedenen Leistungsträgerebenen und Wirtschaftsbereiche. Wer zum Beispiel als Genussregion punkten will, muss die Lebensknappheit Genuss nicht nur gastronomisch, sondern auch architektonisch und kulturell zur Geltung bringen. Der Irrglaube, nur Spitzenrestaurants könnten den Anspruch als Genussregion glaubhaft abbilden, grassiert durch viele Destinationskonzepte. Ebenso die Hoffnung, ein neues Fünf-Sterne-Hotel würde einen Tourismusort in die Nachfragekategorie „Qualität" katapultieren.

Um beim Beispiel Genussregion zu bleiben: Die entscheidende Frage wäre, wie das Thema „Genuss" sich in möglichst vielen Bereichen und nach einem zertifizierten Muster verdeutlichen kann. Dazu helfen Projekte der Produktentwicklung, welche die besten Betriebe und Angebote zu einem Qualitätsangebot bündeln, nach klar erkennbaren Kriterien zertifizieren und dadurch einen Ansporn für neue Betriebsentwicklungen schaffen. Dazu braucht es eine **Implementierungskonzeption**, mit der das Thema über Betriebe in den verschiedenen Kategorien und unterschiedlichen Orten breit gestreut wird.

Die Grundfrage ist dabei immer die gleiche: Was können – trotz aller Unterschiedlichkeit in Ausgangslage und Kategorie – die einzelnen Leistungsträger dazu beitragen, dass sich die Markenstrategie mit dem Thema „Genuss" in der Kundenwahrnehmung festigt und verdeutlicht? Die Speisekarten der Luxushotels und der Almhütten kommen dabei genauso ins Spiel wie die Namenskreationen neuer Angebote. Der Anspruch, eine Genussregion zu sein, wird auf jedem Dorffest verdeutlicht, wenn Plastikbecher und billigste Massengetränke zugunsten eines regionalen Spezialitätenangebots in den Hintergrund gedrängt oder eliminiert werden. Eine Genussregion achtet auf die passende **Musikbeschallung** auf Skihütten, genauso wie auf gutes Design in Beschilderung und Kommunikation. Am Ende spürt der Kunde einer solchen Destination, dass das Thema an jeder Ecke gekonnt inszeniert, gelebt und verstanden wird.

Urlaubsspezialisten entstanden in Österreich

Als die Österreich-Werbung das Konzept der „Angebotsgruppen" oder „Urlaubsspezialisten" entwarf, begab man sich auf einen richtigen Weg: Anbieter, ob Hotels oder Infrastrukturen mit sich ähnelnden Angeboten, wurden dazu angehalten, sich gemeinsam zu vermarkten und damit einem Thema innerhalb Österreichs einen größeren Stellenwert zu geben.[93] Die

„Kinderhotels" nahmen dort ihren Ursprung, „Fischwasser Österreichs" vereint die besten Fischereigewässer zu einem Gesamtangebot für Petri-Heil-Jünger, die „Bibliohotels" stellen sich als besonders geeignete Urlaubsangebote für Leseratten und die Hotelgruppe „Autriche pro France" zeigt, wer sich für die Vorlieben der französischen Österreichurlauber besonders gut vorbereitet hat. Wer Mitglied einer solchen Angebotsgruppe werden will, muss sich an einen **Kriterienkatalog** halten und mit passenden Angeboten aufwarten, die er seinen Gästen garantieren kann.

Die Idee war vor allem aus Vermarktungsüberlegungen lanciert worden und hatte anfänglich weniger die gemeinsame Produktentwicklung im Sinn. In dieser läge allerdings das große Potenzial für eine Markenbildung. Dies haben einige Destinationsinitiativen erkannt und ihre Betriebszusammenschlüsse verstärkt auf eine gemeinsame Entwicklung ausgelegt.

Gemeinsame Produktentwicklung stärkt die Destinationsmarke

Die Vitalpina-Hotels in Südtirol wurden nicht aus dem Vermarktungsgedanken heraus gegründet, sondern als Speerspitze für die Markenstrategie angelegt. Um der kontrastreichen Marke Südtirol (alpin und mediterran zugleich) zu entsprechen, entschieden sich 25 Hotels, der „Alpinkompetenz" eine betriebliche Entsprechung zu geben. Die Hotelbetreiber bezeichnen sich als Gastgeber sowie „nicht nur begeisterte Wanderführer und Bergsteiger, sondern auch Kräuterexperten, Wellnesstrainerinnen, Fotografen und Köche, die ihr Wissen und ihre Liebe zum Lebensraum Südtirol gerne mit ihren Gästen teilen".[94] Häuser, die das Vitalpina®-Konzept verfolgen, bieten Erfahrungen in den Bereichen Aktiv, Ernährung und Entspannung. Die nun knapp 40 familiengeführten Betriebe haben sich zu einer etablierten Größe mit anhaltendem Erfolg entwickelt: In den einschlägigen Kundenbewertungsportalen genießt die Gruppe mit 5,8 von 6 möglichen Punkten und einer Weiterempfehlungsrate von 99 Prozent hohe Anerkennung.[95]

Tipp des Autors

Tibet, Land der Götter, ist die höchstgelegene Region der Erde und scheint dem Himmel ganz nah. Buddhistische Gläubigkeit und tiefe Spiritualität prägen das Land. Tibet gehört politisch zu China, die tibetische Kulturregion aber erstreckt sich auf die Länder Nepal, Bhutan, China und Indien. Keine andere Region kann den Ein-Wort-Wert „Spiritualität" so gut verteidigen wie das Land des Dalai Lama. Klöster sind dessen architektonischer Ausdruck, die heilige Stadt Lhasa dessen Zentrum, die Hochlandschaft dessen Erfahrungshintergrund. Orte, Märkte, Menschen, Landschaften, Bauten und Rituale machen Tibet zum „heiligen Land der Spiritualität".
www.tibet.net

Kapitel 9
Das Einzigartige perfekt managen
Attraktionen

Was muss man auf dieser Welt als Reisender gesehen haben? Was ist überhaupt eine **Sehenswürdigkeit**? Kann man einen Naturpark mit einem romanischen Bauwerk vergleichen, eine Altstadt mit einem Land oder einen Platz mit einem Museum? Als Patricia Schultz aus New York im Jahre 2003 ihr Buch „1000 Places To See Before You Die" herausbrachte und weltweit mehr als drei Millionen Mal verkaufte, war die Ära der **Attraktionsrankings** eingeläutet. Dabei stellte Schultz in ihrem Vorwort klar, dass es sich bei ihrer Auswahl um eine sehr persönliche Liste handle: Sie nahm nichts in das Buch auf, was sie nicht selbst gesehen und erfahren hatte. Zehn Jahre später erschien die überarbeitete Auflage des Bestsellers und nahm weitere 200 Reisetipps auf[96] – die vielbeschäftigte Reisejournalistin, die dreimal im Monat beruflich in unserer Welt unterwegs ist, wollte damit auf die veränderte Weltsituation eingehen. Der Zusammenbruch des Ostblocks hatte neue Reisedestinationen eröffnet, die es davor nicht gab. Zudem entdeckte Schultz für sich den afrikanischen Kontinent und bereiste ihn intensiv.

Rankings á la „Must See" vermehren sich schlagartig

Im Jahr 2015 zog der legendäre Reisebuchverlag **Lonely Planet** mit seiner Publikation „Die 500 besten Orte auf diesem Planeten" nach und listete Angkor Wat in Kambodscha, das Great Barrier Reef in Australien und die Andenstadt Machu Picchu auf den ersten Plätzen. Dieses Ranking entstand aus den Einzeltipps der Reiseführer, welche der Verlag seit 40 Jahren erfolgreich am Markt platziert, und einer „verlagsinternen Bewertung der Redakteure"[97], wie Rebecca Law von Lonely Planet klarstellte. Im Jahr 2016 hatte Botswana den ersten Platz im Ranking der Staaten übernommen, die Stadt Kotor in Montenegro in der Städtekategorie und die Region Transilvanien in Rumänien führt die Liste der Regionen an.

Bereits zum zweiten Mal veröffentlichte die **Deutsche Zentrale für Tourismus** die hundert besten Sehenswürdigkeiten. Dem Ranking liegt eine Onlineumfrage von Deutschlandreisenden aus über 40 Ländern zugrunde. Der Europa-Park in Rust wurde dabei zur Nummer 1 gekürt, noch vor dem Märchenschloss Neuschwanstein und dem Weltkulturerbe Kölner Dom auf den Plätzen 2 und 3.[98]

Das Onlineportal **Tripadvisor**, das die besten Kundenbewertungen als Maßstab für sein Ranking nimmt, listet auf den Plätzen 1 bis 3 Machu Picchu in Peru, die Scheich-Zayid-Moschee in Abu Dhabi und die Palastanlage Taj Mahal im indischen Agra.[99]

Dieser kleine Überblick macht deutlich, dass es offenkundig kein Ranking gibt, das den Anspruch auf Allgemeingültigkeit und Wahrheit für sich beanspruchen könnte. Was als sehenswert gilt und für eine Reise wert befunden wird, ist immer äußerst subjektiv und eine Frage der Erwartungshaltung. Möchte man dorthin, wo es die meisten Menschen hinzieht, dann müsste der Times Square in New York auf dem ersten Platz des Rankings stehen: Mit über 40 Millionen Besuchern führt er die Liste der **meistbesuchten Orte** auf dieser Welt an, gefolgt von der National Wall/Memorial Parks in Washington und dem Disneyland Resort in Florida. Europa käme erst mit dem Trafalgar Square in London auf Platz 4 ins Spiel.[100]

Destinationen fehlt der Mut zur Auswahl

Für Destinationen gehören die eigenen Attraktionen zu den wichtigen **Markenkontaktpunkten**. Sie sind von großem strategischem Wert, weil Besucher über diese Highlights mit der Marke in Berührung geraten. Wer sich durch die Websites von Städten und Destinationen klickt, verliert schnell die Hoffnung, dass er dort exzellent durch die wichtigsten Sehenswürdigkeiten geführt werden könnte. Von alphabetischer Museumsaufzählung („aus politischen Gründen!") bis zu einer Reduktion der Attraktionen auf historische Baudenkmäler („wir wollen unsere kulturellen Schätze zeigen") wird das Potenzial von Sehenswertem leichtfertig verschenkt. Weil es kaum eine strategische Ausrichtung gibt und die Onlinemanager sich deshalb nicht trauen, eine klare Auswahl unter dem Zuviel an Sehenswertem zu treffen, bleiben Destinationen weit hinter der Leistung von Reiseführern und Reiseportalen zurück. Diese nehmen keine Rücksicht auf lokalpolitische Befindlichkeiten und bedienen mit ihren Vorschlägen ausschließlich die Kundenbedürfnisse.

Destinationen könnten dies auch. Sogar besser. Mit wenigen Regeln kann dies gelingen und die elektronischen Welten helfen dabei sehr. Mit ihnen können durch intelligente Filterung aus der großen Liste von Sehenswertem einer Region oder Stadt – und davon gibt es immer ein Zuviel und nie ein Zuwenig – für verschiedenste Bedürfnisse und Lebenssituationen der Gäste äußerst begehrte **Erfahrungsrouten** zusammengestellt werden.

Durch die Brille der Einheimischen geblickt

Wer als Familie mit kleinen Kindern eine Stadt besucht, braucht für ein glückliches Reiseerlebnis eine ganz andere Attraktionsliste als ein kulturinteressiertes Paar. Die gastronomisch Interessierten würden sich über Insidertipps lokaler Gourmets freuen, die Sportbegeisterten würden gerne die Lauf-, Rad-, Ski- und Wanderrouten durch gleichgesinnte Ortskundige kennenlernen, die „Must-See-Sammler" wären mit der Liste der örtlich meistbesuchten Attraktionen gut bedient und die jungen Besucher mit den wichtigsten Szenelokalen. Was als sehenswertes Highlight nach oben geschoben werden soll, muss zur Markenstrategie passen und perfekt dazu beitragen, was Besucher von der Destinationsmarke wahrnehmen und letzten Endes auch wertschätzen sollen. „Man sieht nur, was man weiß" – die von Johann Wolfgang von Goethe in wenige Worte gefasste grundsätzliche Wahrheit gilt auch hier.

Attraktionen brauchen professionelles Besuchermanagement

Viele Attraktionen scheitern nicht an ihrer Bedeutung – sie scheitern zu oft an ihrer Vermittlung und am adäquaten, ihrer Bedeutung entsprechenden Management. Wer kennt nicht die vergilbten Erklärungstafeln mit schlechten Übersetzungen an den großen Kunstwerken dieser Welt, die veralteten Audioguides in Kirchen mit Münzeinwurf und festem Telefonhörer an der Schnur, die verstaubten Vitrinen mit bibliothekarisch beschrifteten Exponaten der Stadt- und Heimatmuseen? Wer hat sich noch nie an den verwahrlosten öffentlichen Toiletten an den Sehenswürdigkeiten dieser Welt gestört, sich über die chaotische Parkplatzsituation mit aufwändigen Bezahlmechanismen der schönsten Innenstädte gewundert und sich gefragt, warum man an jeder Supermarktkette bargeldlos bezahlen kann – aber nicht für den Eintritt der UNESCO-Weltkulturerbe? Warum macht das perfekte Warteschlangenmanagement der Londoner Attraktion Madame Tussauds oder dem MoMa in New York nicht weltweit Schule, mit perfekten Paketangeboten und garantierten Eintrittszeiten, natürlich online buchbar?

Exzellente Markenführung an den Sehenswürdigkeiten wird in gut gemanagten Details spürbar, deren Maßstab die Wahrnehmung der Kunden ist. Wenn das temporäre Hinweisschild an der Eingangstür zum Weltkulturerbe Kölner Dom schief hängt, das durch eine jahrhundertelange handwerkliche Detailarbeit in Perfektion entstanden ist, dann gerät das Gefühl des Betrachters aus dem Lot: Ein kleines Detail, ein Indiz für Inkonsequenz, zerstört das Gesamterlebnis auf der unbewussten Wahrnehmungsebene. Ein passioniertes Markenmanagement verhindert Derartiges mit aller Konsequenz.

Tipp des Autors

Culturonda® ist ein von Südtirol entwickeltes Produkt, das Besuchern zwölf Erlebnisfelder bietet, um den kontrastreichen Lebensraum von alpin und mediterran durch Erfahrung zu verstehen. Das mehrfach ausgezeichnete Konzept gibt es in der Zwischenzeit nicht nur für den gesamten Raum Südtirol, sondern auch für die Teilbereiche Dolomiten und Wein sowie die spezielle Zielgruppe Familie. Neben den großen Sehenswürdigkeiten Südtirols wie Ötzi und Dolomiten ermutigt Culturonda®Südtirol auch zum Essen von Knödeln und Spaghetti, zum Hineinhören in die Dreisprachigkeit Südtirols bei einem Stadtspaziergang und zum Besuch eines Konzertes einer der über 200 Musikkapellen Südtirols. Aus der 2003 erstmals lancierten Idee entstand auch ein grenzübergreifendes Produkt mit dem Kanton Graubünden: ein individuell kombinierbarer Reiseführer über die kontrastreiche Alltagskultur der Regionen Graubünden und Südtirol.

www.suedtirol.info/Erlebe-Suedtirol/Culturondareg.html

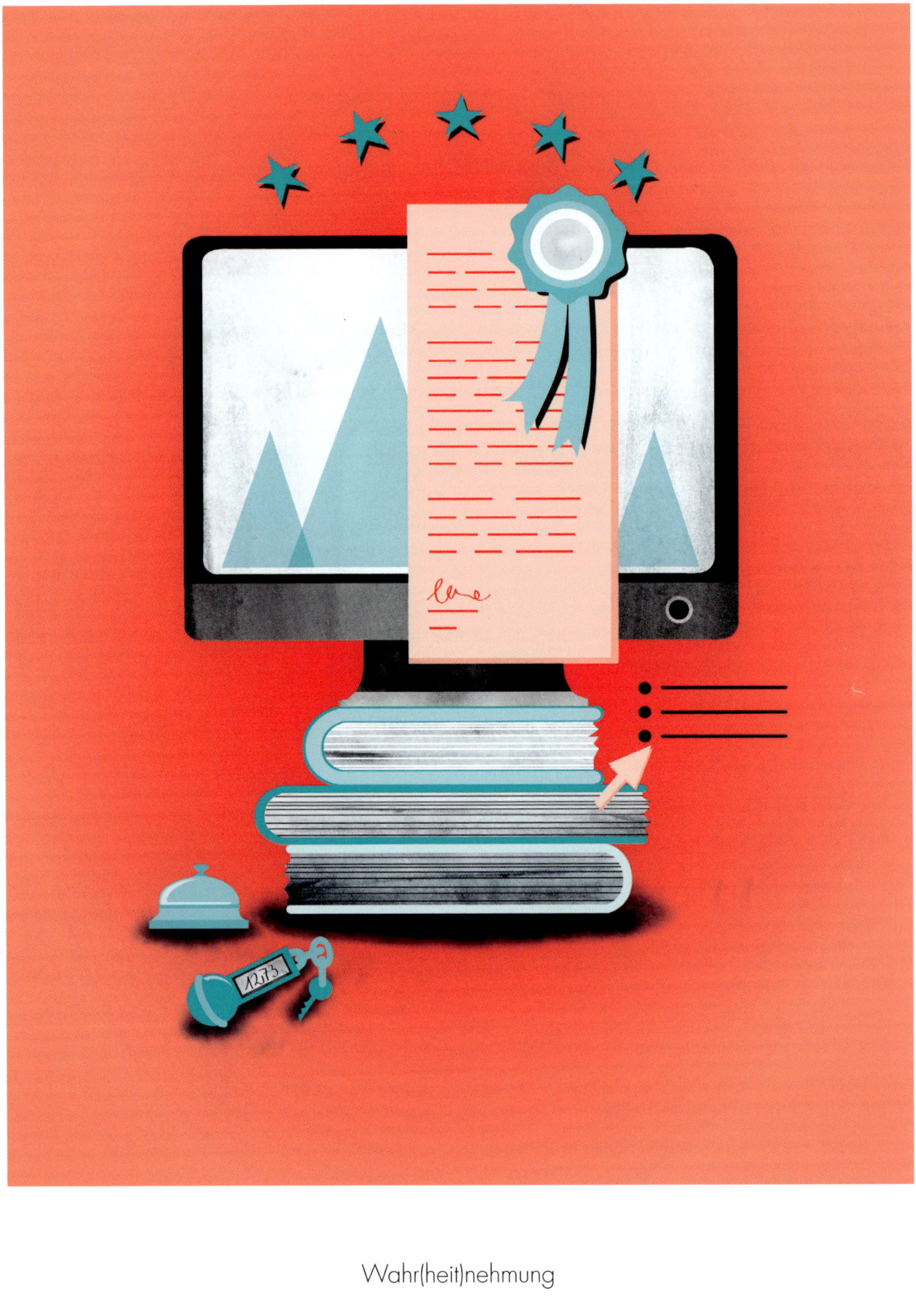

Wahr(heit)nehmung

Teil 3

Werbung war, Aufmerksamkeit kommt

Destinationen brauchen exzellentes Wahrnehmungsmanagement

Produkte denken an ihren Preis, Marken denken an ihren Wert. Produkte beschäftigen sich mit Platzierung und Kommunikation. Marken kümmern sich um ihre Wahrnehmung und die daraus folgende Wertschätzung. Unternehmen mit Produkten wollen den Umsatz steigern, Unternehmen mit Marken geht es um die Marge.

Es ist ein wesentlicher Unterschied, ob man seine Destination als vermarktbare Einheit aus verschiedenen Produkten versteht oder als Marke. Beides ist möglich und beides verlangt nach einem anderen Instrumentarium, um erfolgreich zu sein. In der Touristik hat man über viele Jahre hinweg sehr nah am Kunden und seinen Bedürfnissen agiert: Die Touristikinformationen mit Prospektverteilung und persönlicher Beratung waren einmal die beste Investition. Das war eine effiziente Form der Kundenansprache, als man noch davon ausgehen konnte, dass die Buchung und Unterkunftssuche vor Ort erfolgte. Dieses ehemals bewährte Konzept auf Publikumsmessen zu wiederholen, schien erfolgsversprechend. Doch funktioniert diese Methode in Zeiten der Distanzbuchung über elektronische Wege noch? Und mit welchen Methoden kann die Nachfrage nach einer Destination heute angeregt werden? Fest steht: Es erfordert eine sehr kritische Überprüfung der „heiligen Kühe" der **Tourismusvermarktung**. Denn immer noch werden zuhauf Unterkunftsverzeichnisse und Hochglanzprospekte produziert, als ob es dafür noch reißenden Absatz und eine durchschlagende Nachfrage gäbe.

Die nächsten kurzen Kapitel setzen sich sehr kritisch mit den **Kommunikationskanälen** und Vertriebssystemen touristischer Regionen und Orte auseinander. Wer als Marke in den Disziplinen Differenzierung und Abgrenzung gewinnen will, muss vieles auf den Prüfstand stellen, was die Branche als das Übliche und Notwendige postuliert.

Relevanz und Reichweite

Als man das Werbebudget noch in Kampagnen und Promotionstrecken verplanen konnte, zählte als Messkriterium die **Reichweite**. Agenturen berechneten mittels eigener Module, wie oft eine Person einer bestimmten Zielgruppe von einer werblichen Maßnahme erreicht werden konnte. Seit die medialen Nutzungsmöglichkeiten der Konsumenten, vor allem im elektronischen Bereich, stark gewachsen sind, kommen diese Messgrößen zunehmend unter Druck. Das Mehr an Information hat eine Armut an Aufmerksamkeit mit sich gebracht. Nicht mehr die Kontaktzahl einer Promotion ist ausschlaggebend, sondern die **Relevanz,** die dadurch beim Kunden ausgelöst wurde. Zu den neuen Messkriterien gehören deshalb die Interaktionsraten, die Performance- und Umsetzungsraten sowie die Share- und Like-Zahlen im Social Web.

Kapitel 1
Sterne vom Kunden
Bewertungsportale

Neue Kunden gewinnen über die Empfehlung bestehender Kunden: Was früher einmal „Mund-zu-Mund-Propaganda" hieß – ein Wortgemenge aus einer Zeit, als Werbung noch Propaganda genannt wurde – ist heute zum großen Teil in den elektronischen Bewertungsportale vorzufinden.

Neuer Ort, altbekannte Systematik: Wir haben es immer noch mit klassischem **Empfehlungsmarketing** zu tun. Verändert haben sich nur die Methoden und der weltweit ausgeweitete Verbreitungsgrad. „Auf der Suche nach einem Handwerker, einem Zahnarzt oder einem Hotel begeben sich viele Interessenten zuerst ins Internet. Sie suchen hier nicht nur das beste, günstigste und nächstgelegene Angebot, sie wollen auch Erfahrungen von anderen Käufern und Gästen lesen. Bewertungsportale wie Yelp sind daher für viele die erste Anlaufstelle, noch bevor sie einen Onlineshop oder das Geschäft selbst aufsuchen. Kaum etwas beeinflusst eine Kaufentscheidung so sehr, wie die Meinungen und Bewertungen von anderen Kunden. Oder aus der Sicht der Unternehmen: Bewertungen und Erfahrungsberichte sind Werbemaßnahmen zur Kundengewinnung im Internet",[101] beschreibt Onlineredakteurin Katharina Schütz das sich abzeichnende Kundenverhalten und liefert eine ganze Reihe von Portalen, welche derartige Dienstleistungen anbieten. Von der Autowerkstatt bis zur Apotheke, von Urlaubsanbietern bis zu technischen Geräten: Kaum noch eine Branche entzieht sich dem öffentlich mitgeteilten und einsehbaren **Urteil** ihrer Kunden.

Die klassische Werbemasche hat ausgedient

Das Netz hat mit seinen neuen Möglichkeiten eine ganze Industrie der schönen **Versprechungen** der eigenen Unzulänglichkeit verführt. Konnte man vor den Zeiten, in denen alles in Sekundenschnelle auf Plausibilität und Richtigkeit überprüft werden kann, seine eigene Destination noch schöner schreiben, besser reden oder glücklicher darstellen, als es der Realität entsprach, gehören diese Werbemaschen endgültig der Vergangenheit an. Hotels priesen sich vor Google Maps zu gerne als „am Strand" an, obwohl dieser vom Hotel durch eine Schnellstraße getrennt war, oder veröffentlichten Bilder einer Traumlage, die sich bei genauerem Hinsehen als sehr kleiner Ausschnitt der Realität entpuppte: Links und rechts der Ferienanlage waren schon lange andere Ressorts entstanden und hatten dem ersten am Ort seine Alleinstellung deutlich vermiest. Man konnte sich als Haus „an der Skipiste" verkaufen, auch wenn diese erst durch einen Buszubringer erreichbar war, und durfte bis zur ersten Erfahrung ungestraft auf die „neu renovierten Zimmer" verweisen, von denen man erst fünf hatte.

Die einschlägigen Bewertungsportale haben die Tourismusbranche und die in diesem Bereich eingesetzten Marketingmethoden so stark verändert, wie dies kaum anderswo der Fall ist. Wer eine Buchung in Betracht zieht, weiß schon lange im Vorhinein, was ihn konkret erwartet; ein Aufrufen der **Kundenkommentare**, oft mit Fotos dokumentiert, verschafft eine schnelle Übersicht über Traum und Wirklichkeit.

Auch Bewertungsportale stehen unter Beobachtung

Natürlich: Erfahrene Kunden haben gelernt, wie man Kommentare von Kunden zu lesen hat. Der notorische Nörgler ist ebenso schnell identifiziert wie der unglaubwürdige Fan, der meist in einer fast schon werblichen Sprache seine Erfahrungen als privates Hochglanzprospekt zum Kundenfang hinterlegt hat. Die ersten Missbräuche von Selbstbewertungen der Unternehmen über bestellbare **Positivkommentare** durch einschlägige Agenturen bis hin zu neidgetriebenen Verrisseinträgen der örtlichen Hotelierskollegen haben die Bewertungsportale dazu angehalten, in ihrem eigenen Hause für Ordnung zu sorgen. Kommentare werden nicht mehr ungefiltert veröffentlicht, auf Plausibilität elektronisch und teilweise mit persönlicher Nachfrage geprüft und im Zweifel sogar in der Veröffentlichung verweigert. In jedem Falle sind von den Kommentatoren Nachweise zu erbringen, dass der beschriebene Aufenthalt auch stattgefunden hat. Das Magazin „Stern" startete einen Feldversuch und schob bei den Bewertungen von vier Hotels eine ganze Reihe von **Falschangaben** unter: Immerhin veröffentlichten zwei der einschlägigen Bewertungsportale die Kommentare nicht, weil man den Fälschern auf die Schliche gekommen war. Die Stern-Onlineredakteurin Swantje Dake kommt zum Schluss: „Bewertungen sind immer subjektiv [...]. Aber auch ohne die Echtheitszweifel sollte man Bewertungsportale nicht für bare Münze nehmen. Ausschlaggebend für die persönliche Bewertung sind die Erwartungshaltungen, mit denen die Urlauber anreisen."[102]

Unter 140 Millionen Bewertungen gibt es auch zweifelhafte

Das Schweizer Fernsehen befasste sich in seiner verbraucherkritischen Sendung „Kassensturz" vom 30. September 2014 mit dem Thema der fälschbaren Bewertungen und ließ im Anschluss an die Sendung auf der Internetseite die Zuschauer abstimmen: Unter 1200 Teilnehmern stimmten über 70 Prozent für die These, dass „bei Bewertungen natürlich auch gefälscht werde, aber man trotzdem einen ganz guten Überblick über die Lage erhalte", während sich die restlichen 30 Prozent für die Thesen entschieden, dass „Bewertungen nie zu trauen sei" oder „man sich darauf sehr verlassen könne".[103] Fakt ist: Bei aktuell über

100 Millionen Bewertungen auf Tripadvisor und über 40 Millionen Bewertungen auf Holidaycheck sind Hotel- und Destinationsbewertungsportale eine Marktgröße geworden, die man in jedem Fall in Betracht ziehen muss.

Kundenmeinungen ersetzen quantitative Marktforschungen

Für Destinationen mit Markenanspruch ersetzen die kollektiven Ergebnisse auf den Bewertungsportalen in jedem Fall die sonst sehr aufwändigen Marktforschungen. Das Bewertungsergebnis auf das einzelne Hotel bezogen kann im Einzelfall einmal überzogen positiv oder überzogen negativ ausfallen; zieht man aber alle Bewertungsergebnisse aller Hotels eines Ortes oder einer Region zusammen, kann man sich der „kollektiven Weisheit" (wisdom of the crowd) ziemlich sicher sein.

Die Ergebnisse sind wissenschaftlich immer angreifbar – allerdings genügen sie immer, um ein gutes Gefühl dafür zu entwickeln, was Gäste und Kunden sagen würden, wenn sie nach streng wissenschaftlichen Methoden befragt würden. Angenommen, dass man für eine Region oder Destination im Durchschnitt von allen bewerteten Unterkünften zu einer kollektiven und durchschnittlichen **100-Prozent-Weiterempfehlungsrate** von 90 Prozent käme, dann könnte man davon ausgehen: Diese Destination hat auf der Angebotsseite der Unterkünfte wenig Defizite. Ganz anders fiele die Einschätzung aus, wenn diese Empfehlungsrate bei unter 70 Prozent wäre. In einem solchen Fall wüsste man als Destinationsmanager, wo der Hebel anzusetzen ist und an welcher Stelle in der Reputation der Destinationsmarke die gröbsten Risiken liegen.

Südtirol-Ziel: hohe Weiterempfehlungsrate

In Südtirol hatten wir intern das Ziel, die 100-Prozent-Weiterempfehlungsrate aller Unterkünfte, Restaurants und Sehenswürdigkeiten im Lande auf über 90 Prozent zu halten. Dabei zogen wir die renommiertesten Bewertungsportale als Beobachtung in das interne Markensteuerungscockpit und konnten mit einer stabilen Quote von 94 Prozent ziemlich sichergehen: Die Unterkunftsanbieter in Südtirol machten ihren Job überdurchschnittlich gut. Trotzdem war klar: Dieses Niveau zu halten bzw. sogar auszubauen, würde großer Anstrengungen bedürfen. Die Südtirol Marketing Gesellschaft betrieb deshalb eine personell gut bestückte **Angebotsentwicklungsabteilung** mit gleich vielen Mitarbeitern wie sich in der Marktabteilung um die Bewerbung der Destination kümmerten. Keine Markendestination darf sich darauf verlassen, dass sich Angebote von selbst in die richtige strategische Richtung entwickeln und dies ausschließlich Aufgabe der Unternehmer im Lande wäre. Es gehört immer auch dazu, in diesem Bereich Verantwortung zu übernehmen und durch neue Anregungen und Initiativen dafür zu sorgen, dass der in Destinationen weitverbreitete Nachahmereffekt zu einer konsistenten Angebotsqualifizierung führt.

Ob neue Themenhotels oder strategisch wichtige Veranstaltungen, ob Beratung bestehender Ortsinitiativen oder das Abschieben von Initiativen auf Regionsebene: Wer sich im Destinationsmanagement nicht auch kräftig um seine Produkte und Angebote kümmert, wird es am Ende schwieriger haben, den vorgefundenen Bestand zu einer Marke zu verdichten. Die Ausrede, „man könne nur vermarkten, was da ist, und mehr sei es eben nicht" ist eine Schutzbehauptung für eine nicht tragbare **Beamtenmentalität** in touristischen Destinationen.

Markenmanagement bedeutet, sich der Gestaltung zu widmen, auch wenn man nicht alle dafür notwendigen Hebel in der Hand hat.

Die Erfahrung vieler erfolgreicher Destinationen zeigt, dass es möglich ist und dass es dafür die richtigen Leute braucht, welche eine Destination trotz ihrer Managementaufgabe zu ihrem persönlichen Herzensanliegen machen. Gepaart mit der dazu notwendigen Professionalität in Management und Führung haben es schon mehrere Regionen geschafft, sich aus der Namenlosigkeit in eine Markenbedeutung zu katapultieren.

Die Kür: ein Gefühl vermitteln

Auch dies wird auf Portalen von Kunden bewertet. In den Bewertungstexten liest man plötzlich nicht nur über Einzelheiten des Hotels, sondern findet auch Eindrücke von der Umgebung, den Orten, den Ausflugszielen und der vermittelten Qualität. Man liest über seine Destination dann von der Aura, dem Lebensgefühl und dem besonderen Flair. Man liest oft zwischen den Zeilen heraus, dass die Unterkunft oder die Sehenswürdigkeit, der Ort oder die Stadt nicht den Wert hätten, wären sie nicht in der Destination, die man gerade zur Marke aufgebaut hat. Das macht zufriedener, als darüber nachzudenken, mit welchen Rabattkisten und -angeboten man mit der nächsten Kampagne noch ein paar beliebige Gäste anlocken könnte, die am Ende auch noch einen schlechten Kommentar abgeben könnten – weil sie einfach nicht zur Destination passen und nur wegen des Schnäppchenangebots die Reise gebucht hatten.

Tipp des Autors

Die konsequente Kundenorientierung, getrieben aus der stetigen Angst, auf einschlägigen Bewertungsportalen nicht gut abzuschneiden, treibt auch seltsame und kuriose Blüten: Die Reiseplattformen Skyscanner, lastminute.de und Travelzoo hatten Hoteliers nach bizarren Sonderwünschen ihrer Gäste gefragt. So erkundigte sich ein sparsamer Gast doch tatsächlich, ob er weniger zahlen müsse, wenn er nur alle zwei Tage dusche. Auch andere

vergleichsweise harmlose, aber etwas verwirrte Gästewünsche konnten nicht einmal vom ehrgeizigsten Hotelpersonal erfüllt werden: Ein Luxushaus in Berlin und ein anderes in Prag hatten beim besten Willen nicht den verlangten Meerblick zu bieten. So wie ein Hotel in Barcelona auch keine Aussicht auf die Alhambra liefern konnte, weil die in Granada steht.
www.travelbook.de/service/Toilette-mit-Mineralwasser-Die-skurrilsten-Extra-Wuensche-und-Beschwerden-von-Hotelgaesten-302337.html

Kapitel 2
Kontakte zum Kaviarpreis
Messen

Als Weltausstellungen noch dazu dienten, der Welt an einem ausgesuchten Ort Neuheiten, Erfindungen und undenkbare Konstruktionen aus anderen Kontinenten vorzuführen, war es mehr als legitim, diesen einen ganz besonderen Stellenwert einzuräumen. Der Eiffelturm, ein Überbleibsel der damals in Paris veranstalteten Weltausstellung im Jahre 1889, ist auch heute noch eine Reise wert; man stelle sich die beeindruckende Wirkung zur Entstehungszeit vor, als es noch nicht möglich war, jedes Ereignis in Sekundenschnelle elektronisch in alle Welt zu übertragen. Sich auf eine Reise zu begeben und Neues zu erfahren, ist nicht nur das Motiv für viele Urlaubsreisen, sondern ebenso für den Besuch von Ausstellungen und Messen. Diese haben sich natürlich gewandelt – von der Plattform für **Verkaufsabschlüsse** hin zu begehrten Plattformen für **Interaktion und Kommunikation**.

Messe: Wo man sich trifft und dazugehört

Selbst wenn die Businesswelt sich jeden Tag millionenfach über Millionen verschiedener Kanäle digital vernetzt, sind Messen nach wie vor ein willkommener Anlass für die Verantwortlichen einer Branche, um sich zum persönlichen Austausch zu treffen. Die Touristik kennt solche internationalen Treffpunkte wie andere Branchen auch: Das Webportal messeninfo.de listet **216 Tourismusmessen** in 160 Städten und 50 Ländern auf. Die meisten Tourismusmessen finden in Deutschland statt (mit 61 Messen), Indien und Russland folgen mit jeweils 11 Veranstaltungen.[104] Die internationale Tourismusbörse in Berlin ITB hat sich zur Leitmesse der Branche aufgeschwungen, die WTM (World Travel Market) gilt als renommierte Veranstaltung der Reisevermittler. Die weiteren Messeveranstaltungen sind oft von rein nationaler Bedeutung und ein Stelldichein der Tourismusverantwortlichen eines Staates.

Obwohl seit Jahren in Zweifel gezogen wird, ob sich ein kostenintensiver Messeauftritt für eine Destination wirklich rechnet, tauchen kostspielige Messeengagements nach wie vor in den Marketingplänen der Touristikdestinationsgesellschaften auf. Selbst Kundenumfragen, die seit Jahren eine sinkende Bedeutung für Messen als Orte zur Information und Urlaubsentscheidung aufweisen, scheinen die Marketingverantwortlichen kaum zu beeindrucken. In einer ADAC-Umfrage landeten Messen im Ranking der Quellen für Reiseentscheidungen auf dem vorletzten Platz von 13 (mit 1,4 Prozent an Wichtigkeit), während das Internet bereits 2011 Platz 1 belegte, mit einem Bedeutungsanteil von 65 Prozent.[105] Messen müssen einfach sein, so scheint es – vor allem üben auch politische Kräfte ihren Einfluss darauf aus, damit die verschiedenen Messen mit tonnenweise Informationsmaterial und feschen Standkräften bestückt werden.

Hohe Kosten für einen zweifelhaften Ertrag

Das Gravierende dabei: Die Kosten für einen ordentlichen Messeauftritt stehen in einem exorbitanten Missverhältnis zu den erwartbaren Marketingerfolgen. Während bei Internetkampagnen gerne die etablierten Messgrößen „Cost per Click" (CPC) oder gar „Cost per Acquisition" (CPA) verwendet werden, um die Effektivität des Werbemitteleinsatzes zu überprüfen, werden Standflächen- und Standbaukosten ohne größere Einwände durch die Verwaltungsräte gewinkt – von einer **Vollkostenrechnung** inklusive Personal, Reise, Aufenthalten und Verpflegung ganz abgesehen.

Ich behaupte, dass unter allen Kontaktpreisen eines Marketingplans der Messekontakt zu einem potenziellen Kunden der mit Abstand teuerste von allen ist – und der am wenigsten wirkungsvollste.

Das hat vor allem mit der Art und Weise zu tun, wie Destinationen ihren Messeauftritt in der Regel gestalten: Den Tresen überfüllen sie mit vielfältigsten Informationsprospekten einzelner Regionen, Orte und sogar Hotels, bunt durchmischt und auf eine möglichst breite Kundenansprache ausgerichtet. In großen Bildern, aufgeputscht mit viel zu allgemeinen Slogans, unterstützt von viel zu langen Werbefilmen und bewirtet mit regionalen Spezialitäten feiert sich jede Nation, jede Region, jeder Ort, jede Sehenswürdigkeit, jeder Hotelverbund und jedes Kultur- oder Freizeitspektakel erst einmal selbst.

Für den Kunden stehen die **Informationsbroschüren** bereit, die er am Ende des Tages kaum noch voneinander unterscheiden kann. Dass sie ihm bei seiner Urlaubsentscheidung wirklich helfen, darf genau so bezweifelt werden wie die Annahme, er sei erst durch den Messeauftritt einer Destination auf die Idee gekommen, diese in Betracht zu ziehen.

Keine Messe ohne Messgrößen

Als wir in Südtirol im Jahr 2003 vor der Entscheidung standen, das Marketingengagement verstärkt in die Onlinewelt zu verlagern, mussten wir notgedrungen das nötige Budget aus dem – damals noch satt gefüllten – Messekapitel in das Elektronikkapitel unseres Marketingplans verschieben. Konsequent fuhren wir Jahr für Jahr die Auftritte Südtirols auf den Publikumsmessen zurück, bis am Ende nur noch der Branchenleader ITB in Berlin übrig blieb. Diesen nutzten wir immer stärker, um das **Netzwerk** zu Journalisten und Vertriebspartnern zu pflegen und auszubauen. Die Materialverteilung hingegen wurde auf das Notwendigste heruntergefahren.

Ohne daraus eine generische Empfehlung machen zu wollen: In jedem Fall lohnt es sich, die Ausgaben für Messen sehr kritisch unter die Lupe zu nehmen und auf ihre Wirksamkeit zu überprüfen. Allein ein einfaches Auflisten der quantitativ messbaren **Ziele**, die mit einer Messebeteiligung verbunden werden, hilft, den Blick zu schärfen:

- Welches definierte und überprüfbare Ziel wollen wir am Ende der Messe erreicht haben?
- Wie viele gezählte Kundenkontakte würden wir als Erfolg betrachten, wie viele als Misserfolg?
- Welche Kunden wollen wir womit bedienen?
- Welche Materialien brauchen wir, wenn das Hauptziel die Kundenpflege ist (dazu zählen wahrscheinlich 85 Prozent der Kontakte)? Oder soll es die Neukundenakquise sein (wahrscheinlich ein Bruchteil) – und welche Materialien bräuchte man dafür?
- Wie viele Fachkundentermine (Partner, Journalisten, Reisevermittler) wollen wir im Vorhinein vereinbart haben? Welche Produkte müssen wir bereithalten, damit ein erfolgreiches Geschäft entstehen kann?

Das Bedenkliche einer intensiven Messetätigkeit touristischer Destinationen ist weniger das Ob als vielmehr das Wie. Aber auch dieses gehört auf den Prüfstand.

Kontaktbörse mit Verteilerständen?

Wer mit einem kritischen Auge über die ITB mit ihren unzähligen Ständen schlendert, wird feststellen: Offensichtlich sind die Aussteller immer noch der Überzeugung, der Touristik fehle es an Informationen. Obwohl sie auf einer Fachmesse ausstellen, die nur am Wochenende für das breite (Berliner) Publikum geöffnet ist, werden an den Ständen tonnenweise Prospekte und Informationsbroschüren aufgebaut, die nach mitnahmewilligen Kunden geifern. Deren Bildwelten gleichen sich wie ein Ei dem anderen und die werblichen, platten Ansprachen lassen eher vermuten, man befände sich auf einem großen Basar aus Druckerzeugnissen statt auf der renommierten Branchenfachmesse ITB, von der wesentliche Impulse für die Branche ausgehen sollten.

Es ist das perfekte Abbild einer alten Welt, die in den Köpfen der meisten Kunden gar nicht mehr exisitiert, sich aber sichtbar in den Köpfen der Brancheverantwortlichen gehalten hat. Dies hat Jahr für Jahr etwas Hilfloses an sich – was man von einer weltweit wachsenden Wirtschaftsbranche anders erwarten würde.

Die Großen der Branche verlassen die Messeplattformen oder haben sie nie in Betracht gezogen: Booking.com, Google, Airbnb und die führenden Low-Cost-Airlines wurden noch nie auf den Tourismusmessen dieser Welt mit großen Ständen und gestapelten Informationsbroschüren gesehen. Nur auf Fachkongressen, die auf den Messen abgehalten werden, sprechen die Vertreter dieser Big Player über die **Zukunft** der Branche. Ganz ohne Messestand und Prospekt, aber mit der Macht, diese Branche zunehmend zu dominieren.

Tipp des Autors

Wer seinen Blick auf die Zukunft richtet, sollte sich für eine Umfrage des größten Reiseveranstalters für Jugendreisen, RUF Jugendreisen, interessieren. Dieser fragte 2016 **junge Reisende** aus Deutschland nach den Quellen, die sie während der Reiseplanung als Entscheidungshilfe nutzen. Das Ergebnis der Studie „Informations- und Reiseverhalten junger Urlauber: Die wichtigste Informationen sind „Fotos und Videos" des Reisezieles, mit einem Schulnotenwert von 1,9. Die zweitwichtigste Quelle, mit einer Schulnote von 2, sind Gespräche und Tipps von Freunden. An dritter Stelle folgen die Websites von Reiseveranstaltern.
http://v-i-r.de/wp-content/uploads/2016/03/Young-Traveler-Kompass-2016-web.pdf

Kapitel 3
Die sehr geehrten Damen und Herren Gäste
Kundenbindungsmaßnahmen

Spätestens seit der Erkenntnis, dass Produkte und Marken auf einem Käufermarkt überzeugen müssen, auf dem es bereits von allem zu viel gibt, hat es die „Kundenbindung" in der Aufmerksamkeitsskala der Markenmanager bis ganz nach vorne geschafft. Die zunehmende Digitalisierung von Geschäftsbeziehungen hat verdeutlicht, wie wertvoll **Kundenkontaktdaten** in Verbindung mit deren manifestierten Interessen sind, sogenannte „Leads". Um die Frage, wie es Unternehmen gelingen kann, mit potenziellen Kunden in Kontakt zu kommen, entstanden ganze Geschäftsfelder. Das Netz ist voller Anbieter dazu; was früher nur über reale Bekanntschaften lief, lässt sich heute im Internet auf andere Weise aufbauen. Nicht umsonst zählen Plattformen wie Facebook, LinkedIn, Twitter und Xing hier zu den großen Gewinnern.

Fakt: Wer die meisten und besten Daten hat, hat auch die größte Marktmacht.

Sucht man im Netz nach Systemen und Literatur, die sich mit dem Thema Kundenbindung und den dazugehörenden Instrumenten auseinandersetzen, ist die Ausbeute groß.

Onlineredakteur Till Steinbrenner gliederte seine Instrumente in sechs große Gruppen, die aus seiner Sicht für eine erfolgreiche Kundenbindung im Onlinebereich einzusetzen sind.[106]

[1] Personalisierung des Angebots
[2] Bonusprogramme bei Wiederkauf
[3] Gesicherte Rückerstattung bei Reklamation
[4] Aufnahme in eine Kunden-Community
[5] Präzision bei Lieferung und Ausfolgung
[6] Übertreffen der Erwartungshaltung

Auf ganze 99 Vorschläge brachten es hingegen die beiden Autoren des Buches „Handbuch Kundenbindungsmanagement: Strategien und Instrumente für ein erfolgreiches CRM".[107] Es scheint, als wäre das Feld der Möglichkeiten nahezu unbegrenzt. Doch sobald sich ein Destinationsmanager in diesem Feld versucht, wird ihm sehr schnell klar, wie begrenzt die umsetzbaren Maßnahmen sind. Während die **Dienstleister** in einer Destination täglich mit ihren Gästen Kontakt haben, haben die Markenverantwortlichen einen nur sehr beschränkten Zugang zu den Kunden ihrer Destination. Nichtsdestotrotz gehört das Thema Kundenbindung auf die Agenda einer jeden touristischen Marketingorganisation. Nichts wäre sträflicher als ein mangelndes Bewusstsein darüber, welchen großen Wert ein bereits in der Region verweilender Kunde für den Begehrlichkeitsaufbau einer Destinationsmarke hat.

Die beste Erfahrung ist die beste Bindung

Die kräftigste und wirkungsvollste Kundenbindung kommt aus der exzellenten **Kundenerfahrung** vor Ort. Kein Bonusprogramm und kein Payback-System könnte Kunden besser binden. Urlaub und Freizeit verankern sich viel intensiver in der Emotion und Erinnerung als kleine Geschehnisse des Alltags.

Wer als Gast sein Hotel, seinen Urlaubsort oder sein Urlaubsland verlässt, hat in diesem Moment bereits klar und deutlich entschieden, ob er jemals wieder in diese Erfahrungswelt zurückkehren wird oder nicht. Kein Nachhaken mit „**Newslettering**" und Angeboten wird eine negativ ausgefallene Entscheidung jemals korrigieren können. Hingegen wird jeder Newsletter, jedes Angebot, jede im Nachhinein wahrgenommene Werbeleistung eine positive Entscheidung verstärken. Mit dieser Behauptung könnte man dieses Kapitel auch abschließen. Wer ehrlich zu sich selbst ist, wird diese These für sich und für viele andere bestätigen können. Urlaubserfahrungen werden nicht mit dem Kopf, sondern mit dem Bauch verarbeitet. In diesem Bewusstsein kann eine Destination ihre gesamten Bemühungen darauf ausrichten, möglichst viel zu einer **positiven Gesamterfahrung** ihrer Kunden beizutragen.

Erfolgstreiber: Für eine Destination entsteht die Wiederkaufsabsicht beim Kunden – und darauf zielen Kundenbindungsmaßnahmen in erster Linie ab – im Moment der Abreise.

An der Urlaubserfahrung ist wenig rational

Destinationen mit einem professionellen Markenmanagement sehen in ihren touristischen Leistungsträgern und der einheimischen Bevölkerung die entscheidenden Markenkontaktpunkte für die konkrete Kundenerfahrung. In diesem Lichte können zum einen sämtliche Bemühungen und Initiativen, die für eine positive **Tourismusgesinnung** der einheimischen Bevölkerung sorgen sollen, ohne Weiteres als wichtige Kundenbindungsmaßnahmen angesehen werden. Wie sich Einheimische zu den Gästen verhalten, hat einen wesentlichen Einfluss auf deren emotionale Bindung zu Land und Leuten.

Zum anderen geht es um die Professionalisierung der Dienstleister, die im direkten Kundenkontakt stehen. Wenn es gelingt, aus dem Techniker einer Skianlage einen „Touristiker" zu formen, dann hat die gesamte Destination gewonnen; wenn der Bergführer zum **Markenbotschafter** wird und der Fremdenführer zum guten Entertainer, wenn der Hotelier zum Genussbotschafter der regionalen Produkte wird und der Taxifahrer zum kompetenten Stadtführer – immer dann binden Destinationen ihre Kunden und bestärken sie in der Absicht, nicht das letzte Mal diese Destination gewählt zu haben.

Facebook: Elektronik als emotionales Bindungssystem?

Als wir in Südtirol nach längerem Zögern beschlossen, eine Facebook-Seite zu eröffnen und hinter diese ein professionelles, sieben Tage in der Woche aufmerksames Redaktionsteam zu stellen, war dieser Kanal vor allem als Neukundenansprache gedacht. Die Erfahrung hat gezeigt, dass die über 200.000 Fans der Destination Südtirol diesen Kanal vor allem dazu nutzen, in unterschiedlichen Sprachen mit ihrer „Love Brand" Südtirol in engem Kontakt zu bleiben. Man fühlt sich als Teil der Gemeinschaft und bemüßigt sich außerhalb der Urlaubszeit von zu Hause aus zu kommentieren, zu posten und zu liken. Das Erfreuliche an dieser Kundenbindungsmaßnahme ist ihre hohe **Aktionsrate**. Es gibt dort viel mehr Teilnehmer, die sich sehr aktiv am Geschehen beteiligen, als solche, die einmal in ihrem Leben einen Like-Button gedrückt haben.

In der Kundenbindung nicht zu unterschätzen sind gute Kampagnen oder redaktionelle Berichterstattungen von Destinationen, die man schon einmal besucht hat. Alles, was im Nachhinein von dieser Region, von diesem Ort oder von diesem Hotel berichtet oder sichtbar wird, trifft auf einen bereits vorbereiteten **Nährboden der Aufmerksamkeit**. Aus der eigenen Erfahrung wissen wir: Die Anzeige für die gerade gekaufte Marke, ob Auto oder Parfüm, sticht dir erst dann ins Auge und trifft erst dann dein Interesse, wenn du dich bereits entschieden hast.

Erfolgstreiber: Starke Marken nutzen immer das, was bereits im Kopf der Kunden angelegt ist.

Die Nachkaufphase wird unterschätzt

Während es unsicher ist, ob der potenzielle Kunde die Kommunikationsmaßnahmen einer Marke vor seiner Entscheidung wahrnimmt, ist es für die Nachkaufphase als Tatsache gesetzt. Dieser wichtige Moment wird systematisch unterschätzt! Weil sich Kunden als Experte und Kauferfahrene fühlen dürfen, wähnen sie sich als gleichrangig mit Redakteuren und Kreativen, die für die Produktkommunikation zuständig sind. Das erzeugt die volle Aufmerksamkeit und erzeugt die hohe Relevanz. Was über Marken zu lesen steht, deren Fan man geworden ist, macht stolz und bestätigt die getroffene Wahl. Leider arbeitet dieser Mechanismus auch umgekehrt: Ist die Kundenerfahrung negativ, sorgt jede Erinnerung für eine noch deutlichere Ablehnung.

Kunden werden nicht durch Argumente, sondern ausschließlich durch Emotionen an eine Marke gebunden. Im besten Fall werden sie Teil einer **Wertegemeinschaft**, deren Ziele und Verhaltensregeln sie in ihrem Leben teilen wollen. Wer sich durch die Gästebücher guter Hotels liest, Facebook-Kommentare über etablierte Destinationen liest oder in den Bewertungsportalen nach Gründen für eine hundertprozentige Weiterempfehlung stöbert: Letzten Endes geht es nie um eine Spitzenleistung an sich, es geht nie um den einen Moment oder die eine Erfahrung. Es geht immer um das „**Herz-Kino**", das Kunden bindet. Darin spielen Menschen und ihr Verhalten die größte Rolle.

Tipp des Autors

Wie Kundenbindung in bester Qualität funktioniert, demonstriert die Motorradmarke Marke **Harley Davidson.** Wer Teil der Gemeinschaft werden will oder ist, darf sich keine besonderen monetären Vorteile erwarten. Das Loyality-Programm zielt nur auf den Stolz ab, den die Fahrer der Kultmarke in sich tragen sollen. Deshalb segmentiert man geschickt im Fanprogramm nach Motorradtypologie, nach Interessenslagen und Vorlieben. Harley Davidson schafft für jeden Motorradhalter eine maßgeschneiderte Gemeinschaft der Gleichgesinnten. Ob „Harlista", „Owner", „Woman Rider", „Iron Elite" oder „Veteran" – wer dabei ist, huldigt seiner Marke auf ewig.
www.harley-davidson.com/content/h-d/en_US/home/community.html

Kapitel 4
Die Flut der Information
Prospekte

Es kam so sicher wie das Weihnachtsfest: Jahr für Jahr gab die Touristikwerbung über ihre hauseigene Pressestelle bekannt, wie viele Werbeprospekte in welche Länder und in welchen Sprachvarianten versandt worden waren. Zudem wurde verlautbart, wie viele Journalisten sie mit Informationen versorgte. Der dritte Teil der Erklärung informierte über die Messeauftritte und über die Anzahl der dort verteilten Werbemittel. Am Ende des Pressetextes wurde dann ein Vergleich zum Vorjahr angestellt – selbstredend waren die Versandzahlen in jedem Jahr erheblich angestiegen.

So war es einmal. So war es, als die Welt noch nach gedruckten Informationen gierte, Buchungen über das Telefon abliefen und sich die Tourismuswerber dieser Welt als gute Kunden für Postdienste und lokale Druckereien fühlen konnten. Die touristische Information war eine **Bringschuld** der Tourismusverantwortlichen.

Auch hier hat der Überfluss den Mangel abgelöst. Touristische Information inklusive Bewegtbild und Kundenrezensionen gibt es online wie Sand am Meer. Es gibt keinen Mangel an Informationen mehr; allerdings wächst mit der Flut an Informationen die Armut an Aufmerksamkeit gleichermaßen an.

Erfolgstreiber: Schon lange geht es nicht mehr darum, die potenziellen Kunden mit Informationen zu bedienen. Die Königsdisziplinen in einer gewachsenen Informations- und Wissensgesellschaft sind Auswahl und Relevanz. Dieser Herausforderung sind sich die wenigsten Destinationen, Orte und Regionen bewusst.

Kleinteiliger Informationsüberschuss

Noch immer glauben etliche Orte, dass sie möglichst viele Informationen über ihre Angebote vorhalten müssten. Ohne Zweifel gehört es zur erwarteten Leistung eines Tourismusortes, über ein praktisches Informationspaket zu verfügen. Aber nirgendwo arbeiten touristische Infostellen so an den **Kundenbedürfnissen** vorbei wie bei der Gestaltung ihrer Informationsmittel. Die Erwartungshaltung der Kunden und jene der Administration klaffen weit auseinander, wenn es um die Entscheidung geht, welche Informationen über Veranstaltungen, Wanderwege,

Strände, Bäder und Ähnliches wichtig sind. Das strenge **Lokaldenken** und die häufige lokale Finanzierungsstruktur über örtliche Abgaben führen zu viel zu eng gefassten und nur auf den Ort beschränkte Informationsleistungen, während der Kunde am Ort als auch an der unmittelbaren Umgebung interessiert wäre. Ob in gedruckter oder digitaler Form: Die Grenzen werden immer zu eng gezogen. Das viel schönere Spaßbad des Nachbarortes wird verschwiegen, der Mountainbike-Trail in 25 km Entfernung ebenso, nur das eigene kleine Skigebiet findet Erwähnung, nur die Beherbergungsbetriebe innerhalb der kommunalen Grenzen, nur das eigene Strandbad wird auf der Landkarte verortet. Und die Umgebung? Wird zum Niemandsland erklärt. Dabei haben **Mobilitätssstudien** in Urlaubsräumen längst bewiesen, dass sich Gäste sehr gern bis zu 50 Kilometer im Umkreis ihres Aufenthaltsortes bewegen und diesen Raum als ihr Urlaubsgebiet gedanklich abbilden. Dafür bräuchten sie eine smarte Informationsleistung, die auf geografische und administrative Grenzen von Informationsanbietern keine Rücksicht nimmt. Ab und zu hören sogar Fernradwege auf den Karten lokaler Anbieter an den Verwaltungsgrenzen einfach auf; irgendwer hofft in solchen Fällen scheinbar noch immer, er könnte Gäste auf sein eigenes Gebiet begrenzen. Er täuscht sich gewaltig.

Vergessen: Verteilkosten für das Werbematerial

Ein solcher „Informationsegoismus" lokaler oder regionaler Touristiker scheitert ein weiteres Mal, wenn es um den Vertrieb der Informationsleistung geht. Ob Website, Flyer oder YouTube-Video: Diese verursachen zunächst einmal nur Kosten und stiften noch keinen Nutzen. Dieser entsteht erst dann, wenn die Informationsmittel erfolgreich und auf relevante Weise verteilt werden. Die dafür notwendigen, personellen und finanziellen Aufwände werden kontinuierlich unterschätzt. Eine Website ist schnell gebaut, ein Facebook-Account schnell eröffnet, ein YouTube-Channel ebenso. Der Rattenschwanz an Aufwänden, an dem so viele touristische Orte und Destinationen schon allein aus finanziellen Gründen scheitern müssen, kommt erst danach über die folgenden Jahre: die **Vertriebskosten**. Selbst das bedruckte Werbe- und Informationsmaterial verjährt in den vielen Prospektregalen der Tourismusinformationsstellen Europas. Kunden wissen aus Erfahrung, dass sich die dort aufgetürmten Prospektfluten kaum verwenden lassen. Sie vertrauen zunehmend auf das, was ihnen das Netz zur Verfügung stellt. Was an Information gebraucht wird, wird bei Systemanbietern wie Tripadvisor, Google Maps und Yelp geholt, weil diese Plattformen keine geografischen Grenzen kennen. Außerdem vertraut man den Meinungen anderer Reisender viel mehr als den institutionellen Informationen der Infostellen: Von denen glaubt man, sie seien weder objektiv noch gut.

Neu gedacht: Flagship-Store für eine Region

Einige kritische Fragen können helfen, den etablierten Systemen in punkto Information und Beratung auf die Sprünge zu helfen:

- Was wäre, wenn Tourismusinformationsstellen so aussähen wie ein Flagship-Store einer großen Marke?
- Was wäre, wenn an den vielen territorialen Stellen die immer gleichen – sich in bester Gestaltung und Kundenorientierung gefallenden – Informationsmittel angeboten würden, die weit über den jeweiligen Verteilungsort hinausreichten?
- Was wäre, wenn man sich gemeinsam auf einer Website wiederfände, für die man die gemeinsamen Geldmittel professionell für Inhaltsgestaltung und Verteilung einsetzt?
- Was wäre, wenn man konsequent alle, oft nur teilzeitbetriebenen Ortsinformationsstellen zugunsten eines attraktiven Informationszentrums zusperrte, das allerdings die Qualität einer Sehenswürdigkeit erreichen muss?

Ich weiß, dass diese Fragen in nahezu allen Territorien der etablierten Tourismusländer heiß diskutiert werden. Weil jedoch das gegenseitige Vertrauen meist fehlt und sich viele immer noch alleine stärker fühlen als im Verbund mit allen anderen, wird das verhindert, was längst als sinnvoll akzeptiert wurde.

Der Wandel wird kaum ernst genommen

Es liegt auf der Hand, dass sich die Welt der Information und das dazugehörende Kundenverhalten dramatisch verändert haben. Die touristischen Infrastrukturen entsprechen diesem Wandel in den seltensten Fällen. Natürlich gibt es exzellent gemachte Websites, auch gut gedachte Apps und gut betreute Social-Media-Kanäle. Das Gros der Informationen wird jedoch immer noch in Prospekten und Werbemitteln gedacht, die auf Anfrage des Kunden verteilt werden. Man ist davon überzeugt so attraktiv zu sein, dass man bei Bedarf sicher gefunden wird, – und übersieht, dass die Welt, in der Kunden Entscheidungen für ihren Urlaub treffen, eine völlig andere geworden ist.

Tipp des Autors

Das nationale Tourismusbüro Schwedens wartete im Frühling 2016 mit einer außergewöhnlichen Idee und Aktion auf. Man bewarb eine „**Schweden-Telefonnummer**", unter der sich Interessierte im Zufallsprinzip mit einheimischen Schweden zu einem Gespräch verbinden lassen konnten. 250 Jahre nach der gesetzlich verbotenen Zensur und im Gedenken an diesen historischen Moment wollten die Tourismusverantwortlichen Schwedens das erste Land der Welt sein, das über eine zentrale Telefonnummer erreichbar wurde. In kürzester Zeit erklärten sich tausende Schweden über eine App bereit, als Botschafter ihres Landes tätig zu werden und gerne Anrufern über ihr Land und ihr Leben zu erzählen. Bereits in den ersten Wochen war das weltweite Echo auf diese gut inszenierte Aktion enorm.
http://theswedishnumber.com

Kapitel 5
Schnell verpuffende Leuchtraketen
Kampagnen

Jede touristische Destination, so klein oder groß sie auch sein mag, fühlt sich unentdeckt. Das weitverbreitete Gefühl sagt: Wären wir nur viel bekannter, dann hätten wir sicherlich den notwendigen Erfolg! Ob Hotel, Ort, Region oder Land: Das Erfolgsgeheimnis wird in einer größeren Bekanntheit vermutet. Dass die Problemlage natürlich ganz woanders liegt, erkennt ein Fachmann mit einem Blick auf den Stammgästeanteil, die Weiterempfehlungsrate auf Buchungsportalen und auf die nicht vorhandenen Spitzenleistungen in Gastronomie und professioneller Gastfreundschaft.

Die Erfolgsformel einer jeden starken Marke ist, Bekanntheit über Begehrlichkeit zu erreichen; selbst wenn eine Destination es umgekehrt versucht, muss nach dem Aufbau einer großen Bekanntheit ihre Spitzenleistung sichtbar werden, die in Folge zu einer anhaltenden Begehrlichkeit führt (siehe dazu auch Teil 1, Kapitel 2).

Die schöne teure Welt der Werbemittel

Zu einem gewissen Teil kann man sich Bekanntheit kaufen. Die Marketingpläne vieler Destinationen enthalten den Eintrag „Kampagnen". Wenn das Budget nach Katalog- und Werbemittelproduktion, den obligatorischen Messeauftritten, den Ausgaben für PR und Web sowie den erheblichen Personalkosten für den Betrieb von Tourismusinformationsstellen und der eigenen Verwaltung noch etwas hergibt, dann bedient man damit diese Königsdisziplin des Marketings. Unter dem **Sammelwort Kampagnen** wird von der Einzelanzeige in einem Reiseveranstalterkatalog bis zur Anzeige in einem Printmedium, von der Bannerkampagne bis zur klassischen TV-Werbung aufgeführt, was eine Destination unter dem Sammelbegriff Werbung versteht. Die meist viel zu geringen **Budgetzahlen**, die hinter diesen Begriffen stehen, würden Marketingleute großer Marken höchstens eine abschätzige Bemerkung kosten: „Wohl das Fahrwasser verfehlt, oder?"

In der Tat: Gemessen an dem, was Unternehmen der Branchen Kosmetik, Lebensmittelhandel, Bekleidung oder Automobil in die Kommunikation stecken, fühlen sich selbst die größten Werbebudgets in der Touristik an wie kleine Nadelstiche. Kaum eine andere Branche ist in ihrem Kommunikationsbemühungen so diffus aufgestellt wie der Tourismus.

Mit Anzeigen im Nahkampf zum Nachbarn

Der Werbeausgabenkuchen zerbröselt in viele Kleinstinvestitionshäppchen – weil jedes Hotel, jeder Ort, jedes Skigebiet, jede Region, jede Nation, jedes Museum und jede Erlebniswelt sich allein in der Kundenansprache versucht. Alles zusammengenommen ergäbe jedoch einen **Werbeetat**, der sich mit jenen der großen Player anderer Branchen durchaus messen könnte. Aber die Realität ist – weltweit – eine andere. Fakt ist: Wo auch immer es jemandem gelingt, die Werbeausgaben zu einem Gesamtauftritt zu bündeln, kommt dem Erfolg, in der Unzahl täglich losgeschickter Werbebotschaften eine Rolle zu spielen, näher. Viele der an touristische Organisationen politisch verteilten Gelder wären weit besser investiert, wenn sie nicht mit dem „Gießkannensystem" ausgeschüttet würden, um hinterher in vielen Sonntagsreden eine „engere Zusammenarbeit" anzumahnen.

Was gute Kampagnen sind – und wo Geld verbrannt wird

Auch in Südtirol hatten wir als – im Vergleich gut dotierte – Marketinggesellschaft immer damit zu kämpfen, bei den Kampagnenbudgets am absolut unteren Ende des sinnvollen Einsatzes herumzukratzen. Wenn eine Destinationsmarke im Konzert der Werbekampagnen mitspielen will, muss sie sich notgedrungen mit deren **Gesetzmäßigkeiten** befassen. Fachbegriffe wie GRP (Gross Rating Point) für TV-Kampagnen, OTS (Opportunity to See) als wichtigster Bewertungsparameter für die Kampagnenstärke und TKP (Tausender-Kontakt-Preis) als Messgrößen für die Kampagnenkosten ziehen in das Vokabular des Destinationsmanagements ein.

Messgrößen der Werbewelt

Der Wert **GRP** (Gross Rating Point) wird als Maß für den Werbedruck verwendet. Gemessen wird die Brutto-Reichweite in Prozent innerhalb des Zielgruppenpotenzials. Damit wird die Beurteilung einer Werbekampagne möglich, vor allem im Vergleich zu verschiedenen Alternativen.

Der **OTS**-Wert (Opportunity to See) zeigt, wie oft Personen im Durchschnitt erreicht wurden.

Der **TKP** (Tausender-Kontakt-Preis) gibt an, welcher Geldbetrag bei einer Werbemaßnahme eingesetzt werden muss, um 1000 Personen einer Zielgruppe zu erreichen. Bei Bannerwerbung gilt ein Ad-Impression als Kontakt.

Die Zusammenarbeit mit einer Mediaagentur, die den Einsatz der einzelnen Werbemittel plant und für das gestellte Budget die Möglichkeiten herausarbeitet, ist ebenso geboten wie die ständige Auseinandersetzung mit Gestaltungsfragen: Welche Botschaft an welche Zielgruppe in welchem Kanal mit welcher Frequenz? Professionelle Kampagnenführung hat mit

Einzelentscheidungen (etwa, ob man eines der unzähligen Werbeangebote von Zeitungen, Zeitschriften und Onlineplattformen bis zur Neige des Budgets buchen will) nichts zu tun. Wer sie ernst nimmt, muss sich mit ganz anderen Fragen beschäftigen.

1. Welches Mindestbudget braucht man für welche Kampagne?

Diese Frage, mit aller Konsequenz gestellt und beantwortet, würde viele Tourismuskampagnen im Keim ersticken. Es nützt ja wenig, drei Großplakate Richtung Flughafen aufzuhängen oder in dessen Innerem. Genauso wenig nützt es, vier Anzeigen in vier verschiedenen nationalen Printprodukten zu platzieren und für eine Woche lang Radiospots in einem Regionalradio zu schalten. So etwas ist keine Kampagne; so etwas ist **verbranntes Werbegeld**. Denn die entscheidenden Fragen wurden nicht gestellt, geschweige denn beantwortet:

- Welche potenziellen Kunden möchte ich mit welchen Botschaften für mich interessieren?
- Was sind die richtigen Werbemittel dafür, die richtigen Kanäle, der richtige Zeitpunkt? Und:
- Welches Budget ist für jeden einzelnen Kanal notwendig, damit der potenzielle Kunde die Botschaft für relevant empfindet?

Meine Erfahrung ist: Viele Budgets touristischer Kampagnen sind viel zu klein, um Aussicht auf Erfolg zu haben.

2. Welchen Mindestzeitraum muss eine Kampagne haben?

Eine Kampagne lebt von ihrem Werbedruck, vor allem aber von ihrer **Wiederholung**. Kaum ein Budget im Tourismus berücksichtigt, dass Kampagnen über drei Jahre und für mehrere Zeiträume in einem Jahr angelegt sein müssen. Kann dies – vor allem für Imagekampagnen – nicht garantiert werden, besteht das Risiko, schon am Anfang das große Geld zu verlieren. Das wäre lediglich schnell verpuffendes „**Leuchtraketenmarketing**“, sofern es keine Chance auf Wiederholung gibt. Um im Bild zu bleiben: Wer nur eine Leuchtrakete abschießt, braucht verdammtes Glück, damit diese von jemandem gesehen wird. Dabei wäre ja beabsichtigt, dass möglichst viele hinsehen – was sich allerdings nur dann einstellt, wenn mit genügend Munition nachgeschossen wird und den Himmel erhellt.

Meine Erfahrung ist: Kampagnen werden in der Touristik immer zu kurz gedacht, geplant und durchgeführt. Ob es eine Kampagne (welcher Art auch immer) gibt oder nicht, hängt von den jährlich neu definierten Budgets ab. Eine längerfristige Planung der Kommunikationsmittel wird dadurch verhindert.

3. Wie lange muss das Kampagnenmotiv dasselbe bleiben?

Sich dauernd etwas Neues für die Kommunikation einfallen zu lassen und zu glauben, dass dies auch noch kreativ sei, ist ein im Tourismusmarketing grassierender **Virus**, der in jedem Jahr neue Opfer findet. Viele Kampagnen, selbst wenn sie längerfristig angelegt sind, scheitern in ihrer Wirkung am dauerhaften Wechsel ihrer Botschaften, Kanäle und Sujets. Keine andere Branche glänzt heller als der Tourismus im ständigen Erfinden neuer Logos, Slogans, Bilder, Motive und Ansprachen.

Dies rührt zum einen daher, weil politischer Druck auf die Verantwortungsträger ausgeübt wird, „nicht immer das Gleiche zu zeigen!" Es sei doch richtig, auch mal eine andere Region, Thema oder Ort in die Kampagne aufzunehmen. Zum anderen ist die Unruhe dem raschen Wechsel der Verantwortungsträger auf Management- und Präsidentenebene – mit nachgelagertem **Agenturwechsel** – geschuldet. Wer neu antritt, verändert als erstes die bisher benutzten Werbebotschaften und kündigt ein neues Kreativkonzept an. Wie viel mühsam aufgebautes Markenkapital, teuer eingekaufte Awareness (Markenbekanntheit) und gelernte Klischees durch dieses Verhalten zerstört werden, bleibt tragischerweise völlig unbemerkt.

Meine Erfahrung dazu ist: Durch nichts sind bestehende und potenzielle Kunden mehr zu verwirren als durch den ständigen Wechsel in Kampagnen. Es lohnt sich eher, das Alte trotz erkannter Mängel fortzusetzen. Die Kontinuität darf nicht durch Unausgegorenes, das schnell in Szene gesetzt werden soll, gebrochen werden.

Das große Buffet der vielen Botschaften

Die größte Herausforderung für die schmalbrüstig aufgestellten Werbebudgets touristischer Destinationen wird mit dem Wort **Marketingmix** beschrieben. Das Beste, meinen viele Entscheider, wäre es doch, einen guten Mix aus verschiedenen Werbeaktivitäten zu planen. Schließlich, so die verbreitete Meinung, könne man unmöglich nur einen Werbekanal nutzen, das wäre doch höchst riskant. Ich bin sicher, dass hier viele im Tourismusmarketing erfahrene Leser ihre eigene Realität wiedererkennen. So entsteht das große „Buffet der vielen kleinen Marketingmaßnahmen", ein „gesunder Marketingmix". Dieser bezeichnet aber in Wahrheit ein gesichert unwirksames System. Denn nicht eine einzige Botschaft kann auf diese Weise bei den potentiellen Kunden kräftig genug verankert werden.

Wer hier erfolgreich sein will, braucht die Professionalität, um die unwirksamen „Leuchtraketenversuche" mit einem deutlichen **Nein** abzulehnen. Konzentration auf nur einen Kanal, ausgestattet mit genügend Budget und das für mehrere Jahre gesichert, hat immer noch einen größeren Erfolg gezeigt als das aufgeregte Nadelstichmarketing zur Gewissensberuhigung.

Die Währung einer erfolgreichen Kampagne ist **Kontinuität**. Wer das nicht garantieren kann, soll die Hände davon lassen und das Geld lieber in eine exzellente Produktentwicklung vor Ort investieren. Diese kommuniziert sich dann von alleine.

Tipp des Autors

Zu den bemerkenswerten Kampagnen, die mit hoher Relevanz und Aufmerksamkeit punkteten, gehört die als „Der beste Job der Welt" bezeichnete Kreatividee der australischen Werber von Queensland im Jahr 2009. Sie schufen einen neuen „Job" und schrieben ihn weltweit aus: Insel-Ranger auf **Hamilton Island** mit einem Gehalt von 80.000 Euro. Dabei handelte es sich um eine Trauminsel vor der Küste Queenslands, die es für sechs Monate zu beaufsichtigen galt. Die dabei gemachten Erlebnisse sollten in einem Blog dokumentiert werden. Jeder konnte sich bewerben und musste in einem Wettbewerb eine Jury vor Ort überzeugen. Der Sozialarbeiter Ben Southall aus Großbritannien schaffte es unter 35.000 Bewerbern weltweit in die Endausscheidung und auf Platz 1. Southall, der Bungeespringen, Sporttauchen, Marathonlaufen, Klettern und das Reiten auf einem Vogel Strauß zu seinen Hobbys zählt, überstand auch die letzte Runde mit 16 Finalteilnehmern aus 15 Ländern, die sich vor Ort vier Tage lang prüfen lassen mussten. Die Kampagne kostete 850.000 Euro, aber sie fuhr durch ihre gigantische Share-Verbreitung einen viel größeren Wert ein. Dieser soll sagenhafte 82 Millionen Dollar betragen haben, wie die Ministerpräsidentin von Queensland, Anna Bligh, verkündete. Alles nachzulesen auf:
www.welt.de/reise/article3683416/Ein-Brite-ergattert-den-besten-Job-der-Welt.html

Kapitel 6
Letzter Eintrag vor zwei Jahren
PR und Blogs

Als es noch die alte Presselandschaft gab, mit den vielen Reisebeilagen in den Zeitungen (voller oft selbstherrlicher festangestellter Journalisten), mit den vielen monothematischen und multithematischen Reisemagazinen und mit den üppig besetzten Reiseredaktionen in den TV-Kanälen, war das die Zeit, als Destinationen – oder ihre PR-Agenturen – sich im Versenden von **Pressemitteilungen** und Einladungen zu Pressekonferenzen und Pressereisen gegenseitig überboten.

Weil es genügend Platz für Veröffentlichungen gab – schließlich mussten die Reisebeilagen und Rubriken in den vielen Zeitungen mit Informationen gefüllt werden – waren die Aussichten auf eine gute Trefferquote gut. Hier ein junges Hotel, da ein neuer Skilift, hier ein neues Reiseziel im Veranstalterkatalog, da ein frischer Wanderweg im Mittelgebirge: Irgendwo kam diese News unter, und wenn es nur der örtliche Wochenanzeiger in Tripsdrill war.

In der Zwischenzeit hat sich die Medienlandschaft total verändert, die Digitalisierung hielt Einzug und gute PR-Arbeit sieht sehr anders aus. Die Grenzen zwischen redaktionellen und bezahlten Inhalten verschwimmen immer mehr, die pressegesetzlichen Grundlagen sind noch stark auf die traditionelle Medienkultur ausgelegt und die Formel, dass Auflagenstärke auch gleichzeitig **Aufmerksamkeitsgarantie** bedeutet, gerät immer mehr ins Wanken.

Facebook: Acht Milliarden Videos pro Tag

In der Aufmerksamkeitsökonomie geht es heute viel mehr darum, ob die Inhalte es in den Suchmaschinen auf die ersten Plätze schaffen und ob diese von möglichst vielen Lesern in ihrer Community geteilt werden. Die Gesetzmäßigkeiten des Erfolgs werden in der PR beinahe auf den Kopf gestellt. Allein die Tatsache, dass Inhalte immer mehr mit Smartphones konsumiert werden, verlangt nach einer auf diese Geräte abgestimmten PR-Strategie. Videos werden den Takt angeben, weniger die Texte, sagt man die Zukunft voraus. Acht Milliarden Videos werden täglich (Stand März 2016) auf Facebook angesehen, weit mehr als auf der auf Videos spezialisierten Plattform YouTube.

Die US-amerikanische Gruppe Adaptly hat das Nutzerverhalten analysiert und kommt zum Schluss: Wer in Videos direkt in den Inhalt springt, ohne Vorspann, und den Inhalt über Untertitel stützt, gewinnt die größte Aufmerksamkeit.[108] Es gibt unerschöpflich viele Statistiken, die den Siegeszug der elektronischen Medien gegen die traditionellen Printmedien belegen, und die Ergebnisse wandeln sich im Monatsrhythmus. Die schöne Welt der PR und Medien, in der es um Netzwerke und Bekanntschaften zu Journalisten ging und sich Destinationen in Redaktionen und Verlagen mit aufwändigen Geschenken andienten, sind Geschichte. Was nun? In dem schnellen Geschäft geht es vor allem darum, Fehler zu vermeiden.

Fehler Nr. 1: Eigene Blogs auf eigenen Seiten

In unruhigen Zeiten bewährt sich die Haltung, einen kühlen Kopf zu bewahren. Viele Destinationen haben in den vergangenen Jahren versucht, die Zeichen der Zeit und des Wandels zu erkennen – und jede Menge **Fehler** dabei gemacht. Als wir bei Südtirol Marketing versuchten, unser erstes Reise-Blog auf die Beine zu bringen, hofften wir, dass möglichst viele User dort ihre Reisegeschichten erzählen und anderen Interessenten anbieten würden. Wir bauten aufwändig das Blog auf unserer Website auf und warteten auf Befüllung. Es tat sich jedoch verdammt wenig. Am Ende machten die Reiseberichte unserer Mitarbeiter/innen den Großteil der Inhalte aus, während die Berichte von Südtirol-Gästen auf anderen Plattformen zu lesen waren. Wir haben verstanden, dass es in einer technisch bestimmten Welt verdammt gefährlich ist, seinen eigenen Weg durchsetzen zu wollen.

Diese Lektion haben allerdings noch nicht genügend Destinationen gelernt: Das Netz ist voller Versuche, Blogs und Plattformen mit Interaktionsmöglichkeiten in die Welt zu setzen – ungeachtet der Tatsache, dass es schon zu viele etablierte Plattformen gibt. Das Schicksal dieser Versuche wird sein, dass Nutzer auf viele **veraltete Einträge** stoßen werden und deshalb nicht mehr weitersuchen. Eine Situation, die entstand, weil sich die Betreiber den Aufwand irgendwann nicht mehr leisten konnten und das Blog trotzdem am Leben erhalten wollten.

Fehler Nr. 2: Alle Kanäle bespielen

Natürlich muss die banale schwarz-weiße Pressemitteilung, mit der eine Destination ihre Höhepunkte der Saison mitteilen will, mehr als infrage gestellt werden. Allerdings darf man auch nicht glauben, eine Destinationsmarke ließe sich mit witzigen YouTube-Videos aus der Handykamera aufbauen. Selbst in Zeiten des schnellen Informationsflusses haben Menschen noch ein gutes Gefühl dafür, was bedeutungsvoll ist und was nicht. Die **Halbwertszeit** von Kurznachrichten auf Twitter ist gerade mal eine halbe Stunde. Ein Video hat nur so lange eine Chance auf Aufmerksamkeit, bis es vom nächsten abgelöst wird. Was wirklich wichtig ist, braucht jedoch oft mehr als nur 140 Zeichen und ein bisschen „Snackable Content". Es bleibt dabei – und das war auch in den Zeiten vor der Digitalisierung schon so: Die richtigen Inhalte sind immer noch das Entscheidende für Relevanz. Deshalb lohnt es sich für

Destinationen, viel mehr Zeit in die Suche nach den zur Markenstrategie passenden Inhalten zu investieren als in das unsäglich oberflächliche Mitteilungsschnellgeschäft.

Die wirklich markenstarken Destinationen entwickeln eine sehr eindeutige **Content-Strategie**, um mit den richtigen Themen in den passenden Kanälen an die Zielgruppen heranzukommen – und sie wählen präzise aus. Sie haben auch eine Blacklist jener Inhalte und Kanäle, die nicht zu ihrer Strategie passen und die ihrem Markenimage schaden würden. Auch dazu gibt es in Markendestinationen eine klare Position. Die so vielseitig gewordene Welt der Medien und Kanäle zwingt Destinationen dazu, sich zu konzentrieren, auch im PR-Geschäft. In allen Kanälen präsent sein und alle Hypethemen aufgreifen zu wollen, bringt selbst die stärkste Destination in die Wahrnehmungsdiaspora.

Fehler Nr. 3: Falsche Themen in den falschen Kanälen

Bliebe noch die Frage, ob man sich den vielen Bloggern an die Brust werfen soll, weil diese als **Influencer** gelten. In der digitalen Welt kann jeder sein eigenes Medium gründen, interessierte Leser finden und als „Messias eines Themas" große Geltung erlangen. In der Regel haben gute Blogger ein Spezialthema, das sie als Experten beackern und deswegen in ihrer Fangemeinschaft eine große Bedeutung besitzen. Ich würde sagen, dass sich ein Netzwerk mit Bloggern vor allem dann lohnt, wenn sich eine Destination mit Influencer-Marketing in einem bestimmten Thema bekannt machen will. Die große Chance dabei ergibt sich aus der **Themenspezifik**, die in breiteren Medien als zu spitz empfunden würde.

Deshalb können Destinationen, die ihre Schlüsselthemen in ihrer Markenstrategie sehr klar identifiziert haben, diese über die Bloggerszene sehr gut an die richtigen Zielgruppen bringen. Die Kunst ist, die dafür relevanten Blogs ausfindig zu machen. Die Follower-Zahl sagt oft viel weniger über den erwartbaren Erfolg aus als die Spezifik der Konsumenten. Die Regel ist: Je klarer die Zielgruppe eines Blogs ist, desto wertvoller kann es für ein bestimmtes Thema sein.

Erfolgstreiber: Blogs sind Boutiquen und keine Kaufhäuser. Ihre Spezialisierung entscheidet über den Erfolg in der Community.

Gute PR ist gutes Themenmanagement

Die Medienlandschaft wird sich weiter verändern und die Umstände für eine gute PR-Arbeit sind dem schnellen Wandel unterworfen. Destinationen werden nicht umhinkommen, sich in ihrer PR-Arbeit sehr auf strategische Inhalte und zu bewältigende Kanäle zu konzentrieren. Das Bewegtbild wird eine wichtige Rolle spielen, aber auch gut recherchierte Texte werden ihre Leser finden. Dem Sachzwang, die digitale Welt verstehen zu müssen, werden alle PR-Verantwortlichen von Destinationen ausgesetzt sein. Die daraus zu ziehenden Konsequenzen liegen auf der Hand: Die richtigen Themen müssen in die Hände der richtigen Leute kommen und diese werden unterschiedliche Kompetenzen haben müssen. Nicht jeder, der schreiben kann, kann auch filmen. Nicht jeder, der filmen kann, kann gut erzählen. Und nicht jeder, der gut erzählen kann, wird in der Lage sein, die richtigen Distributionskanäle ausfindig zu machen. Für Destinationen besteht das PR-Team der Zukunft aus Kommunikationsprofis, die sehr unterschiedliche Erfahrungshintergründe haben. Das wird Mittel und Personen binden, mehr als je zuvor.

Tipp des Autors

Nicht nur Menschen können im Netz als Blogger Geld verdienen und Konsumenten beeinflussen. Zu den Trends der Influencer-Branche gehören Tiere, die es auf gigantische Like- und Share-Zahlen bringen. Für sie entstand der Begriff der „**Petfluencer**", die nach und nach auch für Produkte und Marken interessant werden. Dank der Popularität der Petfluencer entsteht eine Branche rund um das Thema. In den USA gibt es mittlerweile The Dog Agency, die sich ausschließlich auf die Vermittlung zwischen Hunden und Brands spezialisiert hat. Immerhin bringt es der „süßeste Hund der Welt" Boo auf 17 Millionen Facebook-Fans und die Katze Lil Bubb auf 1,2 Mio Instagram-Abonnenten (Stand April 2016). Der Besitzer von Boo verdient mit seiner Hundeinszenierung immerhin eine Million Dollar pro Jahr.
www.thedogagency.com.

Kapitel 7
Wer sucht, der findet
Websites

Die Frage, wie viele Internetangebote es weltweit gibt, ist nicht so einfach zu beantworten. Die verlässlichste Quelle scheint das Portal „internetlivestats" zu sein, die 1012 Millionen Websites (Stand April 2016) ausweist und auf 3,3 Milliarden Nutzer kommt.[109] Die Billionengrenze ist seit 2016 gebrochen und mehr als die Hälfte der Menschen auf dieser Welt sind in irgendeiner Art und Weise im Netz aktiv. Diese Zahlendimensionen sind nötig, um sich als Betreiber einer eigenen Website richtig einzuordnen: eine Website zu haben, ist heute so wie ein **Ortsschild** zu besitzen, und Webdomains sind auch nichts anderes als eine Art „Grundstück" in einer virtuellen Welt.

Ich stelle diese Tatsachen an den Beginn dieser Ausführungen, weil ich im touristischen Bereich immer noch das Gefühl habe, dass der Wert einer eigenen Website maßlos überbewertet und überschätzt wird. Anders könnte man sich nicht erklären, warum es jeder noch so kleine Ort immer noch für notwendig hält, sich im weltweiten Netz mit einem eigenen Grundstück zu beteiligen und sich die Verantwortung für eine eigene Website aufbürdet. Wer sich vor Augen führt, in welchem unfassbar großen Wettbewerbsuniversum er sein kleines Häuslein baut, der würde stattdessen sehr schnell Verbündete suchen, um zumindest eine gemeinsame Ortschaft zu bilden.

Der Prospekt wird virtualisiert

Eine Website für sein touristisches Angebot zu betreiben, ist die Fortsetzung des Prospekts in der virtuellen Welt. Beide haben die gleichen Probleme: sehr hohe Produktionskosten, sehr schwieriger Vertrieb, große Lagerbestände mit mangelhafter Aktualität.

Es folgen die Herausforderungen, wenn jemand eine Website betreiben will:

Website-Defizit Nr. 1: Nur schön

Die Produktion einer halbwegs ansehnlichen Website wurde in den vergangenene Jahren immer günstiger. Woran viele Websites kranken, ist weniger die gefällige Oberfläche, als vielmehr das **mangelhafte Funktionsdesign**. Weil Onlineauftritte der Touristik meist von

Designagenturen gestaltet werden, konzentriert sich alles auf das „schöne Kleid" und nicht auf die unsichtbare Funktionalität. Diese ist jedoch in vielen Fällen ausschlaggebend dafür, ob die Website ihren Aufgaben gerecht wird: sich in Suchmaschinen nach vorne zu arbeiten und von interessierten Nutzern gefunden werden. In der Touristik wird dieses Funktionsdesign von jenen zur Perfektion beherrscht, die auf Verkauf und Performance aus sind: Bei Trivago, Easyjet oder Booking.com in die Schule zu gehen oder auch bei anderen branchenfremden Dienstleistern wie Zalando, Amazon oder Preis24, die den Schönheitsfaktor zugunsten eines ausgeklügelten Funktionsdesigns hintanstellen, wäre allen touristischen Verantwortungsträgern sehr zu empfehlen. Natürlich ist eine emotional vereinnahmende Oberfläche für eine Tourismus-Website wichtig. Sie ist allerdings nur eine Seite der Medaille für das, was eine Website leisten muss.

Website-Defizit Nr. 2: Wenig professionell

Die Pflege einer Website, die vor allem von ihrer Aktualität und ihrer perfekten Vernetzung in viele andere Distributionskanäle lebt, ist ein stets unterschätzter und kaum budgetierter Aufwand. Wer dafür kein eigens dafür abgestelltes und mit neuesten Erkenntnissen der **Inhaltspflege** geschultes Personal beschäftigt, darf sich nicht in die Reihe professionell geführter Websites einordnen. Als „Nebenhergeschäft" ist die Website – immerhin der wichtigste Markenkontaktpunkt einer touristischen Realität – nicht mehr zu bewältigen, gleich ob Hotel, Region oder Ort. Dabei geht es weniger um das fleißige Einpflegen von Texten und Bildern, sondern um das richtige **Verschlagworten**, suchoptimierte Formulierungen und Begriffswelten sowie um die stets mitschwingende Idee, wie der gerade erstellte Inhalt verteilt werden kann.

Gut zu wissen: Die Formel für eine erfolgreiche Zukunft der Content-Pflege lautet: weniger Inhalte produzieren und stattdessen mehr auf die Verteilung der bestehenden Inhalte achten.

Im Web ist alles wertlos, was nicht verteilt wurde. Alles ist alt, was auf irgendeiner Website in irgendeiner Rubrik verschimmelt. Viele Websites touristischer Anbieter teilen ihr Schicksal mit den papierenen Prospekten: Sie hoffen in einem Regal liegend von Interessenten gefunden zu werden.

Website-Defizit Nr. 3: Kaum vernetzt

Kein Inhalt auf dieser Welt ist so bedeutend, dass er sich von alleine verteilt. Das wussten schon die Gründer der großen Religionen, als sie Propheten einsetzten, um Wahrheit und Glauben zu verkünden. Nur weil in der heutigen Zeit theoretisch ein jeder eine Information auffinden könnte, heißt dies noch lange nicht, dass dies geschieht. Deshalb ist die Zauberkunst im Web der **Vertrieb**. Die Währung, mit der im Web bezahlt wird, heißt Aufmerksamkeit und Relevanz. Wie immer geht es bei den Zauberkünsten zu gleichen Teilen um Geschick und um Täuschung.

Wer seine Webinhalte geschickt gestaltet, kann sehr viel dazu beitragen, dass diese selbst ohne aufwändige Bewerbung von potenziellen Kunden gefunden werden. Was man an Geschick nicht hat, muss durch Geld für Vertrieb und Bewerbung der Website wettgemacht werden. Seit sich Google mit Apple und Microsoft (noch vor Coca-Cola) ein jährliches Kopf-an-Kopf-Rennen um den Rang der wertvollsten Konzerne der Welt liefert,[110] wird deutlich, welche gigantischen Summen der Weltmarktführer aller Suchmaschinen jährlich kapitalisiert. Die Betreiber von Websites zahlen Unsummen für eine bessere Auffindbarkeit – weil sie wissen, dass dies einer der Schlüsselfaktoren für ihren Erfolg ist.

SEO, SEA und SEM

Search Engine Marketing (SEM) bezeichnet ein Teilbereich des Onlinemarketings. Er umfasst alle Maßnahmen, die zur besseren Darstellung auf den Ergebnisseiten von Suchmaschinen gesetzt werden können. SEM wird oft auch als Sammelbegriff für Suchmaschinenwerbung verwendet, obwohl dafür das Kürzel SEA der geeignetere und präzisere Begriff wäre.

Search Engine Optimization (SEO) ist jener Teil des Suchmaschinenmarketings, der die Aufgabe hat, Topplätze im organischen Ranking in den (unbezahlten) Suchergebnissen zu erreichen. Die sogenannte **Onpage-Optimierung** befasst sich mit den inhaltlichen Anpassungen der eigenen Website. Hier spielen inhaltliche Qualität, Formatierungen, Überschriften, technische Aspekte (Header und Tags) sowie die interne Linkstruktur eine Rolle. Die **Offpage-Optimierung** hat die Linkstruktur mit anderen Websites zum Ziel, um sich besser in thematischen Bereichen zu positionieren. Dazu wird nach thematisch passenden Websites recherchiert, die für eine Linkpartnerschaft infrage kommen.

Search Engine Advertising (SEA) beschreibt alle Maßnahmen, die bei einer Suchmaschine (vorrangig Google) eingekauft werden können, um bei bestimmten Suchbegriffen (Keywords) im obersten Ergebnisbereich zu erscheinen. Je häufiger die Suchmaschinennutzer nach einem Begriff suchen und je größer das Buchungsinteresse von Website-Betreibern dafür ist, desto höher sind die Preise für eine Platzierung rund um diesen Begriff. Google bietet Werkzeuge an, mit welchen die Suchhäufigkeit eines Begriffs ermittelt werden kann. Eine solche Werbeeinblendung folgt also dem Keyword-Advertising-Prinzip: Für bestimmte Suchbegriffe kann eine Position auf der ersten Seite im oberen Bereich der Suchmaschinenergebnisse gekauft werden.

Google: Bezahlen oder liefern

Was allein im Tourismus für SEO und SEM bezahlt wird, übersteigt die Vorstellungskraft bei Weitem. Ab und zu – und dies ist gar nicht so selten – erhöhen benachbarte Tourismusorte die Buchungspreise der Keywörter, weil sie kräftig gegeneinander spielen. Denn Google erhöht die Preise, wenn die Nachfrage nach einem Keyword steigt und freut sich deshalb kräftig darüber, dass viele touristische Regionen sich gegenseitig hochpuschen, anstatt mit einer gemeinsamen Website Geld zu sparen und ihre Durchschlagskraft zu erhöhen.

Erfolgstreiber: Das Webspiel ist ein **Gemeinschaftspiel**, in dem jene gewinnen, die sich darin als Gruppe stark machen. Die Verlierer sind die **Alleingänger**, die ihre Bedeutung im Internet kräftig überschätzen. Leider ist dies das Schicksal vieler touristischer Webauftritte.

Im Netz wird nach Interessen gesucht

Ein weiterer wichtiger Aspekt: Eine Destination hat im weltweiten Netz erst dann gewonnen, wenn sie verschiedenen Themen oder Interessen zugeordnet wird, ohne dass Kunden den Namen dieser Destination eingegeben haben. Ist das der Fall, ist sie in der **Relevanzpyramide** eines Interessenten ganz oben angelangt. Die viel größere Herausforderung einer Destination im Web ist es, dass sie auch dann in der Suchmaschine gefunden wird, obwohl der recherchierende User diese gar nicht als Anbieter für sein **Interesse** vermutet.

Hat eine Destination eine klare Markenstrategie und demnach sehr spezifisch identifiziert, mit welchen Themen, Angeboten und Besonderheiten sie im Wettbewerb eine Nummer-1-Position erreichen will, kann sie auch für ihre Website und die daran hängende Webstrategie eine stringente Linie einschlagen. Wer als Nummer 1 der Genussdestinationen gelten will, wer als Nummer 1 der Familiendestinationen, wer als Nummer 1 der Extremsportanbieter, wer als Nummer 1 der Alpinwelten, wer als Nummer 1 der Moutainbike-Regionen – wer eine solche **Positionierung** anstrebt, muss alles dafür tun, dass er bei recherchierenden Genießern, Familienmenschen, Extremsportlern, Bergbegeisterten, Moutainbikern im Google-Buffet auf der **ersten Seite** aufzufinden ist.

Destinationen, die sich für keine Spezifik entschieden haben und sich für alle Interessenten ins endlose Meer der Möglichkeiten begeben, werden dafür im Netz bitter bestraft. Wer dort alles und jeden erreichen will, verliert sich in der Tiefe und Breite des unendlichen Angebotes. Je spitzer man sich hingegen positioniert, desto dankbarer sind die im Netz nach Spezialisten Suchenden. Im Netz gilt für Destinationen mehr als in allen anderen Bereichen der Grundsatz: **Nische schlägt Breite.**

Tipp des Autors

Der **Webby-Award** ist der weltweit größte Wettbewerb für digitale Kommunikation. Ausgezeichnet werden die besten Arbeiten in vier Haupt- und über 100 Unterkategorien – von interaktiver Werbung über Websites bis hin zu Onlinefilmen und Videos. Darüber hinaus haben Teilnehmer die Gelegenheit, den „People's Voice Award" zu gewinnen – eine Auszeichnung, die nicht von der Award-Jury, sondern vom Publikum vergeben wird. Über 13.000 Einsendungen aus 65 Ländern werden pro Jahr bei der International Academy of the Digital Arts and Sciences mit Sitz in New York eingereicht. In der Unterkategorie „Tourism and Leisure" gibt es sehr interessante Beispiele für Websites und digitale Kommunikation zu sehen. Die fünf Anwärter auf den Preis können für einen Monat eingesehen und auch bewertet werden. Die Zahl 5 spielt im Wettbewerb eine wichtige Rolle: Zum Ritual gehört, dass die Gewinner in den einzelnen Kategorien sich auf der Bühne mit nur fünf Worten bedanken dürfen.
www.webbyawards.com

Kapitel 8
Wir sind die Quelle
Eigene Medien

Zu den höchsten Weihen einer Marke gehört, wenn sie neben ihren Distributionspartnern einen eigenen Flagship-Store eröffnet. Seit der Sportartikelhersteller Nike im Jahr 1990 mit seinen Nike-Towns dazu überging, um seine Produkte herum eine eigene Verkaufs- und Erfahrungswelt aufzubauen, setzen immer mehr renommierte Marken auf eine selbstgeführte Markendarstellung. Mit der „Autostadt" hatte der VW-Konzern im Jahr 2000 in Wolfsburg eine Erlebniswelt für seine Marken erbaut, die in der Zwischenzeit mehr als 35 Millionen Besucher zählt und somit zu den meistbesuchten Sehenswürdigkeiten in Deutschland gehört. Die britische Luxusmarke Burberry betreibt zu ihren Erlebniswelten für betuchte internationale Kunden in der Zwischenzeit über 500 Shops in über 50 Ländern und stellte sich zudem im Internethandel mit einer eigenen Verkaufsplattform groß auf.

Das verfolgte Konzept aller Markenauftritte: Baue eine **eigene Welt** um deine Produkte herum und lasse das Produkt möglichst nebensächlich erscheinen. Deshalb residiert in der VW-Autostadt ein Luxushotel von Ritz-Carlton mit einem mit drei Michelin-Sternen gekrönten Restaurant, in den Burberry-Shops gibt es eine enge Kooperation mit Apple-Produkten und eigenen Duftwelten, bei Nike bieten „ehemalige" Verkäufer ein ausgeklügeltes Entertainmentsystem, um Kunden emotional an die Nike-Welt zu binden und um auf die Vertriebsplattform von Nike im Netz zu verweisen. Auf dieser, so argumentierte der Nike-Town-Schuhspezialist auf meine Kaufanfrage in New York, können alle Nike-Produkte schneller, besser und sicherer gekauft werden als in einem Laden mit begrenzten Lagerkapazitäten.

Das eigene Regal der Inhalte und Geschichten

Ich erzähle diese Entwicklungsgeschichten, weil sie vorwegnehmen, was sich im Content-Management der Destinationen ereignen wird: Wer eine starke Marke aufbauen und sein will, darf sein Kommunikationsschicksal nicht mehr ausschließlich seinen Vertriebspartnern überlassen. Gutes Content-Management wird sich in einer Art Flagship-Store voller guter Destinationsgeschichten bewähren müssen. Weil Destinationen nicht mehr alle möglichen Kommunikationskanäle, die sich zunehmend atomisieren, befüllen können, brauchen sie einen eigenen Aufschlag in der Kommunikation. Alles redet von „Storytelling" als Methode, um Inhalte emotional und mitreißend zu verpacken. So weit, so gut. Aber kaum jemand redet auch darüber, wie sich diese Inhalte und exzellenten Geschichten verbreiten lassen.

2011 stand in Südtirol die Vermarktungsstrategie, Inhalte über den begehrtesten Lebensraum Europas in die Wahrnehmung zu bringen, an einem **Scheideweg**:

- Sollte Südtirol darauf vertrauen, dass Journalisten, Medien, Blogger und Kunden die relevanten Themen aufgreifen, wenn man genügend darauf hinwies?
- Sollte die Destination mit guten Themen aufwarten, mit professionell geknipsten und frei verfügbaren Bildern und sehr guten Textbausteinen, die Journalisten eine Veröffentlichung erleichtern – und wäre das weiterhin der richtige Weg?

Denn genau mit dieser Strategie waren viele professionell gemanagte Destinationen und Länder über Jahre mit sehr guten Berichterstattungen prämiert worden. Die neuen, herausfordernden Fragen waren:

- Würde das Verfeinern der bewährten Strategie genügen, journalistisch Artikel mit der eigenen Website zu verknüpfen, quasi als glaubwürdige Werbeunterstützung?
- Oder war schon damals zu erwarten, dass TV-Kanäle, Zeitungs- und Zeitschriftenabonnements, Reisemagazine und Reiseblogs stark verlieren würden gegenüber einer kundengesteuerten Informations- und Inspirationssuche über Suchmaschinen?
- Müsste man sich dafür entscheiden, sein **eigenes Medium** zu werden, seine eigene Redaktion zu betreiben und seine eigenen Inhalte aufzubauen?
- Wie groß wäre der Aufwand, so etwas in Angriff zu nehmen? Und wie groß wäre das Risiko, dass es am Ende nicht funktioniert?
- Würde man Anhänger verlieren, welche bisher exklusive Inhalte auf ihren Kanälen über Südtirol verbreiten durften?

Im Grunde standen wir also vor der gleichen Frage wie jene Marken und Produkte, die sich vor der Digitalisierung auf Gestaltung und Produktion der Güter beschränkt hatten und die Verteilung unter den Kunden dem Handel überließen, jetzt aber selbst zum Händler werden wollten, um die eigene Marke in eine eigene Welt zu verpacken.

Marken müssen ihre Geschichten selbst erzählen

Der Getränkegigant Coca-Cola begann mit einer eigenen Storytelling-Plattform, der Spielzeuggigant Lego erfand sich im Storytelling neu und in Deutschland fiel der Baumarkt Hornbach mit ungewöhnlichen Geschichten im Netz auf.

Gute Marken erzählen über sich eine eindrückliche Geschichte – und das müssen sie vor allem selbst tun. Davon waren wir in Südtirol überzeugt – nach sehr eindringlichen Auseinandersetzungen über die Zukunft unserer Kommunikation mit dem ehrgeizigen Markenziel, als begehrtester Lebensraum Europas wahrgenommen und erlebt zu werden. Wir beschlossen deshalb, unser eigenes Medium zu gründen und dazu eine Onlineplattform zu bauen. Erste Schritte wurden gesetzt, als wir das erste **E-Magazin** herausbrachten und für Abonnenten warben. Es wurde viermal im Jahr über unseren Adressenpool versandt. Weil wir seit Jahren an einer mit allen Rechten uns gehörenden Foto- und Filmdatenbank gebaut hatten, besaßen wir bereits das visuelle Material für ein solches Vorhaben. Wir nannten unsere E-Magazine in den verschiedenen Sprachen „LebensART – das Online-Magazin Südtirols".[111]

Südtirol mit einer eigenen Content-Plattform

Der wirklich mutige Aufschlag war jedoch, mit der Plattform **www.wasunsbewegt.com** endgültig neue Wege in der PR- und Kommunikation für eine Destination zu beschreiten. Auf der Plattform werden Menschen, Orte und Lebensentwürfe aus Südtirol porträtiert, jeweils mit einer eigens recherchierten Geschichte in Ton und Bild. Eine Redaktion steht hinter diesem innovativen Storytelling-Ansatz, der auch in der Branche für einiges Aufsehen sorgte. Der **erste deutsche Content-Marketing-Preis** ging 2015 an dieses Südtiroler Projekt und die Jury begründete ihre Entscheidung so: „Der Gewinner in der Kategorie ‚Content Strategy' hat uns vor allem mit der Authentizität und Emotionalität des eingereichten Beitrags beeindruckt. In der Kampagne ‚Was uns bewegt' sehen wir Menschen, die ihrer Leidenschaft nachgehen, die mit ihren eigenen Händen neues Schaffen und ständig über sich hinauswachsen – vom Braumeister bis zum Extremsportler, der auf einem dünnen Seil leichtfüßig eine tiefe Schlucht überwindet. Die beeindruckenden und sehr persönlichen Geschichten werden von spektakulären Naturaufnahmen begleitet, welche die Verbundenheit der dargestellten Macher mit den Elementen eindrucksvoll unterstreicht."[112]

Bedeutende Inhalte werden von Suchmaschinen belohnt

Man darf davon ausgehen, dass sich die erheblichen Investitionen, mit denen sich Marken mit eigenen Inhalten strategisch als eigene Flagship-Stores von Geschichten aufstellen, mittelfristig sehr lohnen werden. Suchmaschinen belohnen gute Inhalte immer stärker, Menschen sind immer mehr an Hintergrundgeschichten interessiert und andere Medien suchen Bezüge zu ihnen verwandten Themen. Der Aufwand, der für einen solchen Schritt personell und finanziell gestemmt werden muss, ist allerdings immens. Das Anschieben einer solchen Plattform kostet Geld, die filmisch umgesetzte Qualität der Inhalte verlangt nach hoher Professionalität, die Themenauswahl erfordert eine hohe journalistische Expertise vor Ort.

Alles zusammen genommen wird dieses Projekt Südtirol noch sehr fordern – vor allem im langfristigen Bestand. Es braucht – wie so oft für Markenstrategien – einen langen Atem. Und nicht immer haben die Verantwortlichen dafür die Kraft und das Durchhaltevermögen. Ob sich dieser Ansatz für andere Destinationen eignen kann, hängt sehr von deren Struktur und der eingesetzten Organe ab. Sicher ist, dass Destinationen mit Markenanspruch einen eigenen Flagship-Store voller guter Geschichten brauchen. Wer dies versäumt und in alten Kommunikationsmustern hängenbleibt, wird im Käufermarkt der Zukunft, in dem jeder Einzelne Themen und Inhalte selbst zusammenstellt, eine immer geringere Rolle spielen. Die Bedeutung einer Destinationsmarke wird über ihre guten Inhalte und besetzten Themen aufgebaut. Claims und Slogans werden dazu immer weniger nützlich sein.

Tipp des Autors

Die internationale Hotelkette „Marriott" versuchte sich 2014 mit der eigenen Komödie „Two Bellmen". Das Filmformat, das zwei Hotelpagen in Los Angeles als Protagonisten aufführt, erreichte in seiner ersten Auflage über 5 Millionen Zuschauer, trotz seiner erheblichen Länge von über 17 Minuten. Der zweite Aufschlag unter dem Titel „Two Bellmen Two" (Februar 2016) spielt in Dubai und wurde innerhalb von zwei Monaten von über 8 Millionen Zuschauern angeklickt. Dieses Beispiel gibt einen Vorgeschmack auf das, was große Marken in Zukunft an Aufwand betreiben werden, um ihren Fans mehr zu bieten als Werbesprüche.

www.twobellmen.marriott.com

Destinations-Monopoly

Teil 4

Vom Erlebnis zur Erfahrung

Wo die Marke in Destinationen spürbar wird

In den vergangenen Jahren hat der Begriff **Kundenreise** (Consumer Journey) zu ungeahnten Höhenflügen angesetzt. Fast scheint es, als habe es in den Zeiten davor die Dimension „Kunde" nicht gegeben. Seit man messen kann, was Kunden auf Websites Sekunde für Sekunde tun, wie sie navigieren und an welchen Punkten sie abspringen, welche Felder sie anklicken und welche sie meiden – seit dieser Zeit beschäftigen sich Verhaltensforschung, Konsumbeobachtung und Optimierungsberatung mit den Vorgängen, die ein Kunde auf dem Weg zur Entscheidungsfindung durchläuft. Wir kennen die Phasen vor dem Kauf, die Phase des Kaufes und die Phase nach dem Kauf und analysieren diese mehr als je zuvor.

Was niemand vermutet hätte, aber in der Zwischenzeit offenkundig wurde: Das Wichtigste für Marken ist die Nachkaufsphase. Dort wird die Grundlage für die Fankultur zu einer Marke gelegt. Nach dem Erstkauf entscheidet sich, ob die Marke mit weiterem Zuspruch rechnen kann oder nicht. Interessant: 76 Prozent der Werbebudgets liegen branchenübergreifend für die Vorkaufsphase bereit („Vom Produkt zum Erlebnis": Markenkontaktpunktstudie, BrandTrust 2015).

Die beste Markenstrategie hat keinen Wert, wenn sie nicht an möglichst vielen **Kontaktpunkten** spürbar wird und so eine ununterbrochene, widerspruchsfreie Kundenreise ermöglicht. Am Gesamterlebnis entscheidet sich der Wiederkauf, die Weiterempfehlung, die Bereitschaft, in die Fangemeinschaft einzutreten. Über die vielen Erfahrungen, die sich während eines Aufenthaltes in einer Destination zu einem Erinnerungsmosaik formen, wird die Markenleistung bewertet. Auf diese Weise entsteht Wertschätzung und Wertschöpfung. Die unterschätzte Wahrheit dabei: Das Gesamterlebnis einer Kundenerfahrung wird durch den schwächsten Markenkontaktpunkt bestimmt.

Diesem Themenfeld widmen sich die folgenden Kapitel. Sie sollen den Blick dafür schärfen, worauf es gerade im Destinationsgeschäft ankommt und welche Komplexität dabei zu bewältigen ist – erklärt an konkreten Erfolgsbeispielen.

Definition Markenkontaktpunkt

Ein Markenkontaktpunkt beschreibt jegliche Wahrnehmung, die ein Stakeholder (also zum Beispiel Kunden, Lieferanten, Partner, Mitarbeiter und Inhaber) an einem Kontaktpunkt mit der Marke in Verbindung bringt. Die meisten Unternehmen besitzen pro Marke zwischen 100 und 500 verschiedene **Nettokontaktpunkte**, die gemanagt werden müssen, ob sie zum Unternehmen gehören oder nicht.

Die Häufigkeit, mit der Stakeholder mit den einzelnen Kontaktpunkten in Berührung kommen, multipliziert mit den Nettokontaktpunkten, ergibt die **Bruttokontaktpunkte**. Eine E-Mail ist also ein Nettomarkenkontaktpunkt. Schreiben die Mitarbeiter eines Unternehmens an einem Tag 1000 E-Mails, ergibt dies 1000 Bruttokontaktpunkte. Die Anzahl der Bruttokontakte pro Nettomarkenkontaktpunkt entscheiden zum Beispiel über die Priorisierung des Markenkontaktpunkt-Managements.

Kapitel 1
„Wir sind gut angekommen“ Flughäfen und Bahnhöfe

Ob Bahnhof, Flughafen, Grenzübergang, Stadteinfahrt, Ortseingang – der erste direkte Kontakt prägt eindrücklich das Bild, das Besucher von ihrem Urlaubsziel haben. Kaum irgendwo ist Kontaktpunktmanagement so entscheidend wie bei der besten „Visitenkarte“ einer Destination: dort, wo die Erfahrungsreise eines jeden Erstbesuchers beginnt.

In Zeiten der schnellen Informationsvermittlung verschicken Reisende das erste Foto bereits im ersten Moment ihrer Ankunft. „Wir sind gut angekommen“ schreiben sie zum ersten „Selfie“ auf WhatsApp an die Daheimgebliebenen oder auf Facebook an die Freunde weltweit.

Erfolgstreiber: Für den ersten Eindruck gibt es keine zweite Chance.

Teppich in den USA, Holz in Skandinavien

In amerikanischen Flughäfen tritt man meist auf abgenutzte Teppichböden. Die Nation der Freiheit demonstriert damit eindrucksvoll, dass ein gepflegtes und schönes Interieur nicht zu ihren Aushängeschildern zählt. Ganz anders die skandinavischen Länder: Wer schon einmal in Kopenhagen oder in Stockholm aus dem Flugzeug gestiegen ist, wird sich an die Holzböden dieser Flughäfen erinnern. Die nördlichen Länder Europas unterstreichen damit ihre Kompetenz, mit Holz und Design umgehen zu können. So unterschiedlich die beiden Eindrücke sein mögen, so deutlich wird das Potenzial des Ankunftsbereichs eines Flughafens, den Eindruck zu einer Destination zu prägen. Flughäfen haben diese Potenziale offenbar erkannt.

Architektur und Gestaltung sind den reinen Funktionalitäten entwachsen und haben sich zu Statements von Staaten und Städten entwickelt. Wien, Zürich, Hongkong, München, Singapur, Madrid, Amsterdam, Tokyo, Atlanta: Im Moment der Ankunft sollen Reisende erkennen, in welcher Kultur sie gelandet sind. Sie wollen den ersten Eindruck nicht dem Zufall oder den Funktionalitätsgestaltern überlassen und nehmen dafür ordentlich Geld in die Hand.

In der Vergangenheit galt den Bahnhöfen der modernen Welt größte Aufmerksamkeit. Der Marmorbau Union Square in New York, die Architekturleistung der Galleria Vittorio Emanuele II in Mailand, die gigantische Halle am Bahnhof in Zürich, die eifelturmähnliche Metallbauweise des Frankfurter Bahnhofs waren und sind Wahrzeichen der Gestaltungskunst des öffentlichen Raums. Die Eisenbahn hatte einmal Symbolkraft als erschaffene Mobilität.

Heute haben es Bahnhöfe um einiges schwerer als Flughäfen. Geruch, Akustik, Materialien: eine große Herausforderung. Zu lange wurden diese Ankunftstempel gering geschätzt, die öffentlichen Gelder wurden stattdessen Autobahnen und Tiefgaragen gewidmet – anstatt dem Erhalt und der Weiterentwicklung der bedeutungslos geglaubten Bahnhöfe. Diese Einstellung ändert sich gerade massiv.

Die Marke Schweiz fährt Präzision

Die Neukonzeptionen des Berliner Hauptbahnhofs, aller bedeutenden Bahnhöfe in österreichischen Städten sowie die neuen Bahnterminals von Paris und London lassen die Bekehrung erkennen. Ganz zu schweigen von jener Nation in Europa, die sich im Schienenverkehr seit jeher eine Führungsrolle gesichert hat: die Schweiz. Wer dort mit dem Zug fährt – und tut man anderes, ist man ein Exot – erlebt die Wertschätzung dieses Verkehrsmittels wie in keinem anderen Land der Welt. Sogar am Züricher Flughafen Kloten werden Bahnreisende in einem eigenen Anschlussterminal allen anderen Anreisenden bevorzugt. Abfahrzeiten und Zubringerlogistik lassen keine Organisationslücken erkennen. Die Schweiz lässt an diesem Kontaktpunkt ihre Marke durch Präzision, Pünktlichkeit, Organisation und Klarheit deutlich erkennen. Wachte man erst an einem Bahnhof oder Flughafen der Schweiz auf und wüsste nicht, wohin es einen verschlagen hat: Die Schweiz wäre an ihrem öffentlichen Verkehrssystem eindeutig zu erkennen.

Derartige Klarheit schaffen die Einfahrten in Regionen, Orte und Städte selten. Mit den üblichen Begrüßungsschildern und Zusatzbezeichnungen müht man sich vergebens. Ob „Metropolregion" oder „Kulturstadt", ob „Herzlich Willkommen im Blauen Land" (das großgeschriebene „Willkommen" wird hier als Grammatikfehler bewusst erwähnt), ob „Wanderparadies" oder „Luftkurort", ob „Strandbad" oder „Bergwerksstadt" – die Liste der inhaltsschwachen Behauptungen ohne Leistungsbeweis ließe sich unendlich fortsetzen.

Inhaltsleere Begrüßungsschilder im falschen Umfeld

Sehr spannend ist zu beobachten, in welchem Umfeld sich diese Willkommens- und Benennungstafeln befinden. Hinter dem „Winzerort" erwartet den Einfahrenden ein gesichtsloses Gewerbegebiet, hinter der angekündigten „Kulturstadt" folgen minutenlang eintönige Wohnsiedlungen, nach dem Willkommensschild des „Kurbades" eröffnet sich die örtliche Müllverbrennungsanlage. Eine Markendestination würde sich um ein ausgeklügeltes Kontaktpunktmanagement dieser wichtigen Ersteindrücke kümmern. Amerikanische Orte können hier ein Vorbild sein: das oft markant gestaltete Ortsschild nebst Parkmöglichkeit dient gleichzeitig als Fotomotiv mit perfektem Hintergrund für die Ankömmlinge. So wird der Anfang bzw. das Ende des Trans-Canada Highway in Victoria bei Mile 0 mit einem fotogenen Baudenkmal gekonnt in Szene gesetzt. Und das Ortsschild von Las Vegas dient als erstes Fotomotiv für die Stadt der großen Inszenierungen.

„Zukünftig wird es nicht mehr darauf ankommen, dass wir überall hinfahren können, sondern, ob es sich lohnt, dort noch anzukommen." – dieser so unglaublich vorausschauende Satz des deutschen Naturphilosophen Hermann Löns aus dem Jahre 1908 (!) wäre die Richtschnur, wie der erste Eindruck einer Destination zu gestalten wäre. Gekonntes und ernst genommenes Kontaktpunktmanagement ihrer Ankunftsorte täte vielen Destinationen gut. Die Visitenkarten Bahnhöfe, Flughäfen, Orts- und Stadteinfahrten finden sich viel zu selten auf den Agenden der Destinationsmanager. Sie glauben, es mit anderen Eindrücken wettmachen zu können, und vergessen, dass es für den ersten keine zweite Chance gibt.

Die wichtigsten Markenkontaktpunkte: Menschen

Als ich letzthin am New Yorker Flughafen „John F. Kennedy" den Immigration Officer fragte, warum er denn jedes Mal bei meiner Einreise die Fingerabdrücke speichere und nicht auf jene zurückgreife, die bereits vorhanden wären, meinte er freundlich: „Ich könnte Ihnen sagen, wie oft Sie seit dem Jahr 1964 in die USA eingereist sind. Alles ist gespeichert. Aber die USA möchten wissen, ob Sie immer noch der Gleiche sind. Deshalb vergleichen wir die Fingerabdrücke bei jeder Einreise mit den vorhergehenden." Und dann sprachen wir noch über seine neunstündige Schicht, seine und meine Kinder und über unsere Berufe, welche wir lieben: er seinen recht gleichförmigen Dienst an der großen Nation Amerika und ich meinen Dienst für meine Kunden voller Abwechslung. Man nehme diesen Officer als Maßstab für einen perfekt gemanagten Markenkontaktpunkt einer Destination: Er hat es geschafft, der verhassten Einreise in die USA eine respektable Qualität zu geben.

Tipp des Autors

Wer von Norden kommend Richtung Brennerpass fährt, passiert auf der Autobahn kurz nach Innsbruck die Europabrücke. An deren Ende prangt ein mächtiges Logo-Schild mit der rotweiß gehaltenen Destinationsmarke „Tirol". Im Auftrag der Tirol-Werber hatte der Künstler Helmut Strobl den 3,5 Meter hohen Schriftzug in den bewaldeten Hügel gesetzt. Zweifelsohne sorgt dies für eine große Sichtbarkeit der Marke. Immerhin kommen täglich 40.000 Fahrzeuge an diesem Punkt vorbei und können das gut gemachte Schriftlogo des tourismuserfolgreichsten Bundeslandes nicht übersehen. Weit weniger zahlt das Umfeld auf den Wert der Marke ein: Ein McDonald's-Werbeschild im Hintergrund, eine Shell-Tankstelle mit Raststation und immer gut besetzten Parkplätzen vermitteln nicht, was man als

„Herz der Alpen" und den dazugehörenden Werten ausdrücken möchte. Eine intensive Diskussion, ob man Frequenz höher bewerten darf als Umfeld, wäre es in jedem Falle wert.

www.presse.tirol.at/de/tirol-geht-an-seine-grenzen/pr368555

Kapitel 2
Ausgestellt fürs Regenprogramm
Museen

Das Fach Geschichte – dieses hatten wohl die meisten in der Schule – kann ein detailverliebtes Aufzählen von Jahreszahlen und Fakten sein oder ein spannendes Erzählen über die Vergangenheit. Je nachdem, ob man das Glück des einen oder das Pech des anderen hatte, wurde man Fan oder Feind der Historie. Zumindest ging es mir so, weil ich Erfahrungen mit der einen oder anderen Methode machen durfte. Mit Museen geht es mir genauso: Es gibt solche, die man am liebsten in seiner eigenen Stadt hätte, damit man sie dauernd besuchen könnte. Und es gibt andere, die man auf der Liste der angeblichen Sehenswürdigkeiten einer Stadt oder eines Landes nur abhaken will. Keine Destination, die nicht versucht, mit ihren Museen ihre Attraktivität zu unterstreichen. Städte messen ihren Kunst-, Sammlungs- und Historientempeln, neben Kirchen und interessanten Gebäuden, die größte Anziehungskraft bei und füttern Websites und Reiseführer mit Besichtigungsprogrammen. Vor allem Berg- oder Stranddestinationen präsentieren darin Kultur und die dazugehörenden Infrastrukturen gerne als „Schlechtwetterprogramm".

Das gute Wetter beschert schlechte Zahlen

Allein der Blick in die Betriebs- und Erhaltungskosten solcher musealen Infrastrukturen müsste die Verantwortlichen ins Grübeln bringen:

- Wie kann es sein, dass viele museale Einrichtungen nur dann gute Besucherzahlen schreiben, wenn es ein verregneter Sommer ist?
- Warum müssen sich die wenigsten Kultureinrichtungen vor einem Ansturm erlebnishungriger Besucher schützen?
- Warum boomen Erlebnisparks in der Besuchergunst und warum steigen die Besucherzahlen in Museen vor allem bei Sonderausstellungen?
- Gemessen an den Besucherzahlen kommen museale Einrichtungen nicht an Freizeitparks heran: Der Louvre ist mit knapp zehn Millionen Besuchern das weltweit attraktivste Angebot, Disney World hat allerdings das Doppelte an zahlenden Besuchern.[113]

Gut zu wissen: Wenn Museen in den Markenhimmel aufsteigen wollen, müssen sie folgendes Prinzip beherzigen: Marken wachsen durch Verdichtung, nicht durch Ausdehnung.

Es gehört zu den größten Fähigkeiten überhaupt, wenn jemand über die gleiche Sache eine Stunde oder auch nur zehn Minuten reden kann, ohne seine Zuhörer über das Wesentliche im Unklaren zu lassen. Selbst Goethe erklärte seiner achtzehnjährigen Schwester Cornelia „Da ich keine Zeit habe, dir einen kurzen Brief zu schreiben, schreibe ich Dir einen langen." Den Satz habe er bei Cicero aufgelesen.[113a] Das Entscheidende für Erfolg wäre die Verdichtung.

Ein Thema verstärken – anstatt alles zu zeigen

Alle Fundstücke, Artefakte, Bilder, Fotografien, Bücher und was auch immer der Nachwelt erhalten werden soll, fein säuberlich in Vitrinen mit korrekter Beschriftung auszustellen, beeindruckt nur Wissenschaftler. Alle anderen Besucher scheitern an der Breite der Information und an der Fülle der Schaustücke. Eine gute Führung kann da noch viel retten, aber eben nur bedingt. Wie wunderbar kann es hingegen sein, wenn die Konzentration auf Weniges ein Thema verstärkt. So geschehen in einer Ausstellung der Stiftung National Geographic in Washington, die sich des äußerst schwierigen Themas der Sklaverei und ihrer Geschichte in den USA angenommen hat. Offenbar haben für diese Sonderausstellung im Jahr 2012 Dramaturgen und Historiker genial zusammengearbeitet. In einem Raum standen nur zwei Artefakte: in der Mitte eine Trommel, deren Schlagton auch zu hören war, und daneben eine metallene Fußfessel. Die Wände waren mit großen Zahlen beklebt, welche die Anzahl der nach USA verschleppten Sklaven aus den verschiedenen Ländern Afrikas verdeutlichten. Damit war alles gesagt. Eindrucksvoll und bewegend zugleich. Sicher hätte man unzählige Fußfesseln, Trommeln, Ruder etc. aus verschiedenen Schiffen und Ländern zeigen können. Man hätte alle Sklavenzahlen korrekt den einzelnen Ländern Afrikas und den Bundesländern der USA zuordnen können. Man hätte zu jedem Jahrzehnt einen geschichtlichen Abriss schreiben und als Informationstafel an die Wand hängen können. Aber nichts hätte die Thematik besser in Szene gesetzt als die vier Elemente Trommel, Fessel, Zahlen und der dumpfe monotone Klang im Hintergrund.

Fünf Prozent schaffen die Exzellenz

Ich höre schon den Aufschrei der Historiker und Museumsmacher. Sie dürfen gerne anderer Meinung sein oder den Hinweis geben, es sei in ihren Ausstellungen schon lange so oder ähnlich wie bei der erwähnten National-Geographic-Ausstellung. Natürlich gibt es gute Beispiele: das Verkehrshaus der Schweiz in Luzern, das MoMa in New York, das Deutsche Einwandererhaus in Bremerhaven, das Kunsthaus in Graz, der Glaskubus in Marseille, das Jüdische Museum in Berlin, das Lehnbachhaus in München, das Vasa-Museum in Stockholm, das Van-Gogh-Museum in Amsterdam – und es gibt noch viele weitere in der Kategorie „eine Reise wert". Es sind jene, die man zugleich in die Kategorien „Gutes Storytelling" oder „großartige Verdichtung" oder „eindrückliche Erfahrung" einordnen kann. Die meisten Museen und Ausstellungen schaffen es jedoch nicht, durch Verdichtung und faszinierendes Erzählen eines Themas zu beeindrucken. Sie bevölkern die Kategorien „Schlechtwetterprogramm" oder „Zum Abhaken" oder „Weil wir schon da sind"-Angebot.

Erfolgstreiber: Destinations- und Kulturmanagement gehören auf eine gemeinsame Ebene.

Guggenheim: Durchbruch für Bilbao

Gutes Destinationsmanagement muss sich über die Bedeutung seiner Museen und Kulturangebote im Klaren sein. Das Potenzial, seine Besucher über exzellent inszenierte und gemanagte Kultureinrichtungen nachhaltig zu beeindrucken, ist schon deshalb so groß, weil es so wenige davon gibt. Selbst eine einzige Einrichtung kann einer Stadt einen neuen Charakter geben, wie das 1997 eröffnete Guggenheim-Museum in Bilbao bewiesen hat. Über eine Million Besucher kommen in die einst verschlafene Stadt und geben dort über 240 Millionen Euro pro Jahr aus.[114] Den Erfolg auf die Architektur von Frank Gehry und das Museumskonzept zu schieben, greift zu kurz. Es braucht auch das perfekte Management des Ticketings, das intelligente Leiten der Besucherströme, das verordnete Qualitätsmanagement der Führungen, eine perfekt funktionierende Website und einfach nachvollziehbare Eintrittspreise. Wenn an den Museumskassen Familien nur dann als Familien gelten, wenn die Eltern mindestens zwei Kinder mit dabeihaben, und wenn die oft kaufkräftigeren Senioren besser behandelt werden als Patchwork-Familien, dann ist der Begeisterung für Kultur und Geschichte bald ein Ende gesetzt. Die vielen Schilder „Bitte nicht berühren!" und Hinweise wie „Fotografieren verboten!" geben dann den Rest dazu.

Tipp des Autors

Experten meinen zwar, es wären keine Museen im engeren Sinne; ich meine aber, dass Reinhold Messner mit seiner Idee, Themen rund um seine Berg- und Lebenserfahrung mithilfe von Objekten und Texten anderen Menschen subtil zugänglich zu machen, eine neue und besondere Art von Museum geschaffen hat. Die Messner Mountain Museums bilden nach zehn Jahren Aufbauarbeit ein Gesamtkunstwerk: mit dem Zentrum „Firmian" auf Schloss Sigmundskron oberhalb von Bozen (Südtirol) und den Satelliten „Juval" (Naturns), „Ripa" (Bruneck), „Ortles" (Sulden), „Corones" (Kronplatz) und „Dolomites" (Pieve di Cadore) schuf der Extrembergsteiger und Abenteurer aus dem Südtiroler Villnöss-Tal seinen „15. Achttausender als Zusammenfassung seiner gesammelten Erfahrungen" mitten in den Bergen Norditaliens. Dafür dienten sechs außergewöhnliche Orte, die den Besuchern die Themen Eis, Fels, Bergvölker, Mythos, Mensch/Berg und Bergsteigen nahebringen.

Die Ausstellungen sind ungewöhnlich, entdeckungsreich, inspirierend – und müssen den Vergleich zu allem anderen Musealen nicht scheuen, weil sie in einer anderen Kategorie spielen. Hingehen – und urteilen.

www.messner-mountain-museum.it

Kapitel 3
Urlaub geht durch den Magen
Restaurants

55 Prozent der Deutschen gaben in einer großen Umfrage an, „gutes Essen und Trinken" sei ihnen im Leben wichtig, die andere Hälfte ist hingegen zu großen Zugeständnissen bereit.[115] Die Werte haben sich seit 2011 kaum verändert – die Nation ist zweigeteilt. Zu den Unsicherheitsfaktoren dieser Umfrage gehört, dass die Begrifflichkeit „gutes Essen und Trinken" generisch und äußerst subjektiv ist. Was gut ist, kann gesund sein oder auch nicht. Was dem einen mundet, findet der nächste unmöglich. Über Geschmack lässt sich bekanntlich trefflich streiten und wer recht hat, bleibt ein ewiges Geheimnis.

Ganz anders verhält es sich, wenn Gastronomie in Zusammenhang mit einer Urlaubszeit bewertet werden muss. An den Tagen, die als schönste Zeit im Jahr gelten, muss die übliche Verpflegung zum besonderen Erlebnis avancieren. 79 Prozent der Deutschen gaben in der Studie an, dass sie im Urlaub „zum Essen gehen" – und diese Absicht steht noch vor allen anderen geplanten Aktivitäten.[116] Das Kapitänsdinner auf dem Kreuzfahrtschiff ist dafür das Symbol – wer auf Reisen ist, der will es gastronomisch ordentlich krachen lassen und die Pfade des Alltags verlassen.

Im Urlaub isst man anders

Neben der Unterkunft gehört die Verpflegung in allen Hotels dieser Welt zu den wichtigsten Bausteinen der Preisgestaltung; mit dem Schlafen alleine ist es eben nie getan. Die Branche weiß dies und hat große Erfahrung darin. Überhaupt haben die Küchen dieser Welt mehr zur Völkerverständigung beigetragen als alles andere. Nationalistische Ressentiments hören immer auf, wenn man sich beim Griechen, beim Italiener, beim Chinesen, beim Taiwanesen, beim Türken, beim Syrer oder beim Inder zur gastronomischen Erfahrung trifft. Wer nicht genug Budget für eine Reise in das jeweilige Land hat oder sich an seine Urlaubserlebnisse eindrucksvoll erinnern will, für denjenigen sind Ausflüge in die fremden Küchenwelten die perfekte Lösung.

Ganze Nationen haben verstanden, dass die Begehrlichkeit eines Landes oder seiner Regionen zu guten Teilen durch deren gastronomische Kompetenz entsteht. Die Esskultur Frankreichs bestimmte über lange Zeit, was international als gehobene Gastronomie bezeichnet wurde. Nach wie vor gilt die französische Küche als Grundstock für viele Gerichte auf Speisenkarten: Ob Soufflé oder Sauce, ob Pâtisserie oder Creme – Frankreich spielt in so vielem mit. Die mediterrane Küche spielt einen weiteren wichtigen Part: Carpaccio und Risotto, Pasta und Pizza finden sich auf den Speisenkarten in gesicherter Position. Wer an Frankreich denkt, an Italien oder Spanien, an Marokko oder Indien, an Vietnam oder Argentinien: Die nationalen Gerichte bestimmen das positive Vorurteil entscheidend mit. Selbst Skandinavien wollte sich nicht mehr länger in die Ecke der „Nicht-Gastronomie" drängen lassen. 2005 gab der Nordische Ministerrat den Impuls für das „New Nordic Food Manifesto",[117] um die Herstellung und den Verbrauch traditioneller Nahrungsmittel zu fördern. Der Gründer des Vorzeigerestaurants „Noma" in Kopenhagen, Klaus Meyer, sagte als Initiator dieser Wende: „Diese neue Küchenideologie ist keine Kriegserklärung an Thailändisches Essen, Mexikanische Mole oder Sushi. Sie ist kein Kreuzzug gegen Pizza. Wir finden einfach, dass das Essen aus unserer Gegend es verdient hat, in dem Chor der wunderbaren Küchen der Welt mitzusingen."[118] Die Universitäten hatten in eigens dafür initiierten Forschungsprogrammen nachgewiesen, dass kalt gepresstes Rapsöl genau so gesund ist wie natives Olivenöl und dass die vielen Beerensorten Skandinaviens große Mengen an Omega-3-Fettsäuren enthalten. Es gebe also keinen Grund, die Küche des Nordens nicht auf die gleiche Attraktivitätsstufe zu stellen wie die mediterrane Küche, lautete die Qualifizierungsoffensive. Heute gehört Skandinavien in Insider-Kreisen zu den begehrtesten Gourmetdestinationen der Welt. Das Restaurant Noma mit dem Chefkoch Rene Redzepi wird seit vielen Jahren unter den fünf besten Restaurants der Welt gelistet, nun auch das „Geranium" mit Chef Rasmus Kofoed.[119]

Dänemark wird zur Gourmet-Destination

Wäre dies die Ausnahme von der Regel, hätte die Destination Dänemark nicht viel davon. Denn eine Destination wird erst dann zur Gourmetmarke, wenn sich die kulinarische Spitzenleistung eines Einzelnen zum Kulturgut der gesamten Region emporarbeitet. Im Sog des Noma-Erfolges entstanden nicht nur in Kopenhagen, sondern auch in vielen anderen Orten Skandinaviens wunderbare Restaurationskonzepte und gaben damit dem gesamten Norden Europas ein neues gastronomisches Gesicht.

Gut zu wissen: Dies ist der Schlüssel zum Erfolg für eine Destination, die im Konzert der Weltgastronomie mitspielen will: Es gibt nicht nur ein gutes Restaurant – es gibt deren viele.

Eine ähnliche Strategie setzten wir in Südtirol ein. Knödel und Speckbrettl gab es in dieser Region immer schon, Spaghetti und Minestrone auch. Die alpine Region konnte ihre politische Zugehörigkeit zu Italien seit 1919 gastronomisch nie leugnen und zog aus dieser kulturellen Verschiedenheit großen Nutzen. Um aus Südtirol ein Mekka für Gourmets zu machen, bedurfte es allerdings einer klaren Strategie. Deshalb wurde definiert, was das „Genussland Südtirol" ausmacht: eine überdurchschnittlich hohe Qualität des gastronomischen Angebots durch alle Verpflegungstypologien des Landes, Spitzenplatzierungen der besten Restaurants in allen Gastronomieführern Europas und ein klares Bekenntnis zur Regionalküche als Mischung zwischen alpinen und mediterranen Kochkulturen.

Eigene Gourmetführer für Südtirol

Ein „Gault&Millau-Führer Südtirol" sowie ein „Espresso-Führer Südtirol/Alto Adige" wurden auf den Weg gebracht, die Initiative „Südtiroler Gasthaus" entstand, die etablierten Köche des Landes engagierten sich als Botschafter auf unzähligen Events innerhalb und außerhalb des Landes, die Weinwirtschaft setzte zu Höhenflügen der Qualität an, neue Rezepte entstanden und ein unscheinbarer Südtiroler Barmann erfand das Kultgetränk „Hugo". Heute rangiert das kleine Südtirol weit vorne in den Bewertungen (23 Michelin-Sterne, 125 Gault&Millau-Hauben 2015) für die besten Weine und Restaurants und räumt vor allem die Anerkennung der sechs Millionen Besucher und 500.000 Einheimischen ab. In Südtirol traut sich niemand mehr, Unterdurchschnittliches auf den Tisch zu bringen – vom Würstlstand bis zur Almhütte, dem Gourmet-Restaurant bis zur Arbeitermensa. Ein solches Konzept wäre nie aufgegangen, wenn sich die gastronomische Spitzenleistung in nur sehr wenigen Toprestaurants abgebildet hätte und die Euphorie für das Genussland-Konzept nicht auch die einheimische Bevölkerung ergriffen hätte.

Ein Land gastronomisch spüren

Die Gastronomieszene einer Destination bietet Markenkontaktpunkte, die für Besucher von großer Bedeutung sind. Wer ein Land bereist, wird mit den Essgewohnheiten und dem kulinarischen Angebot notgedrungen in Kontakt kommen. Regionalität steht hoch im Kurs – und das eine oder andere ausschließlich international bestückte Buffet in Resorts, Clubs und Luxushotels wird eher kritisch gesehen. Zumindest in diesem Bereich möchten Besucher das bereiste Land zu spüren bekommen.

Fakt: Eine Region gilt erst dann als Genussmarke, wenn es ihrem gastronomischen Gesamtangebot beinahe unmöglich ist, schlecht zu essen.

Sich als Genussregion zu bezeichnen, ist in Mode gekommen. Kaum eine Website oder Presseinformation, die nicht über die gastronomischen Highlights berichten. Das Problem ist dabei, dass sich die Behauptung meist nur an wenigen Spitzenbetrieben festmachen lässt und sich nicht im Gesamtangebot ausgebreitet hat.

Tipp des Autors

„2004 gab es noch 49 Drei-Sterne-Restaurants und sie waren alle in Europa. 2015 waren es 115 weltweit." Der Brite Andy Hayler, freier Food-Journalist und Experte der Gastroszene weit über England hinaus, hat als einziger Mensch der Welt in allen Restaurants, die vom renommierten Gastronomieführer „Guide Michelin" mit der Höchstnote „Drei Sterne" bedacht wurden, gespeist. Seine Erfahrungen, die er in einem Interview mit der „Welt" beschrieb, lesen sich wie ein Krimi: witzig, lehrreich, spannend und mit einigen unerwarteten Wendungen. Haylers Urteil über die Bewertungsportale außerhalb der etablierten Führer: „Sie sind eine schlechte Quelle für verlässliche Informationen. [...] Außerdem gibt es unter den Gästen, die dort ihre Erfahrungen austauschen, fast keine, die die Qualität des Essens von jener der Atmosphäre unterscheiden können."

www.welt.de/icon/article148615290/Er-hat-in-jedem-3-Sterne-Lokal-der-Welt-gegessen.html

Kapitel 4
Eine Blumenvase auf das Zimmer
Die Rezeption

Die Szene war so unscheinbar wie alltäglich: Mit einem in Zellophan verpackten Blumenstrauß in der Hand ging ich an der Hotelrezeption eines Münchener Stadthotels vorbei Richtung Lift, um mein Zimmer aufzusuchen. Mein kurzes Warten vor dem Aufzug wurde durch eine unerwartete Frage der jungen Rezeptionistin unterbrochen: „Soll ich Ihnen eine Vase auf Ihr Zimmer bringen?" Ich drehte mich um und bejahte mit einem wohl sehr verdutzten Gesicht: „Ja, gerne" und konnte in meiner Überraschung gerade noch positiv kommentieren: „Das ist sehr aufmerksam." Auf der Liftfahrt nach oben dachte ich darüber nach, wo mir Ähnliches an unverhoffter Professionalität schon einmal passiert war. Ich konnte mich an eine Szene in Vancouver erinnern, als der Portier meines Hotels mir nach dem Morgenjogging eine kleine Pet-Flasche mit Wasser in die Hand drückte und meinte: „Diese haben Sie sich nun verdient." Wer mit so viel Aufmerksamkeit agiert und dies außerhalb der üblichen Freundlichkeitsstandards („War alles in Ordnung?"), hat verstanden, wie groß die Bedeutung der Hotelrezeption als Markenkontaktpunkt ist. An keinem anderen Ort kann ein Hotel die Entscheidung eines Gastes, ob er dieses Haus noch einmal in seinem Leben betreten wird, mehr beeinflussen.

Das Ritual des Eincheckens durchbrechen

Die Rezeption eines Hotels ist – nach der Eingangstür und der Eingangshalle – der erste Kontakt mit einem gewählten Haus, dort findet das erste reale Ritual nach dem Buchungsvorgang statt. An der Rezeption stehend kommt der Kunde mit der Marke – das erste oder wiederholte Mal – handfest in Berührung. Seinen Namen angeben, die Buchung aufsuchen, die Anmeldeformalitäten erledigen, die Kreditkarte zur Sicherstellung vorweisen, den Zimmerschlüssel aushändigen, den Weg zum Zimmer erklären und die Zeiten für Frühstück und Abendessen vorreden – die Standardprozedur eben. Ab und zu wird nachgefragt, ob der Gast einen Internetzugang benötige und für wie viele Geräte – das ist leider schon außerhalb des üblichen Standards. Weil ich mir nicht vorstellen konnte, dass es Gäste gibt, die in einem Businesshotel keinen Internetzugang bräuchten, fragte ich kürzlich bei einem Rezeptionisten nach: „Wie viele verneinen Ihre Frage?" und erhielt zur Antwort: „Eigentlich niemand." Das Gleiche gilt für die Frage beim Auschecken, ob man die Quittung an die Rechnung anheften solle – ebenfalls eine Null-Prozent-Ablehnungsquote.

Wenn Rezeptionen einfach nur Formalitäten abwickeln – und dies ist in den meisten Fällen der Fall – dann könnten sie genauso gut und kostensparend durch Automaten ersetzt werden. Die britische Budget-Hotelkette „Premier Inn" bewirbt ihren „One Minute Check In" als schnellstes Hotel-Entree der Welt.[120] Der Automat erkennt, wie bei einem Flugticket-Boarding, die Reservierung und weist das Zimmer zu, folgt den Zugangscode aus und überlässt den Check-in-Vorgang dem Kunden. Die Rezeption hilft nur im Notfall – wie es bei den Fluglinien auch der Fall ist. Unter Funktionalitätsgesichtspunkten ist eine derartige Lösung perfekt, sofern die Automatisierung mit hoher Standardisierung fehlerfrei funktioniert. Unter Markenkontaktgesichtspunkten aber verschenkt die Hotelbranche eines der wichtigsten Markenerlebnisse, wenn sie ihrer Rezeptionen Abwicklung statt Ansprache auferlegt.

„Waren Sie schon mal bei uns?"

Wer als Marke denkt, tauft seine Rezeption in Empfang um. Das lateinische Verb „recipere" heißt in der deutschen Übersetzung „etwas aufnehmen" und, sofern es Menschen betrifft, diese „zu empfangen". Einen persönlichen Empfang mit Namen ihrer Kunden wäre für jede Marke nur wünschenswert, jeden Kunden nach dem Markenerlebnis persönlich zu verabschieden, ebenso. Dies wird in einer Welt der zunehmenden Digitalisierung und damit einhergehender Anonymisierung immer wichtiger. Spätestens mit dem Blick auf die Kreditkarte kann jeder Kunde am Empfang mit seinem vollen Namen angesprochen werden – und wie wohltuend ist das, wenn so etwas geschieht.

Das geschieht leider viel zu selten. Im Gespräch mit dem Kunden kann der Empfang die eigene Marke ohne Aufdringlichkeit bestens ins Bewusstsein bringen – allerdings nur außerhalb der standardisierten Rituale aus Dokumentensichtung und Eintragungspflicht. Im Wiederholungsfall hat es der Empfang in der Hand, dem Gast für seine Markentreue zu danken – natürlich die entwaffnende Standardfrage vermeidend: „Waren Sie (ohne Namen!) schon einmal bei uns im Hause zu Gast?" Damals schaffte es das Stammpersonal historischer Grandhotels mit handschriftlichen Karteikarten, selbst persönliche Wünsche eines Gastes für den erhofften Wiederholungsfall zu notieren – doch dies scheint in der heutigen Zeit der perfekten Digitalerfassung immer weniger zu gelingen. Wer einmal bei Amazon einen Einkauf getätigt hat, wird in all seinen Vorlieben und Verhaltensmustern „getaggt" und im Wiederholungsfall derart persönlich „begrüßt", dass man sich beinahe verfolgt fühlt. Ähnliches erlebt man an Hotelempfängen (Rezeptionen) viel zu selten, obwohl es dort mehr als erwünscht wäre.

Markenkapital wird an der Rezeption verschenkt

Empfänge führen Menschen zusammen und bringen Menschen ins Gespräch. Der Markenkontaktpunkt „Hotelempfang" kann diese Aufgaben exakt und mit einer hohen Effizienz wahrnehmen. Dies gelingt in der Ferienhotellerie meist besser als in der Stadthotellerie, wo die Geschwindigkeit von Empfangs- und Entlassungsritualen im Vordergrund steht. Dennoch wird unterschätzt, welche Bedeutung dieser Markenkontaktpunkt für das Gesamterlebnis der Hotel- und Destinationsmarke hat.

Gut zu wissen: Wer hinter dem Empfangstresen in der Hotelhalle steht, kann mit seinem Verhalten den Ausschlag geben, ob ein Gast sich an den Aufenthalt positiv oder negativ erinnert.

Abläufe sind dabei wichtig, wie es bei Ritualen ja immer der Fall ist. Es braucht eine gesicherte Struktur, nach der ein Empfang und eine Verabschiedung stattfinden. Entscheidend ist hingegen, welche Aufmerksamkeit im Detail spürbar wird. Dort entsteht die Spitzenleistung einer Marke, die über das Erwartete und Notwendige hinausgeht und von keiner Automatisierung besser zu bewältigen wäre als von Menschen im persönlichen Kontakt mit anderen.

Die versprochene Blumenvase kam übrigens nach wenigen Minuten in meinem Zimmer an und tat ihren wichtigen Dienst. Der Empfangsdame war das Trinkgeld sicher, dem Hotel eine außergewöhnlich gute Bewertung und meine Buchungstreue obendrein. Selbstverständlich wurde ich bei der Abreise mit meinem vollen Namen angesprochen und mein Wagen ohne Aufpreis vorgefahren. Die Eigentümerfamilie wolle es so, erfuhr ich auf Nachfrage nach den Standards. Mehr kann man für eine erfolgreiche Marke nicht tun, als den eigenen unternehmerischen Anspruch in klar definierte Markenregeln zu übersetzen.

Tipp des Autors

Wer bei der amerikanischen Hotelkette Ritz-Carlton arbeitet, darf nicht nur eigenverantwortlich handeln, er muss sogar. Das Credo „The Gold Standards" der renommierten Hotelkette schreibt vor: „Der Mitarbeiter soll die eigentliche Arbeit unterbrechen, um sich den Bedürfnissen des Gastes sofort anzunehmen." Es sind die kleinen Dinge, die den Unterschied ausmachen. Wenn der Kaffee für den Gast nicht heiß genug ist, bringt einem der Kellner einen neuen – auf Kosten des Hauses, versteht sich. Doch es geht auch teurer, wenn sich der Klient beschwert: Jedes Zimmermädchen darf ohne Rücksprache mit dem Chef Übernachtungen spendieren, jede Bedienung den Gast zum Essen einladen, wenn sie es für angemessen hält. 2.000 Euro stehen zur Verfügung, um Missgeschicke auszubügeln oder auch nur vermeintliche Fehler zu korrigieren.
www.ritzcarlton.com/en/about/gold-standards

Kapitel 5
„Wo geht's zum Zentrum?"
Städte und Zentren

Als ich zum ersten Mal in der kalifornischen Stadt Santa Barbara ankam, wohnte ich in einem Hotel in unmittelbarer Nähe des Strandes. Kein Stadtgefühl stellte sich ein, wenn ich vom Balkon aus auf den schier endlosen Sandstrand blickte und das akustische Gewirr aus Verkehrslärm, Wellenschlag und Kommandostimmen der Beachvolley-Ballspieler in meinen Ohren hatte. Der Taxifahrer, den ich bat, mich ins Zentrum zu bringen, schaute mich ratlos an und fragte kurz angebunden, welches „Zentrum" ich denn meine? Es gäbe viele davon in diesem Stadtmoloch von Los Angeles, ausgedehnt auf eine Fläche von 1300 km^2. Also ließ ich mich nach Downtown Los Angeles bringen. Irgendwie, dachte ich mir, müsse dies wohl das Zentrum der 18-Millionen-Metropole sein. City Hall, ein megagroßes Einkaufszentrum, eine kleinere Ansammlung respektabler Wolkenkratzer, ein Museum für moderne Kunst, ein Music Center, eine Sportarena, eine Einkaufsstraße namens Broadway – naja, dachte ich mir, der große Brüller an Sehenswertem ist das wohl nicht.

Fußläufige Historie als Zentrum

Europäische Städte definieren ihr Stadtzentrum als den historischen Teil einer Stadt. Dort stehen die Kirchen und glanzvollen Gebäude vergangener Zeiten, die einst so wichtigen Handelsplätze und Verwaltungsgebäude, heute meist als Fußgängerzone vom motorisierten Verkehr befreit und als Flaniermeile angelegt. Ob Rom oder Wien, ob München oder Stockholm, ob Budapest oder Paris – die Historie macht den Mittelpunkt einer Stadt aus. Einmal im Jahr lässt das US-amerikanische Reisemagazin „Travel+Leisure" seine Leser darüber abstimmen, welche Städte die weltbesten sind. Im Ranking finden sich plötzlich Städte wie die japanische Kaiserstadt Kyoto mit ihren 2000 Tempeln an der ersten Stelle, die amerikanische geschichtsträchtige Hafenstadt Charleston und die kambodschanische Mönchsstadt Siem Reap auf den nächsten Plätzen.[121] Man hätte New York oder Kuala Lumpur erwartet, Tokyo oder London. Reisende bevorzugen – für den Fall, dass sie das Beste für ihren Urlaubstrip nennen sollen – Städte mit einer besonderen Geschichte vor jenen, die den Takt der Welt bestimmen.

Am Hauptplatz und an seiner Gestaltung ist zu erkennen, wie eine Stadt tickt. In der Fußgängerzone wird spürbar, was eine Stadt von sich sagen will. An den Infrastrukturen des Zentrums und ihrer Pflege ist abzulesen, wie es eine Stadt mit sich selbst hält. Zentren einer

Stadt sind deren emotionales Herz. Sie verdienen die höchste Aufmerksamkeit, seitens der Gestalter und seitens der Betrachter. Versteht sich eine Stadt als Marke, dann ist ihr Zentrum ihr „Flagship-Store", der eindrucksvoll demonstriert, was die Marke ausmacht.

Gut zu wissen: Das Zentrum einer Stadt wird als Stadt selbst wahrgenommen. Es ist der bedeutendste Markenkontaktpunkt.

Die Stimmung einer Stadt bestimmt ihren Wert

Aus diesem Blickwinkel heraus müssen Stadtverwaltungen alles daran setzen, dass ihre Zentren eine ganz besondere Aufmerksamkeit genießen. Den Besuchern fällt auf, wie es um die Hausfassaden bestellt ist und um den Gebäudebestand. Sie nehmen große Leerstände von Geschäften in den Einkaufsstraßen eines Stadtzentrums als untrügliches Zeichen dafür wahr, dass es mit dem Leben in einer Stadt abwärts geht. Gäste haben eine hohe Sensorik für das Flair, das in einem Stadtzentrum erzeugt wird: Beleuchtung, Akustik und Ästhetik spielen die entscheidenden Rollen dafür, ob eine Stadt als harmonisches Ganzes wahrgenommen und abgespeichert wird oder eben nur als eine Stadt unter vielen anderen.

Kunden nehmen unbewusst die Stimmung eines Stadtzentrum in sich auf: Wenn es zu viele Störungen des Gesamtbildes gibt, fällt ihnen das sofort unangenehm auf. Dazu zählen auch Veranstaltungen, die ein Stadtzentrum positiv beleben oder grausam beschmutzen können. Wer in London als Straßenmusikant in den verschiedenen Stadtteilen auftreten will, muss sich zum Vorspiel vor einer Fachjury einfinden und sich eine Auftrittslizenz erspielen – erst dann wird er dem internationalen Publikum zugemutet.[122] Der Effekt: die Straßenmusikanten- und Künstlerszene in London ist von exzellenter Qualität. Die harten Regeln bestimmen zudem, dass niemand mehr als 30 Minuten vor den Hallen von Covent Garden sein Repertoire zum Besten geben darf. Damit ist auch für die notwendige Abwechslung der Stile und Genres gesorgt.

Nur weiße Lichtreklame an der Binnenalster

Vorbildlich in der Markenführung ist hier auch die Stadt Hamburg, die für ihr Zentrum, die Binnenalster, bereits 1936 eine „Binnenalsterverordnung" erlies – mit dem Gebot, nur weiße Leuchtreklame zu installieren. Um das in diesem Teil des Zentrums charakteristische Stadtbild zu erhalten, wurde 1949 eine weitere Binnenalsterverordnung erlassen. Sie legt fest, dass sich Werbemittel und Lichtzeichen auf eine Wandhöhe von zehn bis zwölf Metern über dem Straßenniveau beschränken müssen.[123] Bis heute hat man allen Versuchen mächtiger Konzerne und finanzstarker Inserenten getrotzt, diesen Teil Hamburgs zu einem Pendant des Times Square in New York zu machen, wo der Besucher in ein farbintensives Lichtermeer blinkender Hochleistungsbildschirme eintaucht. In Hamburg bleibt es gediegen und zurückhaltend weiß.

Solche klaren Verordnungen stellen sicher, dass die Ausstrahlung einer Stadt nicht in Beliebigkeit verwässert. Marken gehorchen wenigen, aber unerschütterlichen Regeln, damit garantieren sie ihre Durchsetzungsstärke. Starke Marken widersetzen sich dem Mainstream und achten penibel darauf, dass sie Flagge für eine klare Wahrnehmung zeigen. Städtemarken erkennt man an der Art und Weise, wie sie ihre Zentren führen und als Markenkontaktpunkt gestalten.

Teurer Granit für einen Platz in Zürich

Wenn es dafür keine klaren Regeln gibt und keine klare strategische Ausrichtung, landet jedes Stadtzentrum dieser Welt in der wertmindernden Austauschbarkeit. Städte sind schon deshalb gefährdet, weil sich die weltweit agierenden Handelsketten vor allem in den Zentren gegen den stationären Lokalhandel durchsetzen und den Stadtbildern eine erschreckende Eintönigkeit verleihen. Zumindest in der Gestaltung ging die schweizerische Hauptstadt Zürich einen anderen Weg: Mit 110.000 Granitplatten aus dem Dorf Vals gönnte man sich eine neue Gestaltung des „Sechseläutenplatzes" im Zentrum der Stadt und erhielt sich damit konsequent eine vielseitig bespielbare Fläche. Das war dieser Platz schon immer: früher einmal Wiese, dann Erde, dann Kies und jetzt teurer Stein. Dem Asphalt oder der Gestaltung mit Bänken und Bäumen hat Zürich widerstanden. Das belegt die gediegene Aufmerksamkeit und das Gefühl für den Wert eines Zentrums. Diese Stadt weiß, dass sie in der Kundenwahrnehmung daran gemessen wird.

Tipp des Autors

In China und dem ehemaligen Kambodscha, heute Myanmar, entstanden zwei gigantische Städte auf dem Reißbrett der Regime: Kangbashi und Naypyidaw. Beide Städte haben gemeinsam: Sie sind in Zonen eingeteilt, es gibt Zonen für Hotels, Banken, Geschäfte, Regierungsbüros, Wohnhäuser. Fußläufig ist wenig zu erreichen, die Gebäude erstrecken sich über eine Fläche achtmal so groß wie Berlin. In der Stadt Naypyidaw (Sitz der Könige) gibt es einen Zoo mit klimatisiertem Pinguinbecken, Golfplätze, zahlreiche Luxushotels, ein Edelsteinmuseum und den „Water Fountain Garden", in dem sich ein paar Einheimische abends zu ohrenbetäubenden Karaoke-Shows versammeln. In Kangbashi leben knapp 5000 Einwohner, für 300.000 hatte man geplant. Gekostet haben beide Städte zwischen drei und fünf Milliarden US-Dollar – genau weiß es niemand. Eine interessante Reportage darüber gibt es auf news.com zu sehen:
www.news.com.au/travel/world-travel/ghost-cities-the-bustling-places-with-no-people/news-story/2f44dd8ec424c27667206c0f9c21d37f

Kapitel 6
Hinkommen
Verkehrsmittel

Wer in Google zum Thema „Erreichbarkeit von Destinationen" recherchiert, bekommt viele Treffer. Es wird offensichtlich stark in Diskussionen und mit Dokumenten bedient. Kaum ein Entwicklungsdokument über Destinationsentwicklung spart dieses Feld aus. In den meisten Fällen wird festgehalten, die Erreichbarkeit einer Stadt oder Region oder eines Landes könnte stark verbessert werden, „weil diese einer der zentralen Standortfaktoren, die für die Attraktivität einer Gemeinde oder Region als Unternehmensstandort, als Arbeitsort oder als Wohnort wesentlich ist."[124] Ohne Verkehrserschließung hätten viele Gebiete gar nicht die Chance gehabt, sich als Reiseziel zu entwickeln. Die im Rekordtempo erbauten Bahnstrecken der vorigen Jahrhundertwende brachten die ersten Gästeströme in die damals entlegenen Alpentäler der Schweiz, Frankreichs, Österreichs und Norditaliens. Die ersten Alpenstraßen sorgten von den Bahnhöfen aus, dass nicht nur verwegene Bergsteiger und Abenteurer, sondern auch Reiselustige der einkommensstarken Schichten sich zur Sommerfrische oder zum Winterspaß in Europas Bergregionen ein Stelldichein gaben.

Auf die Alpenstraßen folgten Charterrouten

In den 1960iger Jahren hoben die ersten Chartermaschinen von Europa aus zu außereuropäischen und transkontinentalen Zielen ab. Durch ein neues Geschäftsmodell in der Branche, sich als „Low-Cost-Airline" zu positionieren, machten 1971 in den USA die „South West Airlines" und ab 1991 „Ryanair" in Europa das Überwinden großer Distanzen auch für niedrigere Einkommensschichten möglich. Im Jahr 2015 waren 1,1 Milliarden Menschen aus Urlaubsgründen unterwegs. Das Automobil steht dabei immer noch deutlich an der Spitze der Nutzungsstatistik, gefolgt von Schiff, Bahn, Motorrad und Rad.[125] Noch nie waren die Optionen so groß wie heute, eine Destination auf unterschiedlichen Wegen zu erreichen.

Wer das Thema unter einem qualitativen Gesichtspunkt betrachtet – etwa der Frage nachgehend, ob sich die Erreichbarkeit einer Destination komfortabel und unkompliziert gestaltet –, erkennt schnell, wo die Markenstärke für eine Destination entstehen kann. Keine Destination kann ihre Allokation auf der Landkarte verändern; aber jedes Destinationsmanagement kann durch intelligente Kommunikation und Organisation etwaige Standortnachteile ausgleichen oder sogar auf Null bringen. Allerdings kann man sich hier sehr täuschen und Millionen in den Sand setzen. Das Investment einiger touristischer Gebiete in den Alpen, die mit Millionenbeträgen Billigairlines dazu bewogen, ihre Regionalflughäfen mit Verbindungen in attraktive Quellmärkte zu bedienen, erwies sich in vielen Fällen als touristisches Fehlinvestment. Unter den eklatanten Beispielen rangiert die von Kärnten initiierte Kooperation mit Ryanair, die Strecke London–Klagenfurt zu bedienen und mit einem jährlichen Millionenbetrag zu subventionieren. Das Experiment endete mit mäßigen Passagierzahlen aus dem Königreich und einem großen Bauchweh der Touristiker.[126]

Gästeströme bewegen sich dorthin, wo die Begehrlichkeit größer ist

Kärnten hatte übersehen, dass die Attraktivität des Quellmarktes nicht höher sein darf als jene des Zielmarktes. Schon nach wenigen Monaten wiesen die Streckenberichte starke „Outgoing"-Bewegungen der lokalen Bevölkerung in jene Stadt auf, die von politischer Seite aus jedoch als Quellmarkt für das „Incoming" gedacht war.

Das Überwinden einer Distanz ist nur teilweise ein Kriterium für Begehrlichkeit. Während Belarus vom starken Quellmarkt Deutschland etwa gleich weit entfernt liegt wie Spanien – die Lage ist wesentlich unbedeutender als die Attraktivität an und für sich. Insofern ist es bezeichnend, dass die Google-Abfrage mit den Begrifflichkeiten „Begehrlichkeit einer Destination" nur etwa ein Zehntel der Ergebnisse für die gleiche Anfrage zum Begriff „Erreichbarkeit" ausweist. Aus strategischer Sicht müsste es umgekehrt sein.

Destinationen, die nicht gewollt sind, werden auch dann nicht gebucht, wenn ihre Erreichbarkeit die beste wäre. Marken entwickeln ihre Stärke über ihre Begehrlichkeit; ihre Bekanntheit ist dafür eine gute Grundlage.

Erfolgstreiber: Die Begehrlichkeit einer Destination schlägt ihre gute Erreichbarkeit oder ist Voraussetzung dafür.

„Google Flights": Erreichbarkeit zu managen ist Pflicht

Sich um eine gute Erreichbarkeit einer Destination zu kümmern, gehört zu den Pflichtaufgaben. Wer hier versagt, wird nicht zur Kür zugelassen. Diese bestünde darin, die verschiedenen Destinationszubringer als strategische Markenkontaktpunkte zu erkennen und zu führen. Dies beginnt auf der Destinations-Website, die unter dem üblichen Navigationspunkt „Anreise" über das Aufzeigen von Straßenkarten und Abfahrtzeiten von Zügen und Flügen hinausgeht. Auf vielen Seiten, die mir in meinem Leben untergekommen sind, ist nicht einmal diese Pflichtaufgabe zufriedenstellend erfüllt und sie hinken hinter den Lösungen, die professionelle Reiseanbieter dazu bieten, meilenweit hinterher. Seit „Google Flights" ist in diesem Feld eine neue Ära angebrochen: Die verkehrsmittelübergreifende Suchmaschine bedient nicht nur eine

Auswahl von Zielflughäfen für eine Destination, sondern listet auch Bahnverbindungen gleichrangig zu den Flügen auf. Google Maps bietet in der Angebotstiefe auch eine Lösung für die letzte Meile zum Urlaubsort. Für Städte werden die Preise des Taxidienstes Uber ebenso angeboten wie die Preise und Abfahrtszeiten der lokalen öffentlichen Verkehrsmittel.

Eine Destinations-Erreichbarkeitsstrategie muss also weitergehen oder zumindest ebenbürtig sein. Die auftauchenden Fragen könnten sein:

- Welche Gepäcktransporte gibt es außerhalb der genutzten Verkehrsmittel? Welche Möglichkeiten haben Wintersportgäste, um von ihrem Urlaubsort aus an Verleihstationen heranzukommen?
- Wie kann das Rad in der Destination transportiert werden, ohne dass es auf das Autodach geschnallt werden muss?
- Welche lokalen Angebote gibt es, um öffentliche Verkehrsmittel günstig und unkompliziert zu nutzen, ohne dass die Gäste dafür die örtlichen Preislisten penibelst studieren müssen?

Vorbild Schweiz: Dienstleistung bis zur letzten Meile

Erfahrungsgemäß scheitern viele Destinationen an der lösungsorientierten „letzten Meile", auch bei der Erreichbarkeit. Es wäre allerdings die Aufgabe guten Markenmanagements, den Kontaktpunkt „Verkehrsmittel vor Ort" exzellent zu organisieren. Gäste haben eine zunehmend hohe Sensibilität, wie eine Destination mit ihren lokalen Verkehrsmitteln und -trägern umgeht. Von den Städten gewohnt, sich im öffentlichen Raum ohne Privatfahrzeug gut bewegen zu können, wird dies auch Destinationen abverlangt, die keine Städte sind. Im Bereich „**Öffentlicher Nahverkehr**" sind sie also gut beraten, sich wie eine Stadt zu verhalten.

Als vorbildlich kann die Anreiseseite von Schweiz-Tourismus gelten. Bis ins letzte Detail werden die Dienste aufgeführt, die dem Kunden die Anreise angenehm machen. Vom Flughafen-Kinderbetreuungsdienst bis zu den „Langsam-Routen" für Wanderer (!) und Radfahrer präsentiert die Schweiz für die verschiedensten Reisesituationen gute Lösungen.[127]

Im Nahverkehr vor Ort ist die Lösung Südtirols mit dem Produkt „mobilcard" ebenfalls als gutes Beispiel anzuführen. Für einen geringen Pauschalpreis wird die uneingeschränkte Nutzung aller öffentlichen Regionalzüge, Seilbahnen und Busse für einen Zeitraum von drei bis sieben Tagen garantiert, erweiterbar um den Zugang zu allen 80 Museen des Landes oder den Radverleihstellen an den Bahnhöfen.

Das erstmals im Jahr 2007 lancierte Angebot ging bald in seiner Nutzung durch die Decke: Bereits in den ersten beiden Monaten waren 90.000 Karten verkauft und jedes Jahr verdoppelte sich der Absatz. Die Kosten dafür hielten sich hingegen sehr in Grenzen und beschränkten sich auf die Produktion und den Vertrieb der Cards; Museen und alle öffentlichen Verkehrsmittel erlebten hingegen einen Auslastungsschub bei gleichbleibenden Kosten.

Tipp des Autors

Das österreichische Bundesministerium für Wissenschaft, Wirtschaft und Forschung setzte sich in einer weitreichenden Studie intensiv mit dem Thema „Erreichbarkeit und Mobilität vor Ort" auseinander. Neben einer guten Analyse der Herausforderungen werden österreichweit meist lokal angelegte Lösungen gezeigt, die dem Österreich-Gast ein sorgenfreies Nutzen der öffentlichen Verkehrsmittel ermöglichen. Auch Vorzeigebeispiele aus den Nachbarländern Schweiz, Deutschland und Südtirol werden angeführt.
www.bmwfw.gv.at/Tourismus/Veranstaltungen/Documents/Leitfaden_Mobilitaet_Web_Doppelseite.pdf

Kapitel 7
„Wohin gehen Sie denn zum Essen?" Einheimische

Ein Belgier hatte nach seinem Besuch in Venedig die Nase voll. Touristen, die Urlaub in Venedig machen, zahlen für Bootsfahrten, Museumsbesuche und die Nutzung von öffentlichen Toiletten durchschnittlich elfmal mehr als Einheimische. Er reichte Klage bei der EU-Kommission ein. Seiner Ansicht nach verletze die Lagunenstadt mit solchen **Preisdiskriminierungen** die Richtlinien des Europäischen Parlaments.[128] „Prezzo Venezia!" heißt das Zauberwort, das Einheimische auch in Restaurants verwenden müssen, um zu einem Preisnachlass von 30 Prozent auf die Preise für Touristen zu gelangen. Ab und zu ist es auch umgekehrt. Die einheimische Bevölkerung eines Tourismuslandes wähnt die Gäste im dauerhaften Vorteil und fordert Beschränkungen des Tourismusgeschäfts.

Einheimische als Markenbotschafter

Fakt ist: Wer in der Region als Dauerbewohner ansässig ist, die andere aus Urlaubsgründen für wenige Tage besuchen, gehört zu den wichtigsten Markenkontaktpunkten einer Destination. Die einschlägige Fachliteratur kennt dazu nur Kapitel über „Belastungsgrenzen" und „Sanfter Tourismus". Darin wird abgehandelt, in welchem Verhältnis Gäste zu Bewohnern verträglich wären. Betrachten wir das Thema einmal von einer anderen Seite: Welches Potenzial besäße eine Destination, wenn es ihr gelänge, die einheimische Bevölkerung als Markenbotschafter einzusetzen? Man redete dann nicht mehr von **maximaler Verträglichkeit**, sondern von **ungenutzter Möglichkeit**.

Mit den Einheimischen in Kontakt zu kommen und tiefere Einblicke in das **Alltagsleben** der Urlaubsdestination zu bekommen, gehört heute zu den großen Bedürfnissen von Reisenden. Das Ressort, ins nordafrikanische Nirwana irgendwo an die Küste gebaut, in dem deutsche Köche ausschließlich deutsche Gäste mit deutschen Lebensgewohnheiten verwöhnen, wird als imperialistische Sünde gesehen. Urlaub auf dem Bauernhof, ein Erfolgskonzept des Alpenraumes, schreibt seit Jahren die besten Zuwachszahlen von Südtirol bis ins Allgäu.

Der theatralisch inszenierte **Folkloreabend** hat ausgedient, der Besuch in einem echten afrikanischen Massai-Dorf steht zu stattlichen Preisen hoch im Kurs. Gäste suchen den Wochenmarkt des Ortes, die Treffpunkte, die Supermärkte, die Einkaufsstraßen, die lokalen

Geschäfte. Sie meiden das venezianische „Menu Turistico", das Touristenboot, die geführte Ortstour mit den üblichen Besuchen in von Ramsch überquellenden Souvenirläden. Der Trend zu Regionalität hat auch vor den persönlichen Beziehungen keinen Halt gemacht.

Graubünden: Bewusstsein für das Potenzial der „locals"

In Auflistungen touristischer Leistungsträger kommen die Einheimischen nicht vor. Sie haben diese einfach nicht auf dem Schirm. Ganz umgekehrt lesen sich die Bewertungen und Fanprotokolle der Gäste: Der Kontakt mit der einheimischen Bevölkerung steht demnach ganz oben auf der positiven Begehrtheitsskala. Dieses Dilemma aufzulösen, ist eine entscheidende Aufgabe für das Destinationsmanagement. 2015 erkannte dies der schweizerische Kanton Graubünden. Er lancierte eine große Untersuchungsinitiative mit der lokalen Fachhochschule. „Bei der Weiterentwicklung dieses touristischen Angebots spielt die einheimische Bevölkerung eine bedeutende Rolle. Allerdings ist über die Bedürfnisse, Ideen und Wünsche der Bevölkerung in Bezug auf den Tourismus wenig bekannt", stand in der Ausschreibung.[129] Wer jedoch könnte eine Destinationsmarke besser repräsentieren als die „locals"? Die Antwort liegt auf der Hand. Allerdings: Es muss dafür ein Bewusstsein geben, getragen von Wissen und Stolz.

Erfolgstreiber: Beziehungen sind knapp im Leben und werden es immer mehr. Auf diesem Nährboden bauen Destinationsmarken neue Produkte auf, die Kunden möglichst nah an die wirklichen Lebensumstände der lokalen Bevölkerung heranführen.

Die meisten Konzepte für Destinationsmarken erreichen nie die Ebene der einheimischen Bevölkerung. Sie bleiben in den Schubladen der Funktionäre und Auftraggeber stecken, sie spielen nur eine Rolle in Fachkreisen. In den meisten Fällen eignen sich Sprache und Aufbau dieser Konzepte auch nicht für eine breitere Kommunikation in der Öffentlichkeit, ganz zu schweigen von einer klaren **Rollenverteilung**. Was würde von den Einheimischen erwartet, welchen Part sollten sie für die Destinationsmarke übernehmen? Wie könnte die Identifikation der Einheimischen mit der Destinationsmarke angeschoben werden? Für derartige Aufgaben gibt es keine Verantwortlichkeit und keine Budgets. Welche Nachlässigkeit, was für ein Fehler.

Gut zu wissen: Mit guten Markenkonzepten schaffen es Destinationen, den Stolz der lokalen Bevölkerung für den vorgegebenen strategischen Weg zu entwickeln.

Trend: Den Vorlieben der Bewohner folgen

„Wo gehen Sie denn zum Essen hin?" Nichts lieber fragen Besucher in Städten und Orten die lokalen Passanten. Man misstraut Führern und Tourismusinformationsstellen, man würde viel lieber dem guten Rat des unabhängigen **Ortskenners** folgen. Warum gibt es noch so wenige Stadtführungen von Laien, die Gästen ihre Lieblingsplätze der Stadt zeigen? Der starke Erfolg des Buchungsportals Airbnb, das private Unterkünfte weltweit an die private Nachfrage vertreibt, lässt sich mit dem Wunsch begründen, möglichst nahe an die **Lebensgewohnheiten** der Dauerbewohner heranzukommen. Die Lebensknappheiten Nähe und Unmittelbarkeit stehen Pate für ein Erfolgsmodell, dessen Ende noch nicht abzusehen ist.

Marken wachsen von innen nach außen. Dieser Grundsatz gilt für Destinationsmarken mehr als für alle anderen Systeme. Den Markenkontaktpunkt „Einheimische" auf der Agenda zu haben ist Pflicht. Damit wird gesichert, dass es kein **Nebeneinander** gibt – die einen stellen sich für die Entwicklung einer Region dann nichts anderes vor als die anderen. Identifikation mit den Markeninhalten ist zu wenig, es muss Stolz sein. Dieser schafft die stärkste vorstellbare Verbindlichkeit.

Stolz sein auf den eigenen Ort

„Wir gehen gern zum neuen Café ins Modehaus Hirmer. Es ist eine ganz besondere Atmosphäre dort", gab mir ein Münchner Ehepaar in der Innenstadt zur Antwort auf meine Testfrage. Ja dann, dachte ich mir, wohin sonst? Und ich hatte den leichten Stolz der älteren Dame herausgehört, mir einen ganz besonderen Tipp gegeben zu haben. Das Ehepaar wäre der erste Kandidat für ein Markenbotschafterkonzept der Geselligkeit in München. Ihre Tipps, mit dem Münchner Stolz ausgesprochen, wären wertvoller als vieles, was in teurer Kommunikation ausgegeben wird.

Tipp des Autors

Die Amerikanerin **Lynn Brooks** begann schon 1992, Fremden *ihr* New York mit den unterschiedlichen Vierteln, exotischen Lokalen, kauzigen Menschen oder kuriosen Läden zu zeigen. Das Konzept expandierte in die ganze Welt. Die Seite **www.globalgreeter network.info** listet alle Destinationen auf, die ein solches Angebot vorhalten. Individuelle Stadtführungen, begleitete Restaurantbesuche, private Shoppingtouren: Wenn Kenner des Alltags die Führung der Gäste übernehmen, ist am Erfolg nicht zu zweifeln. Einheimischen wird man mehr vertrauen als kommerziellen Massentouren. Ein Wachstumsmarkt.

Kapitel 8
Die Jagd nach dem Besonderen
Einkaufsstraßen

Wer in New York, London oder Tokio die Luft der großen weiten Welt schnuppern will, der geht an die Madison Avenue, die New Bond Street oder die Ginza. In Zürich tun dies Touristen an der Zürcher Bahnhofstrasse, in München in der Kaufinger Straße, in Düsseldorf auf der Kö, in Berlin setzt das große Kaufhaus „KaDeWe" nach wie vor die Maßstäbe schillernden Shoppings. Zu Beginn – und in den meisten Fällen reicht die Geschichte dieser Einkaufsstraßen nicht über 150 Jahre hinaus – waren es die örtlichen Kaufmannsfamilien, die mit ihren Warenangeboten die Grundlage für den Ruhm der heute so klingenden Namen legten. In den Zentren der Städte siedelten sich Versorgungsanbieter an. Lebensmittel des täglichen Bedarfs bis zu größeren Investitionsgütern für den Haushalt lachten aus den Auslagen und buhlten um die Kaufbereitschaft, vor allem der einheimischen Bevölkerung. Diese Geschäftsmodelle, ausgerichtet auf die Notwendigkeiten des Bedarfs, ziehen gerade aus den Innenstädten dieser Welt aus – und entweder auf großflächige Einkaufszentren mit Gratisparkplätzen oder in die schier endlosen Shoppingmöglichkeiten des Internets um.

Shopping: Kaufen, was man nicht braucht

Stattdessen ziehen die großen Filialisten und Markenanbieter mit ihren Flagship-Stores und ihrem Angebot an nicht Notwendigem in die beliebten Einkaufsstraßen ein. Shopping entwickelte sich in Zeiten gesättigter Märkte zu einem Akt des Wollens – die Kunden kaufen das, was sie nachweislich nicht brauchen, aber trotzdem gerne hätten. Ob Apple oder Zara, ob Desigual oder Mango, ob McDonald's oder Hermés – die großen Marken der Branche leisten sich die hohen Immobilienmieten der 1-a-Kauflagen und machen alle Städte zunehmend uniformer. Wieso sollte ein Mensch wegen des Einkaufserlebnisses in irgendeine Stadt reisen, wenn er dort dieselben Marken und Läden vorfindet wie in jeder anderen Metropole? Wo bleibt das dort Besondere, wo sind die Händler mit dem besonderen, exklusiven Angebot, das man nur an diesem Ort bekommt (oder über komplizierte Umwege im Internethandel)?

In London hat sich das Shoppingerlebnis in das ehemals verrufene Viertel Camden Town verlagert: Eine äußerst dichte Ansammlung an skurrilen Läden, Handwerkern und Gastro-Buden stellt sicher, dass die Besucher in eine Welt des Außergewöhnlichen eintauchen. Über 1000 kleine Shops machen dieses Viertel, das sich aus kleinen Handwerker- und Künstlermärkten zum „Camden Market" entwickelt hat, zum Muss für jeden London-Besucher. Es ist ein gutes Beispiel dafür, wohin sich Begehrlichkeiten entwickeln, wenn die Uniformierung der etablierten Einkaufsstraßen einer Stadt das interessante Gepräge genommen hat.

Asiaten: 80 Prozent der Reisezeit mit Einkaufen verbracht

Nach Gastronomie gehört das Einkaufen zu den wichtigsten Wünschen von Besuchern einer Destination. Im Urlaub haben sie dazu Zeit und Muße, Lust und Gelegenheit. Ob es nun die Suche nach den kleinen Mitbringseln für die zu Hause Gebliebenen ist oder die Bereitschaft, sich für Neues inspirieren zu lassen, – jeder dritte Reisende gibt an, sich während seines Aufenthalts dem Shopping hinzugeben – auch außerhalb von Städtereisen. Für jeden Zweiten spielt das Shopping, weltweit gesehen, bei Reisen in Metropolen eine wichtige Rolle. Unter den Asiaten steigt der Anteil teilweise sogar auf über 80 Prozent an. Neben den Sehenswürdigkeiten und dem Flair einer Stadt zählt Einkaufen damit zu den drei Hauptmotiven einer Städtereise.[130]

Besondere Einkaufsstraßen sind wichtiger als Museen

Aus Markenkontaktpunkt-Sicht gehören sowohl Gestaltung von Einkaufsstraßen als auch das Angebot typischer Regionalprodukte auf die Agenda eines jeden Destinationsstrategen. Diese Entwicklung dem Zufall und den Marktgesetzmäßigkeiten zu überlassen, ist für eine Markendestination sträflich. Eine Stadt oder eine Region bleiben nicht nur wegen ihrer Sehenswürdigkeiten und kulturellen Höhepunkte in guter Erinnerung der Kunden. Es ist eben auch das Flair, den eine Destination über ihre Einkaufsangebote verströmt. Shopping 2.0: Man sucht das Besondere – und braucht das Übliche.

Jede Innenstadt und Einkaufsstraße darf auf die Frequenzbringer von H&M, Zara und Burger King nicht verzichten; aber zusätzlich brauchen sie die besonderen Boutiquen, die regionalen Produktanbieter, die besondere Gaststätte und den außergewöhnlichen Friseurladen. Die Stadtverwaltungen sind hier mit Reglementierungen gefragt, die den Wettbewerb nicht verzerren, aber die Eigenheit schützen.

Innenstädte als Real-Kulisse

In einem Markenprojekt für eine österreichische Innenstadt konnten wir herausarbeiten, welchem Genre sich eine Fußgängerzone einer kleinen europäischen Stadt annähern könnte, wenn sie sich als kulturelles Produkt auf den Markt werfen müsste. Während die künstlichen Welten der Einkaufszentren sich perfekt als Kulisse für ein Filmdrama eignen würden, wäre der Internethandel das perfekte Drehbuch für einen Science-Fiction-Film der unbegrenzten Möglichkeiten. Einer Innenstadt mit stationären Händlern und Dienstleistern hingegen wäre die Welt des Bühnentheaters auf den Leib geschneidert: alles wirklich und in greifbarer Nähe, eine reale Sinneswelt für die individuelle Auszeit vom Alltag. Touristen nehmen Einkaufsorte als Ensemble wahr und bewerten eine gute Mischung aus Geschäften, Cafés, Dienstleistern und Straßeninszenierung als besonders positiv. Hier sind Verwaltungen und Unternehmer gefordert, sich eine klare Entwicklungsstrategie zurechtzulegen und dem Mainstream globalisierter Marken, die jede Stadt zu ihrer Spielwiese machen, zu trotzen.

Eigenständigkeit schafft Anziehung

Der Markenkontaktpunkt „Einkaufsstraße" braucht also eine durchsetzungsstarke Spezifik. Die Frage darf nicht lauten: „Was haben wir noch nicht, was andere bereits haben?", sondern: „Was haben wir noch, was andere nicht mehr haben?"

Erfolgstreiber: Auch bei Innenstädten und Einkaufszentren gilt: Mehr vom Gleichen endet in der Austauschbarkeit und dem nachfolgenden Preiskampf. Es lohnt sich, dagegen mit eigenständigen Ideen und Entwicklungskonzepten anzukämpfen.

Tipp des Autors

Der Grazer Unternehmer Martin Auer betreibt seine Bäckerei in der dritten Generation. Sein Credo ist, „glückliches Brot" zu backen, und dieses Glück an seine Konsumenten weiterzugeben. Dafür „muss man über das Backblech hinausdenken und sich überlegen, was man mit Brot alles machen kann und was sich dieses Grundnahrungsmittel an Variation verdient hat und was ihm dauerhaft schaden wird", so Auer. Das Unternehmen gilt in der Zwischenzeit weit über die Grazer Innenstadt hinaus als Institution und wuchs mit 28 Filialen zu einem mittelgroßen Unternehmen heran. An einem Auftritt in New York City wird gerade gearbeitet (**www.martinauer.at**). Dieses Unternehmen steht als Beispiel für viele andere Konzepte, die beweisen: Regionalität und Passion für ein Handwerk, kombiniert mit neuen Ansätzen, haben eine gesicherte Zukunft. In Südtirol zum Beispiel hat das Unternehmen „Pur Südtirol" ausgesuchte Regionalprodukte auf eine Vertriebsplattform gestellt (**www.pursuedtirol.com**) und mit drei Filialen in besten Stadtlagen das Souvenirproblem weitgehend gelöst.

Kapitel 9
Quadratmeter statt Atmosphäre
Hotelzimmer

„Ein Doppelzimmer ist ein Zimmer mit Schlafgelegenheiten für zwei Personen in einem Doppelbett oder zwei längsseits aneinander gefügten Einzelbetten" – so wird die Kerneinheit des Beherbergungsgewerbes auf der Website www.klassifizierung.de beschrieben, „in Anlehnung an die internationale Terminologienorm DIN EN ISO 18513 und die deutsche Touristische Informationsnorm (TIN)". Auch Juniorsuiten, Schlafsäle, Maisonetten und Studios sind definitorisch gefasst. Der Kunde soll wissen, was er unter einer Beschreibung erwarten darf und davor geschützt werden, in die Irre geführt zu werden – dieser Grundidee folgen alle Klassifizierungssysteme in der Hotellerie. Sie wurden entworfen und konzipiert, lange bevor es möglich war, jedes Zimmer auf dieser Welt zu fotografieren und dieses Bild über das Netz mit allen Interessierten in Echtzeit zu teilen.

Vorbei: Alte Messgrößen der Ausstattung

Diese Klassifizierungsdenke ist der Grund dafür, dass die Güte von Hotelzimmern in der Regel als Quadratmeter- und Ausstattungseinheit angepriesen wird. Man erfährt in Hotelprospekten und auf Internetseiten, das Doppelzimmer im Vier-Sterne-Hotel „Zum Hirschen" habe als Ausstattung „Dusche, WC, Farb-TV, Direktwahl-Telefon, Haartrockner, Minibar, Balkon" auf insgesamt „26 m^2", während die Juniorsuite zu allen oben genannten Ausstattungsmerkmalen auch noch über „Sofa und Sitzbereich" verfüge, und dies auf insgesamt „32 m^2". In der Ferienhotellerie kommt meist noch die Beschreibung der Himmelsrichtung hinzu: „Südbalkon", „Nordseite", „Westflügel des Hotels" oder „Meerblick" und „Parkseite". Und es werden Funktionalitäten beschrieben, keine Begehrlichkeiten: Das Bad im Zimmer, das Telefon (als Luxus sogar im WC!), Farb-TV und die Minibar waren früher buchungsentscheidende Qualitätskriterien. Und noch heute müssen sie dafür herhalten, Zimmerqualitäten zu beschreiben.

Es ist, als würde Louis Vuitton für seine edlen Lederwaren mit den Attributen „mit Reißverschluss und Innentaschen" und „einem Fassungsvolumen von 8,7 Litern" werben. Viel interessanter wäre es für einen Gast zu erfahren, auf welcher Matratzenqualität er seine Nächte verbringen wird, welche Geschwindigkeit der Internetanschluss hat und welche Materialien für den Innenausbau verwendet wurden. Er würde sich womöglich für die nächsthöhere Zimmerkategorie entscheiden, wenn er erführe, dass die Juniorsuite nicht nur einige Quadratmeter mehr an Fläche hat, sondern mit den edleren Badutensilien ausgestattet ist, einen Premium-Internetzugang mit High-Speed-Qualität hat und es dort eine besonders gute Schallisolierung zu Nachbarzimmern und der Außenwelt gibt.

Marken denken nicht in Nutzen, sie setzen ihn voraus

Auch die Suite würde nicht nur wegen der üppigen Fläche gebucht, sondern wegen der besonderen Atmosphäre – geschaffen über Original-Bilder an den Wänden, durch die besondere Güte der Innenarchitektur und Materialauswahl, durch den besonderen Blick auf die vielen stimmungsvollen Details in Verarbeitung und Verfügbarkeit.

Marken denken nicht in Nutzen, weil dieser vorausgesetzt wird. Selbstredend muss ein Hotelzimmer über ein funktionierendes Bad, ein mehrkanaliges Farb-Sat-TV und einen leistungsfähigen Haartrockner verfügen. Marken denken in geschaffenem Wert, weil es diesen so selten gibt. Damit steuern sie konsequent die Wahrnehmung der Kunden. Aus dieser Perspektive heraus schöpft ein Hotelzimmer seinen Wert aus den besonderen Momenten, die es seinen Besuchern bietet. Hotelzimmer gehören zu den entscheidenden Markenkontaktpunkten im Destinationsmanagement. Sie sind ein Stück Privatheit in einer meist fremden Umgebung.

Die Zimmeratmosphäre entscheidet über den gefühlten Wert

Der durchschlagende Erfolg der Vermietungsplattform Airbnb, die private Quartiere außerhalb etablierter Hotelstrukturen in tausenden Städten weltweit zur schnellen und sicheren Buchung anbietet, ist auch diesem Umstand geschuldet. Nicht die Quadratmeter an Wohnfläche machen es aus, nicht die Ausstattung und nicht die Funktionalitäten: Gekauft wird authentische Atmosphäre anstatt Zimmerbar und Direktwahltelefon. Auch Motel One setzt in der Kategorie der Budgethotels auf die besten Designdetails und ein umfassendes Markenerlebnis trotz des niedrigen Preises und einer sehr reduzierten Zimmerfläche. Damit werden die etablierten Messgrößen, mit denen Hotelzimmer kategorisiert werden, außer Kraft gesetzt. Auf eine Klassifizierung wird bewusst verzichtet. Der Kunde kauft damit nicht mehr ein Zimmer – er kauft ein smartes Konzept, welches das Wesentliche auf das höchste machbare Niveau bringt und auf das Unwesentliche konsequent verzichtet. Handtücher und Bettwäsche auf Fünf-Sterne-Niveau, Badarmaturen höchster Design- und Funktionsqualität und dafür weder Zimmerservice, Kleiderschrank noch Zimmerbar. Der clevere Kunde liebt diese unternehmerische Intelligenz und prämiert sie mit höchster Auslastung der 75 Häuser in europäischen Hauptstädten.

Fakt: Je mehr es ein temporärer Aufenthaltsort schafft, seine Bewohner mit Überraschendem zu fesseln, desto größer wird die Wahrscheinlichkeit, dass die Kaufbereitschaft auch für die Zukunft anhält.

15 Anregungen für ein Hotelzimmer

Ich verbringe berufsbedingt Jahr für Jahr mehr als 200 Nächte in Hotelzimmern. Diese intensive Erfahrung lässt mich zwei Dinge vermuten: Zum einen glaube ich, dass die wenigsten Hotelbetreiber jemals ihr eigenes Angebot als Kunde wahrgenommen haben und deshalb noch nie in ihren eigenen Zimmern mit dem üblichen Reisegepäck übernachtet haben. Zum anderen scheinen die Planer und Ausstatter von Hotelzimmern in den wenigsten Fällen intensiv auf Reisen zu sein.

Wäre es anders, dann …

[1] gäbe es keine hochkomplizierte Haustechnik in Hotelzimmern, die Bedienungsanleitungen (die nie vorhanden sind) für Lichtschalter und Wasserhähne erforderten.

[2] Es würde auffallen, wenn die Duschköpfe nur noch aus gefühlten sieben statt 45 Löchern Wasser abgeben.

[3] Die gegen Diebstahl geschützten Kleiderhaken (mit Hängeösen) wären längst abgeschafft.

[4] Steckdosen für das Aufladen von Geräten würden auch dann noch funktionieren, wenn der – durchaus sinnvolle – Generalschalter alle anderen Stromquellen abgeschaltet hat.

[5] Es gäbe einen simplen Haken für den Mantel oder den Kleidersack, außerhalb des meist viel zu groß geratenen Kleiderschranks.

[6] Der Internet- und TV-Zugang wäre unkompliziert, sicher und schnell.

[7] Man könnte auch vom Bett aus mit einem einzigen Schalter alle Lichtquellen eliminieren.

[8] Die Schallisolierung zu den Nebenzimmern und der Außenwelt wäre perfekt.

[9] Bäder und Zimmer wären nicht einfach nur groß, sondern intelligent gestaltet. Es gäbe genügend Ablageflächen und Haken für die gestiegene Anzahl an persönlichen Utensilien, die man als Gast mit sich führt.

[10] Es würde stören, wenn Ecken von Betten und Stühlen abgewetzt sind und die Vorhänge sich am letzten Faden in der Schiene halten.

[11] Die Bilder an den Wänden wären groß und bedeutend genug, um die erwünschte Wirkung zu erzielen.

[12] Der Broschürenwahnsinn in der Hotelmappe wäre auf Sinnhaftigkeit und Aktualität überprüft.

[13] Die Matratzen – auf denen verbringt man die meiste Zeit im Zimmer – wären von bester Güte und die genügend vorhandenen Kissen verdienten diesen Namen.

[14] Man könnte sich wohlfühlen in dem Raum, der „dein Raum" für eine Nacht wird – weil man spürt, dass das Hotel nicht nur ein Bett verkauft, sondern dass ihm deine Zeit im Zimmer einen spürbaren Aufwand wert ist.

[15] Die Geräte im Zimmer, wie summende Kühlschränke und brummende Klimaanlagen, würden ein „Leisezertifikat" haben.

Das Potenzial, ein simples Hotelzimmer zu einem wertig wahrgenommenen Markenkontaktpunkt zu machen, ist gigantisch groß. Es ist lohnend, sich darüber den Kopf zu zerbrechen und sein Angebot durch Selbsterfahrung auf den Prüfstand zu stellen. Es gibt wenig, was einfacher ist.

Tipp des Autors

Die Studentin **Vanja Bogicevic** erforschte während ihres Masterstudiums in Städteplanung und Architektur an der Universität South Florida Sarasota-Manatee den Einfluss von Hotelzimmer-Design auf männliche und weibliche Hotelgäste. Dabei erwiesen sich die Männer als kritischer gegenüber Farben und Designs als Frauen, die sich offenbar flexibler auf unterschiedliche Szenarien einstellen können und sich in unterschiedlichen Farbkonzepten besser zurechtfinden als Männer. Die männliche Farbpalette liegt bei dunklen oder neutralen Farben wie dunkelbraun, blau oder grau. Frauen hingegen tendieren eher zu pink, violett, orange, gelb oder türkis. Allerdings geben sich Frauen auch mit anderen Farben zufrieden, während Männer bunte Designs ablehnen.
http://usfsm.edu/blog/student-wins-best-paper-at-hospitality-conference

Kapitel 10
„1745 erbaute Friedrich der Große …“
Führungen

Reiseführer tun es, genauso wie örtliche Tourismusstellen, unzählige Websites und Wikipedia-Einträge: Sie erklären den Gästen, wie sich eine Destination historisch entwickelt hat und warum sie so ist, wie sie ist. Menschen interessieren sich für die Vergangenheit, die Geschichte der gewachsenen Realitäten sehr. Von diesem Bedürfnis lebt eine ganze Dienstleistungsindustrie – von großen Museen bis hin zu historisch inszenierten Erlebniswelten, von Stadtführungen bis zu Sightseeing-Bussen mit mehrsprachigen Kopfhöreransagen. Die Neugierde nach den Ursprüngen wird auf verschiedene Art und Weise befriedigt. Technologien wie Smartphones, die mit Apps und QR-Codes die pure Wissensvermittlung perfekt darbieten können, tun ihr Übriges dazu. Informationen über Baudenkmäler, geschichtliche Tatsachenerforschung oder die Suche nach politischen Hintergründen sind kein Mangel mehr. Auf Knopfdruck liefert die moderne Informationstechnologie in großer Auswahl, was man über eine Stadt und ihre Epochen, über eine Region und ihre Entstehungsgeschichte, über einen Staat und seine politische Situation wissen will.

Jahreszahlen- und Epochen: „Sie wissen ja …“

Angesichts dieser Situation kann es nur verwundern, dass die Qualität der Stadt-, Museums- oder Baudenkmälerführungen sich weder dramatisch verändert noch spürbar verbessert hat. War das Aufzählen von Jahreszahlen (wenn überhaupt) einmal wichtig, ist dies heute ein Ausdruck mangelnden Wissens, wie eine Führung in packender Form zu gestalten wäre. Wer geführte Gruppen in einer Stadt oder einem Museum beobachtet, weiß: Es gehört zur absoluten Ausnahme, dass die gesamte Gruppe an den Lippen des Führers hängt und sich nicht, von wenigen Pflichtbewussten abgesehen, anderem widmet. Während die großen Marken und einige fortschrittlich orientierte Destinationen sich aufwändigen Storytelling-Konzepten widmen, bleibt das lizenzierte „Fremdenführergewerbe“ in den Anfängen der Wissensvermittlung stecken. Ich sage dies im Generellen und bin mir sehr bewusst, dass es löbliche Ausnahmen gibt. „Frau Romeo hat uns in zwei Stunden durch Venedig geführt und es war einfach toll. Kurzweilig, informativ, fundiert, witzig – wir haben so viel erfahren und so viel gesehen, dass wir danach mit anderen Augen durch Venedig gelaufen sind. Als echte Venezianerin ist sie Fan ihrer Stadt und der Funke springt über.“[131] Die besten Bewertungen von Kunden erhalten im weltweiten Ranking die Führungen von Wien (Wien Tours) und jene von Madrid (Tapas Tours), mit einer hundertprozentigen „Ausgezeichnet"-Quote. Gemessen an den Millionen Führungsstunden pro Tag auf dieser Welt genießen derartige Empfehlungsraten allerdings Seltenheitswert.

Highlights: Empire State Building und Langenlois

Zu den besonderen Momenten in meinen Führungserfahrungen gehört immer noch der Audioguide des Empire State Buildings in New York. Tony „The Cab Driver" wurde 2011 als persönlicher Erzähler über seine Stadt inszeniert, in vielen Sprachen ausgegeben und letztlich nicht als Faktenbeschreiber, sondern als Storyteller aufgenommen. Die interessanten Informationen waren gut verpackt und mit persönlichen Geschichten verwoben, sodass während des gesamten Hörens keine Langeweile aufkommt oder man am Gerät jene Taste sucht, die das nächste Kapitel aufmacht. Das gleiche Gefühl kam bei mir auf, als ich der dialekt-gefärbten Erzählerstimme am Audioguide der Kellerwelten Langenlois zuhören durfte und erfuhr, was eine „Kellerkotz" (Kellerkatze) ist und warum man von dieser als Kellermeister lernen konnte, in welchem Fass die Gärung schon ein fortgeschrittenes Stadium erreicht hatte. Katzen legen sich immer dorthin, wo es am wärmsten ist, – deshalb hatten sie in Zeiten, als es eine verlässliche Temperaturmessung noch nicht gab, das viel bessere Sensorium als die Weinmacher selbst.

Erinnerung an Exzellenz der Vermittlung

Führungen, ob als Audioguide oder als Person angeboten, gehören vor allem für Städte zu den wichtigsten Markenkontaktpunkten, deren Qualitätssicherung sich das Markenmanagement widmen muss.

Fakt: Die Chancen, dass ein Ort wegen einer exzellenten Führung durch ihn in besonderer Erinnerung bleibt, sind gigantisch groß.

Gute Führer haben es in der Hand, die Wiederbesuchsabsicht zu fördern, indem sie die Aufmerksamkeit auf noch unentdeckte Details lenken oder auf neue Potenziale der Erfahrung hinweisen. Marken – und dies ist bei Destinationsmarken nicht anders – leben davon, dass ihr Wert vermittelt wird. Menschen können diesen Wert nur dann wahrnehmen, wenn er in eine guten Form gebracht wurde. Dann entsteht aus Wahrnehmung Wertschätzung. Für den Fall, dass eine Stadt über eine Markenstrategie verfügt und diese strategische Inhalte vorgibt, müssen auch die Führungen ihrer Rolle als Markenbestandteil gerecht werden.

Die Erfahrung zeigt jedoch, dass auch das Führungsangebot eher Standard ist und kaum auf die Spezifik einer Stadt oder Region eingeht. Dabei läge es auf der Hand, dass eine

Stadt, die sich zum Beispiel eine kulinarische Rolle herausgearbeitet hat, den größten Teil ihres Führungsangebots auf das Thema „Kulinarik" legt. Ganz anders müsste das Führungsangebot einer Region aussehen, die sich der Alltagskultur verschrieben hat und deshalb die Rituale der Einheimischen in den Vordergrund stellen muss. Und wiederum anders wäre es, wenn eine Stadt als Kulturzentrum in Erinnerung bleiben möchte, wozu eine Kinderführung in diesem schwierigen Bereich dazugehörte, ebenso wie sehr spezifische thematische Touren für eine sehr spitze Zielgruppe.

Menschen vor Ort – für Menschen von außerhalb

Allen guten Programmen zum Trotz liegt der Erfolgsschlüssel nach wie vor bei den Menschen, die sich an die Spitze einer Gruppe Wiss- und Erfahrungsbegieriger stellen. Sie müssen Begeisterungskraft aufbringen und ihrer Markenbotschafterrolle gerecht werden. Ein weltweiter Wettbewerb für die beste Führungsperformance wäre längst fällig. Ein solcher findet nur deshalb noch nicht statt, weil kräftig unterschätzt wird, was der Markenkontaktpunkt „Führungen" für eine Stadt oder Destination bedeuten kann. Im Positiven wie im Negativen.

Tipp des Autors

Katharina Kühn und Sally Ollech wollen zeigen, wo es in Berlin zur größten Diskrepanz zwischen der gesehenen und der unvermuteten Realität kommt. Seit Juli 2013 bieten sie über die Website **www.querstadtein.org** Führungen an, die von Obdachlosen und Flüchtlingen konzipiert wurden und den Gästen einen völlig anderen Blick auf die deutsche Hauptstadt bietet. „Unsere (ehemals) obdachlosen Stadtführer nehmen Euch mit quer durch die Kieze und zeigen dabei eine ungewohnte Sicht auf Altbekanntes. Sie berichten vom Leben ohne eigene Wohnung und zeigen dabei ihre Orte und Anlaufstellen mit Geschichten von Berliner Straßen, Parks und Plätzen."[132] Ähnliche Konzepte gibt es auch in den Städten Hamburg, London und Kopenhagen.

Dank

Ein erstes Buch zu schreiben, ist wie den ersten Marathon zu laufen. Dir fehlt eigentlich alles, was es dazu braucht: Vorstellung, Können, Erfahrung, Gelassenheit. Dass man es trotzdem wagt, hat mit Menschen zu tun, die dich im Training unterstützen und deine Motivation nie einbrechen lassen. Sie unterstützen dich im Glauben, dass du den Lauf über die langen 42,195 km zu Ende bringen wirst.

Ich danke zuerst

- meinem Partner Klaus-Dieter Koch für seine Inspiration und Unterstützung, damit dieses Buch auf den Weg gebracht werden konnte,
- meinen Kollegen in der Geschäftsleitung von BrandTrust, die meine Argumentationskraft gefordert und mit ihren Gedanken dazu beigetragen haben,
- meinen Mentorinnen Birgit Heinhöfer und Gabi Crepaz für ihre vielschichtige und umsichtige Hilfe bei den ersten Textversuchen.

Ich danke vor allem

- meinen drei wunderbaren Kindern Barbara, Alexander und Angelika. In unserer wöchentlichen Familien-Skype-Konferenz aus ihren auf der Welt verstreuten Aufenthalts- und Arbeitsorten haben sie mir von ihren Welten, Projekten und Themen erzählt und damit viele Inhalte dieses Buchs angeregt.
- meiner bewundernswerten Frau Gerlinde, die auf einer langen einsamen Truck-Camper-Reise durch Alaska viele Bücher gelesen hat – während ich versucht habe, eines zu schreiben und sich nie darüber beschwert hat, wenn ich mich an den vielen Wochenenden am Rechner „verloren" hatte.

Die Texte zu diesem Buch entstanden an vielen verschiedenen Orten der Welt:

- in unserer Wohnung im Zentrum Bozens mit Blick auf den Rosengarten,
- in den Hotels oberhalb von Bozen Kohlerer Hof/Kohlern und Parkhotel Holzner/Oberbozen, in den Hotels Ketschauer Hof/Deidesheim, Residence Park/Bad Wörishofen, Gut Edermann/Teisendorf und „Im weissen Rössl am Wolfgangsee"/St. Wolfgang und im Relais Corte Guastalla am Gardasee,
- während unserer Aufenthalte in Alaska, Mauritius, London, New York und Vancouver.

Wenn man bei einem Marathon ins Ziel einläuft, hat man das Gefühl, man hätte es nur für sich selbst getan und alle Strapazen auf sich genommen. Bei einem Buch ist es sehr ähnlich. Niemand braucht ein Buch, außer der Autor selbst. Wenn Sie es trotzdem gelesen haben – auch nur in Auszügen –, dann ist das für mich mehr, als ich erwarten konnte. Ich danke Ihnen.

Bozen, Nürnberg, im Sommer 2016 — Christoph Engl

Anmerkungen

1 Domizlaff, Hans (1939): Die Gewinnung des öffentlichen Vertrauens. Lehrbuch der Markentechnik. Band 1. Hanseatische Verlagsanstalt, Hamburg.
2 Horkheimer, Max (1963): Über das Vorurteil. Westdeutscher Verlag, Köln und Opladen.
3 http://www.wiesn-countdown.com/oktoberfest-blog/oktoberfest-news/oktoberfest-top-10-weltweit/
4 http://asienspiegel.ch/2010/11/tokio-hievt-sich-an-die-spitze
5 http://www.multivu.com/mnr/70425525-tokyo-tops-tripadvisor-world-city-survey-amongst-global-travelers
6 http://www.magicofword.com/blog/20-aufschlussreiche-zitate-ueber-promis
7 auto motor und sport. Ausgabe 8/2015.
8 www.abendblatt.de/wirtschaft/article106915650/Das-Krokodil-kehrt-zurueck.html
9 www.handelsblatt.com/marken-des-jahrhunderts/unternehmensportraet-jaegermeister-der-kraeuterlikoer/7537346.html
10 www.focus.de/finanzen/experten/engl/wie-starke-marken-funktionieren-diese-strategie-macht-jaegermeister-so-erfolgreich_id_3676568.html
11 www.austriatourism.com/tourismusforschung/t-mona-urlauberbefragung/
12 Teuffel, Wilhelm Sigismund (2004): Der Staat. In: Loewenthal, Erich (Hrsg.): Platon. Sämtliche Werke in drei Bänden. Band 2. Wissenschaftliche Buchgesellschaft, Darmstadt.
13 www.absatzwirtschaft.de/liebe-oder-vertrauen-18540/
14 http://www.welt.de/wirtschaft/article133869917/Den-Seychellen-droht-jetzt-Ballermann-Niveau.html
15 http://www.travelinside.ch/travelinside/de/notdArchiv.php?we_objectID=33436
16 https://de.wikipedia.org/wiki/Las_Vegas
17 von Clausewitz, Carl (2008): Vom Kriege. Nikol, Hamburg.
18 Seneca, Lucius Annaeus, Moralische Briefe an Lucilius.
19 www.einfachbewusst.de/2013/04/100-minimalismus-zitate
20 Marquard, Odo (2015): Zukunft braucht Herkunft. Philosophische Essays. Reclam, Ditzingen.
21 www.berliner-zeitung.de/der-nivea-hersteller-verkauft-keinen-lippenstift-mehr--sondern-konzentriert-sich-auf-seine-wurzeln-beiersdorf-schminkt-ab-14636448
22 www.stern.de/wirtschaft/news/mcdonald-s--diese-strategie-soll-die-fast-food-kette-retten-5935830.html
23 www.welt.de/wirtschaft/article151987009/McDonalds-scheitert-mit-seinem-Bio-Burger.html
24 www.telegraph.co.uk/travel/travelvideo/10849738/The-10-worst-tourism-adverts-of-all-time.html
25 www.slowfoodmn.org
26 www.handelszeitung.ch/management/stellvertreter-der-unbekannte-zweite
27 www.tt.com/home/6746768-91/ein-gulasch-das-schwer-im-magen-lag.csp
28 www.forbes.com/profile/usain-bolt
29 Institut für Demoskopie Allensbach (IfD) (2007): Studie Gästeverhalten. Sowie: Landesinstitut für Statistik (Astat) (2008): Provinz Bozen. Bewegungsradius von Gästen. Grafik 1.
30 www.welt.de/lifestyle/article5336132/Wie-Christopher-Bailey-die-Marke-Burberry-rettete.html
31 money.cnn.com/2016/01/20/luxury/volvo-no-death-crash-cars-2020/
32 Zweig, Stefan (2014): Herbstwinter in Meran. In: Zweig, Stefan: Reisen mit Stefan Zweig. Severus Verlag, Hamburg.
33 www.posthotel.at/de/kinderfrei
34 www.cavallino-bianco.com

35 http://ihotelawards.com/2014-winners/

36 www.welt.de/reise/article125179338/Neureiche-Russen-wo-frueher-der-Adel-glaenzte.html

37 Karmasin, Helene (2015): Verpackung ist Verführung. Haufe, Freiburg. (Seite 193)

38 RedBull-Lounge (2015): Mitschrift Vortrag München Olympiapark am 8. November 2015.

39 Karmasin, Helene (2012): Produkte als Botschaften. Redline, München. (Seite 105)

40 Churchill, Winston (1947): Rede im britischen Unterhaus am 11. November 1974.

41 Fischer, Gabriele (2015) in: brand eins. Ausgabe 3/15. (Seite 3)

42 Beritelli, Pietro, Bieger, Thomas (2012): Management von Destinationen. Oldenbourg, München. Sowie: Beritelli, Pietro, Bieger, Thomas (2012): Governance von Tourismusdestinationen. Erich Schmidt, Berlin.

43 www.tageszeitung.it/2015/01/26/nicht-mehr-zeitgemaess sowie Vortrag, Bruneck im Januar 2015.

44 www.economist.com/blogs/democracyinamerica/2010/07/ronald_reagan_john_muir_harvey_milk?page=1

44a https://www.theguardian.com/lifeandstyle/2015/oct/21/choice-stressing-us-out-dating-partners-monopolies

45 www.handelsblatt.com/politik/konjunktur/oekonomie/nachrichten/konsumverhalten-wenn-auswahl-ueberfordert-oder-auch-nicht/3362886.html

46 www.tirolwerbung.at/xxl/de/tourismusverbaende/index.html

47 www.tt.com/wirtschaft/standorttirol/9129859-91/tirol-tourismus-propaganda-werbung-erfolge-hei%C3%9Fe-debatten.csp

48 Landesgesetz Autonome Provinz Bozen vom 11. August 1998, Nr. 8.

49 www.provinz.bz.it/news/de/news.asp?news_action=4&news_article_id=519239

50 www.sueddeutsche.de/muenchen/starnberg/andechs-ende-in-sicht-1.2911253

51 www.tt.com/politik/landespolitik/11130698-91

52 Ustinov, Peter (2003): Achtung! Vorurteile. Hoffmann und Campe, Hamburg.

53 Daum, Matthias, Weibel, Joel (2014): Tourismus? Nein danke! In: Die Zeit. Ausgabe vom 30. Dezember 2014. Sowie: http://www.matthiasdaum.ch/tourismus-nein-danke

54 Porter, Michael Eugene (1979): How Competitive Forces Shape Strategy. In: Harvard Business Review, Ausgabe März/April 1979, Seite 137 ff. Sowie: https://hbr.org/1979/03/how-competitive-forces-shape-strategy

55 Stand September 2015.

56 www.aphorismen.de/zitat/134174

57 www.zukunftsinstitut.de/artikel/trendforschung

58 www.amsterdam.nl/gemeente/organisatie/ruimte-economie/ruimte-duurzaamheid/ruimte-duurzaamheid/making-amsterdam/sustainability/, 2016

59 www.ecologiae.com/venezia-motoscafo-elettrico/51345/

60 Peters, Tom, Waterman Jr., Robert H. (2004):In Search of Excellence. Lessons from America's Best-Run Companies (Profile Business Classics). Profile Books, London.

61 www.welt.de/wirtschaft/article120646704/Fuer-Verbraucher-ist-regional-das-neue-Bio.html

62 Norberg-Schulz, Christian (1982): Genius Loci. Landschaft, Lebensraum, Baukunst. Klett-Cotta, Stuttgart.

63 Kohl, Manfred (2014): Das Erfolgs-Gen für Destinationen. In: Tourismuspresseblog: www.tp-blog.at/allgemeines/das-erfolgs-gen-fuer-destinationen

64 www.schindlerhof.de/uploads/pdfs/schindlerhof_SpielKultur_D_GB.pdf, Maxime unseres Handelns (Seite 5 im PDF).

65 Mauro, Aurelio G. (2013): Hotel Revenue Management. Principles and Practices. Pearson, Turin. (Seite 21)

66 www.nur-zitate.com/zitat/1522
67 www.travelbook.de/welt/Neues-Urlauber-Ranking-Die-beliebtesten-Reiseziele-der-Welt-624176.html
68 www.sueddeutsche.de/bayern/musical-ueber-ludwig-ii-in-kempten-der-kini-ist-schon-wieder-pleite-1.1406826
69 www.austria.info/at/aktivitaten/stadt-und-kultur/architektur-in-osterreich/architektur-highlights-in-osterreich/vorarlberg-architektonische-highlights
70 www.sueddeutsche.de/leben/reinhold-messner-wir-lernen-nur-durch-scheitern-1.335957
71 www.airbnb.de
72 www.spiegel.de/wirtschaft/unternehmen/uber-erhoeht-firmenwert-auf-60-millionen-dollar-a-1066072.html
73 www.suedtirol.info/wasunsbewegt/die-barbini
74 Kohl, Manfred (2013): Richtiger Preis, satter Gewinn: Preisstrategien für die Hotellerie. Matthaes, Stuttgart.
75 Koch, Klaus-Dieter (Hrsg.) (2013): No. 1 Brands – Die Erfolgsgeheimnisse starker Marken. Orell Füssli, Zürich.
76 www.kreuzfahrt-sonne.de/Schiffsbewertungen_Reiseberichte/aida_diva.php
77 Ausstellung Grand Hotel Karersee, Museum für Tourismusgeschichte „Touriseum" Meran
78 Sehnsucht nach Nähe, Franz Steiner Verlag, 2004
79 www.waldhaus-sils.ch
80 Goethe, Johann Wolfgang (1819): Gespräche. Gesellschaft bei Goethe. 24. April 1819.
81 www.globalgreeternetwork.info
82 www.cookening.com
83 Walser, Martin (2013): Muttersohn. Rowohlt, Reinbek.
84 www.tagesspiegel.de/weltspiegel/gesundheit/phantasie-ist-wichtiger-als-wissen/578556.html
85 www.linkedin.com/pulse/der-einzige-leuchtturm-den-alpen-otto-steiner?forceNoSplash=true
86 Forschungsgemeinschaft Urlaub und Reisen FUR, Reiseanalyse 2015
87 www.serfaus-fiss-ladis.at/de/service/awards
88 de.wikipedia.org/wiki/Matth%C3%A4us-Effekt
89 Isaacson, Walter (2012): Steve Jobs. Die autorisierte Biografie des Apple-Gründers. btb, München.
90 Nietzsche, Friedrich (1874): Unzeitgemäße Betrachtungen. Zweites Stück: Vom Nutzen und Nachteil der Historie für das Leben. Verlag E. W. Fritzsch, Leipzig.
91 www.spiegel.de/spiegel/print/d-13494900.html
92 Fritze, Nicola (2013): Motivier Dich selbst – sonst macht es keiner! Südwest, München.
93 www.austriatourism.com/service/touristische-partner/angebotsgruppen
94 www.vitalpina.info/de
95 www.vitalpina.info/de/philosophie/philosophie/42-0.html
96 Schultz, Patricia (2012): 1000 Places To See Before You Die, Ullmann, Potsdam.
97 www.mairdumont.com/presse/2015/10/27/lonely-planets-best-in-travel-gibt-die-reisetrends-fuer-2016-bekannt/
98 www.germany.travel/de/staedte-kultur/top-100/germany-travel-attractions.html
99 www.tripadvisor.de/TravelersChoice-Destinations-cTop-g1
100 de.statista.com/statistik/daten/studie/36723/umfrage/ranking-der-20-beliebtesten-touristen-attraktionen-der-welt/
101 www.euroweb.de/blog/bewertungsportale-im-ueberblick
102 www.stern.de/reise/service/ratgeber-urlaub/hotelbewertung--ein-hotel--viele-meinungen-3331854.html

103 www.srf.ch/konsum/themen/familie-und-freizeit/gefaelschte-bewertungen-im-internet-so-werden-kunden-getaeuscht

104 www.messeninfo.de/Tourismusmessen

105 de.statista.com/statistik/daten/studie/181475/umfrage/informationsquellen-fuer-die-urlaubsplanung

106 www.haufe.de/marketing-vertrieb/crm/kundenbindung-sechs-gute-kundenbindungsinstrumente_124_209922.html

107 Bruhn,Manfred, Homburg, Christian (2005): Handbuch Kundenbindungsmanagement. Strategien und Instrumente für ein erfolgreiches CRM. Gabler, Wiesbaden.

108 marketing.gelbeseiten.de/Social-Media/So-erregen-Videos-auf-Facebook-mehr-Aufmerksamkeit-4-Tipps

109 www.internetlivestats.com/total-number-of-websites

110 www.eurobrand.cc/studien-rankings/eurobrand-2015

111 www.suedtirol.info/Wissenswertes/Informationsmaterial/LebensART-Magazin.html

112 www.content.world/preisverleihung.php

113 The Art Newspaper (2015). Sowie: http://de.statista.com/statistik/daten/studie/217825/umfrage/besucherstaerkste-museen-weltweit/

113a Reiners, Ludwig (2004): Ludwig Reiners Stilkunst. Ein Lehrbuch deutscher Prosa. Beck, München. (S. 240)

114 www.labkultur.tv/blog/urbaner-wandel-bilbao

115 VuMa (2015). Sowie: http:de.statista.com/statistik/daten/studie/172235/umfrage/ernaehrung-wichtigkeitvon-gutem-essen-und-trinken/

116 BAT Stiftung für Zukunftsfragen (2014): Urlaubsgestaltung der Deutschen.

117 newnordicfood.org/about-nnf-ii/new-nordic-kitchen-manifesto

118 oestrig.um.dk/de/kultur/neue-nordische-kuche

119 www.theworlds50best.com/list/1-50-winners

120 www.premierinn.com/gb/en/faq/speedy-check-in.html

121 http://www.travelandleisure.com/worlds-best

122 http://buskinlondon.com/code

123 www.baulinks.de/webplugin/2009/0805.php4

124 BAK Basel (2013): Die Erreichbarkeit der Schweiz als Standortfaktor.

125 www.auto-motor-und-sport.de/news/verkehrsmittel-fuer-die-urlaubsreise-71-prozent-fahren-mit-dem-auto-in-den-urlaub-7324216.html

126 www.kleinezeitung.at/k/kaernten/klagenfurt/4082230/Flughafen-Klagenfurt_Ryanair-macht-einen-Abflug-aus-Kaernten

127 www.myswitzerland.com/de/transport-reisen/anreise-in-die-schweiz.html

128 www.travelbook.de/welt/Urlauber-werden-abgezockt-Warum-ein-Tourist-Venedig-verklagt-644563.html

129 www.htwchur.ch/ueberuns/oeffentlichkeitpresse/medienmitteilungen/medienmitteilungen.html

130 European Travel Monitor® (2014): Sonderauswertung durch IPK für die ITB 2014

131 https://www.tripadvisor.de/ShowUserReviews-g187870-d2000945-r111999247-SeeVenice-Venice_Veneto.html

132 http://querstadtein.org/de/information/

Die in den Endnoten aufgelisteten Links wurden im Zeitraum von 17. Juli 2015 bis 21. Juli 2016 abgerufen und waren zu dieser Zeit aktiv.

Stichwortverzeichnis